相信閱讀

Believe in Reading

膽大無畏

這10年你最不該錯過的商業科技新趨勢
創業、工作、投資、人才育成的指數型藍圖

BOLD

How to Go Big, Create Wealth, and Impact the World

奇點大學創辦人、X大獎執行董事長
彼得·迪亞曼迪斯
Peter H. Diamandis

心流基因體計畫創辦人
史蒂芬·科特勒
Steven Kotler

吳書榆 譯

迪亞曼迪斯的獻詞

謹將本書獻給我的雙親——醫學博士哈利‧迪亞曼迪斯（Harry P. Diamandis）與圖拉‧迪亞曼迪斯（Tula Diamandis），他們從希臘列斯福斯島（Lesvos）來到美國的大膽旅程，以及他們在醫學及家庭上的成就，激勵我走向大格局、創造財富並且影響世界。

科特勒的獻詞

謹將本書獻給傑米‧惠爾（Jamie Wheal），他是我在心流基因體計畫（Flow Genome Project）的摯友與夥伴；少了他，這趟旅程將不再那麼有趣，也失去很多意義。

目錄

第 3 部　大膽群眾

前言
指數型企業家的誕生

　　回到大約 6,600 萬年前，當時地球上的生態和現在不大一樣。時值白堊紀（Cretaceous Period）即將結束之際，環境溼熱，地球上現有大陸很多都還是沉在無垠汪洋之下。那時學名「被子植物」（angiosperm）的開花植物，是植物界的最新創新。同樣地，世界上第一批楓樹、橡樹和山毛櫸，也才剛開始出現。至於動物界，當時稱霸世界的仍是恐龍，這並不足為奇。說到維繫權力，這些大型爬蟲類在陸地上作威作福了一億年，是有史以來最長的紀錄，也是陸上霸權的終極範例。[1]

　　但牠們無法持續統治下去，一次極大規模的碰撞結束了白堊紀，[2] 一顆直徑約十公里的小行星——略小於舊金山——撞進了墨西哥猶加敦半島（Yucatán Peninsula）。這是一次真實的行星撞地球，釋放出 420 皆焦耳（zettajoule）的能量，用白話來說，比有史以來爆發過的最大核彈威力高出 200 萬倍以上。這次衝擊造成的火山口寬度將近 180 公里，結果就像俗話說的，是名副其實的「地球殺手」（a planetary killer）。

超級海嘯、大規模地震、全球性的火風暴,以及一次又一次的劇烈火山噴發,吞噬了整個地球。太陽躲在厚厚的塵雲之後,長達十年都未曾露臉。全球環境的變化來得過度猛烈、迅速,因此恐龍——當時獨霸地球的生命形式——無法適應,就滅絕了。

對人類來說,這是個大好消息。恐龍龐大、笨重,而且不靈活,早期毛茸茸的小型哺乳類——亦即人類先祖,相較之下更機敏、有韌性,善用這次全球性劇變的機會優勢,適應新的環境,永遠不再回頭。以演化來說,恐龍在一瞬間就不見了,哺乳類成為世界之王。但有一件事是確定的:歷史會以「有趣」的方式不斷重演。

最新的全球衝擊

事實上,這個造成強大衝擊力、帶動劇烈轉型與引發驚人再生的故事,與今日息息相關。對企業來說尤其如此,此時此刻,有另一顆小行星正在撞擊這個世界,已經讓龐然大物滅絕,為行動相對迅速、靈巧的小傢伙們清出一條康莊大道。我們把這顆小行星稱為「指數型科技」(exponential technology),名稱雖然聽起來陌生,但造成的衝擊可不然。

我們在本書稍後的章節會深入探討,現在先了解指數型科技指的是任何以指數型曲線加速成長的科技就可以了;意思就是,該科技的發展會定期(如每半年或一年)以指數型態倍

增，其中最著名的範例就是運算科技。一位在外蒙古接聽智慧型手機的女士，現在使用的裝置比 1970 年代的超級電腦便宜了 100 萬倍，但效能強了 1,000 倍，[3] 這就是真實世界中指數型變化的模樣。

時至今日，放眼望去，四處都是這類改變。指數型的發展現在出現在數十種領域，包括網路、感應器、機器人、人工智慧、合成生物學、基因體學、數位醫學、奈米科技……項目太多，難以一一列明。[4] 這些科技和前述提及直徑十公里的小行星一樣，其粲然可觀的力量正在形塑地球上的生態。然而，這股力量同樣也威脅了另一種「恐龍」：抗拒創新的大型企業，他們數十年來都用同樣的方法做事，未來也會以同一套模式運作，一直到……嗯，他們退出業界為止。

在此同時，新品種的毛茸茸小型哺乳類開始出現，形成強烈的反差。這些哺乳類正是現代企業家，他們應用急遽加速成長的技術，讓產品、服務與產業改頭換面。這些靈活、有韌性的創新者，正在學習如何發揮指數型科技的威力；他們正在成為「指數型企業家」（exponential entrepreneur）。這些指數型企業家正致力於鋪設一條康莊大道，帶領人類走向富足的新世界。

繼續富足

2012 年，我和科特勒合寫了《富足》一書，寫書靈感來

自和 X 大獎基金會（XPRIZE Foundation） 及奇點大學
（Singularity University）合作的心得。在這些組織的帶領下，
我看到世界上的生活必需品愈來愈便宜，而且在全球各地都可
取得。在《富足》一書，科特勒獻出他一身專業絕技，描繪人
類終極表現與指數型科技的交會。我們當時都相信世界正在發
生巨變，這是人類有史以來首次有潛力可以大幅度、長期提升
全球生活水準。

我們在《富足》一書探索了四股強大新興力量：指數型科
技、DIY 創新者、科技慈善家與竄起中的十億人，了解這四大
力量如何賦予人類能力，在未來二、三十年解決世界上許多最
艱鉅的挑戰。意思就是，我們很快就有能力滿足並超越地球上
所有男女老少的基本需求。

我們在 2012 年 2 月出版《富足》這本書時，並不確定大
家會不會喜歡。我很幸運，去了 TED 大會（TED conference）
發表開幕演說談《富足》；更幸運的是，還獲得台下觀眾起立
鼓掌。書籍很快就進入排行榜，在《紐約時報》（*The New York
Times*）暢銷書排行榜上盤踞了將近三個月，並且贏得幾項
「2012 年年度最佳圖書」獎，[5] 被翻譯超過二十種語言。這一
切，讓我們兩人感激不已。

更讓我們打從心底深感歡欣的是，有記載詳實的扎實證據
支持這個世界持續富足。因此，我們在 2014 年出版《富足》
的英文平裝版時，自豪地加進一些新增內容，用大約六十張圖

表說明各種最新發展，例如暴力減少、學習的進展、健康和財富的增進等。綜合而論，這些資料的涵義真的十分激勵人心。

　　但我們也覺得，光是勾勒出一副充滿活力的未來圖像並不足夠。我們誠心相信，創造一個富足的世界絕對有可能，但不一定保證能夠做到，因為如此，我們才寫了這本新書。

世界上最嚴重的問題，也是最大的商機所在

　　幾千年前，唯有君主、法老和帝王，才有能力解決重大問題。幾百年前，這樣的力量擴大到打造交通運輸系統與金融機構的實業家身上。但在今天，每個人都能夠解決重大問題。現在、也是有史以來第一次，充滿熱情與肯做的人可以取得必要的科技、智慧與資金，以迎擊任何挑戰。更棒的是，這樣的人往往有很好理由面對挑戰。我們很快就會看到，最嚴重的問題現在成為最大商機所在。這表示，對於指數型企業家來說，只要找到一項重大的挑戰，便是一條意義非凡的通往財富之路。說白一點，就像我在奇點大學授課時所說的（稍後章節會有詳細說明），如果你想成為億萬富翁，最好的辦法就是解決一個十億人都遭遇的問題。

　　在這本書，我和科特勒提出一套非常實用的藍圖，可用於實踐。本書旨在為現代企業家、各種行動主義者和領導者提供必要工具，讓他們為世界帶來正向影響力，同時實現自己最偉大的夢想。為了盡力履行我們許下的這項承諾，本書將以三部

曲的方式呈現：第一部介紹指數型科技，了解這些技術正在破壞《財星》500 大企業（*Fortune* 500），並且讓剛起步的企業家得以比過去更快從「我有一個新點子」，變成「我有一家價值十億美元的企業。」

第二部聚焦在膽大無畏的心態，這套心智工具使得全球一流的創新人士，能夠從大處著眼，拉高賽局的格局。這部分也納入全球知名科技鉅子的精闢建議與心得，包括 Google 創辦人賴瑞・佩吉（Larry Page）、鋼鐵人伊隆・馬斯克（Elon Musk）、維珍集團創辦人理查・布蘭森（Richard Branson）與亞馬遜網路商店創辦人傑夫・貝佐斯（Jeff Bezos）。在第二部，科特勒也揭示人類終極表現的關鍵，這些都是他和「心流基因體計畫」（Flow Genome Project）合作十五年來的心得，我則是拿出自己創辦十七家企業體悟到的創業密技。

最後，第三部檢視現今一股不可思議的力量，並且介紹一些基本實務，讓大家了解人人都能善用前所未有的超連結群眾的力量。在這一部，你將學到如何利用「群眾外包」（crowdsourcing）的解決方案，大幅加快企業的各項發展速度。你也會看到如何設計、善用誘因導向的競爭（incentive competition），以便更有效找到突破性的解決方案。同時，你會知道如何推出一項吸引人的百萬美元計畫，從「群眾募資」（crowdfunding）的管道募得數十億美元的可用資金。你還會了解如何打造指數型社群，這些具備指數型能力的人，願意而且

能夠幫助現代企業家成就他們最大膽的夢想，無庸置疑是最強
大的生力軍。

誰應該看這本書？

本書既是使命宣言，亦是使用手冊，獻給現今的指數型企
業家，或是任何有意把餅做大、想要創造財富，以及想要影響
這個世界的人。這是一套可以擴增你的思維與做事格局的有效
資源，能夠幫助你了解急遽發展的新科技、提高眼界與格局，
知道如何開發、善用全球群眾的強大力量。如果你是一個創業
家（無論是精神上或實質上），不管你現在人住在美國矽谷或
上海，也不管你是個大學生或跨國企業員工，這本書都是為你
而寫的。本書的重點在於教你放膽射月，我們希望幫助各位提
升能力與眼界，大膽思考自己可能帶給全球的影響力。

另一方面，如果你是一位企業經理人、高階主管，或是大
型、笨重企業的業主，你的競爭對手不再是海外的跨國企業，
如今你要面對的，是從自家車庫大量冒出頭的指數型企業家。
閱讀這本書，可以為你提供一些洞見，透視新的競爭來自何
方，了解對手如何思考及運作。要特別注意的一點是，指數型
的機會（包括技術與策略，策略又包括心理與組織兩個層
面），無論對個人創業者或大企業都同樣存在。如果你是組織
領導者，有意更深入了解這個主題，我推薦你閱讀奇點大學的
第一本出版品：《指數型組織》（*Exponential Organizations*），

作者是薩利姆‧伊斯梅爾（Salim Ismail），他是奇點大學第一任執行董事，目前擔任全球大使。《指數型組織》的目標讀者，正是樂於帶領企業避開滅絕命運、轉型加入指數型變革的領導者。

最後，或許也是整篇前言中最重要的是，這本書是一套藍圖。我們最深切的期望是：激勵各位採取行動，改變這個世界。現在，指數型成長的通訊科技創造出可觀的機會，很多最出色、最聰明的人才受到誘惑，進入偏向應用程式的領域。不少創業家與創投者都相信，在這個領域獲利三年後退出是常態。但是，請讓我們把話說清楚：當史蒂夫‧賈伯斯（Steve Jobs）說每個創業者的目標都應該是「在宇宙中留下一點痕跡」（"put a dent in the universe"），他說的可不是發明下一套《憤怒鳥》（Angry Birds）電玩遊戲。這本書是為那些想在宇宙中留下深刻痕跡的人而寫的，我們要談一項事實：由於指數型發展的賦能，任何人都可能留下深刻痕跡。說真的，你還在等什麼？

兩顆腦袋的合作

我（迪亞曼迪斯）和科特勒初見於 1997 年，當時科特勒正在撰寫一篇關於 X 大獎的專題報導。在 2000 年代末期，我們兩人合寫了《富足》一書，書很成功，有鑑於此，我又找科特勒談這本書的寫作概念，邀他再度合作一起寫書。這次，我

們聚焦於激勵所有的「創業家」，並且賦予他們能力，共同為人類創造一個富足的世界。我和科特勒再次提出我們獨到的觀點與專業技能，本書雖然是以我的語調、透過我的故事寫成的，卻是貨真價實的合作產物。書裡的想法與文字，我和科特勒每人都貢獻了一半。

　　　　彼得·迪亞曼迪斯，加州聖塔莫尼卡（Santa Monica）
　　　　史蒂芬·科特勒，新墨西哥州奇馬約（Chimayo）

第 1 部

大膽科技

第1章
再會，線性思維⋯⋯
指數型巨獸現身

那年是 1878 年，24 歲的喬治・伊士曼（George Eastman）是羅徹斯特儲蓄銀行（Rochester Savings Bank）的基層員工，很需要度個假。他選擇前往多明尼加首都聖多明哥（Santo Domingo），在同事的建議下，他買齊了必要的照相設備，想為這趟旅行留下美好的紀錄。伊士曼的裝備很多，他帶了像常見警犬羅威那（Rottweiler）一樣大的相機、大型三角架、一壺水、沉重的底片盒、底片、玻璃箱、各式各樣的化學藥品，還有一個大型帳篷，可當作暗房，在底片曝光前把感光劑塗上去，然後把照片洗出來。可惜的是，伊士曼從來未曾成行。[1]

他反而迷上了化學。當時，攝影仍是一項「濕版」藝術，伊士曼渴望找到更輕薄、方便的沖印方法，他讀到感光劑在乾了之後仍有光敏感度。他在夜裡工作，用媽媽的廚房當作基地，開始用他自己的發明做實驗。伊士曼天生就是個巧匠，不

到兩年的時間，就發明了乾版配方與製造乾版的機器，伊士曼乾版公司（Eastman Dry Plate Company）於焉誕生。

接下來，他還有更多的改造發明。1884 年，伊士曼發明了軟片；四年後，他又發明了可裝軟片的照相機。1888 年，這種照相機成為商品，之後的行銷口號就是「你只要按快門，其他的我們來」（"You press the button, we do the rest"）。[2] 伊士曼乾版公司後來成為伊士曼公司（Eastman Company），但這個公司名稱不夠響亮，伊士曼想要更吸睛、讓人牢記不忘又四處談論的企業名稱。由於「K」是他最愛的英文字母之一，所以在 1892 年，他推出伊士曼柯達公司（Eastman Kodak Company）。

早年，如果你請伊士曼談談柯達公司的商業模式，他會說他們扮演的角色介於化學用品供應商與乾貨供應商之間（如果乾版可以視為乾貨的話。）但這很快就改變，伊士曼說：「有個構想逐漸在我心裡成形，那就是我們不只要製造乾版，還要開始把攝影變成日常活動。」[3] 或者，用伊士曼日後的說法是，他希望把攝影變成「像鉛筆一樣，隨手可得。」在接下來的一百年內，伊士曼柯達公司就只做這件事。

回憶的事業

史蒂芬・薩森（Steven Sasson）身材高大、臉型戽斗，1973 年剛從紐約州壬色列理工學院（Rensselaer Polytechnic

薩森與全球第一台數位相機合影，2009 年

資料來源：哈維・王（Harvey Wang），《從暗房到日光》（*From Darkroom to Daylight*）

Institute）畢業。電機系的學位，讓他在柯達的設備部門研究實驗室找到了一份工作，做了幾個月之後，薩森的主管葛雷斯・羅伊德（Gareth Lloyd）找他完成一件「小」任務。快捷半導體公司（Fairchild Semiconductor）剛剛發明了第一個「感光耦合元件」（charge-coupled device），那是一種積體電路，能夠輕鬆移動電晶體周圍的電荷；柯達想知道這種裝置能不能用在影像技術上，[4] 無論現在或未來。

　　薩森和一小群才華洋溢的工程師合作，在 1975 年之前，就用感光耦合元件打造出全球第一部數位靜態照相機與數位錄

影機。這台機器就像《快速企業》（*Fast Company*）雜誌描述的：「就像是 1970 年代的拍立得（Polaroid）相機一樣，但下面架著輔助教具『說話拼字機』（Speak-and-Spell）」，[5] 機器大小跟烤麵包機一樣，重達 3.85 公斤，解析度為 1 萬像素，最多可拍 30 張黑白數位照片——這個數字是估計值，實際張數介於 24 到 36 之間，跟柯達軟片的沖洗張數差不多。這台機器拍的照片儲存在當時僅有的長期儲存裝置——卡帶中；無論如何，這都是一項驚人的成就與極其可貴的學習經驗。

薩森之後表示：「當你展示這樣一套系統，一套不用底片就可以拍照，而且用電子螢幕顯示、不必用紙張列印影像的系統，在 1976 年像柯達這樣的公司內部，勢必得面對很多質疑。我以為大家會問我技術方面的問題，比方說：你是怎麼做到的？這種機器的運作原理是什麼？但我沒有碰到半個這種問題。他們問我，這何時會變成主流？什麼時候才真的能拿這種機器來用？為什麼會有人想在電子螢幕上看照片？」[6]

1996 年，在全球第一部數位相機面世二十年後，柯達旗下還有 14 萬名員工，市值高達 280 億美元。基本上，柯達已經獨占了整個產業，在美國，它掌控 90％的軟片市場與 85％的相機市場。[7] 但是，他們忘了自己的商業模式——沒錯，柯達是從化學和紙製品業務起家，但後來之所以能夠雄霸一方，是因為他們跨足「便利性」事業。

但這也許還不夠，我們該問：柯達促成「什麼東西」便

利？攝影嗎？差得遠了，攝影只是一種表達的媒介。那表達出來的主體是什麼？當然是「柯達一瞬間」（Kodak Moment）：我們想要記錄生活的欲望，想要捕捉稍縱即逝的時光，記錄一瞬間便已成為過往的回憶。柯達的業務核心，就是記錄回憶；有什麼比數位相機更便於記錄回憶？

但 20 世紀末期的柯達公司，並不了解這點。他們認為，數位相機將有損他們的化學與紙本照相業務，會迫使自己和自己競爭。因此，他們將數位相機技術束之高閣，公司主管並不了解 1 萬像素的低解析度如何能夠搭上指數型成長的曲線，最後發展出高畫質的產品。他們選擇忽略這股趨勢，未能利用自身重量級的地位在市場雄霸一方，反而被市場逼到小角落負隅頑抗。

算一算

回到 1976 年，薩森首次在柯達展示數位相機時，當時馬上有人請他預估何時會成為主流。憂心忡忡的主管們想要知道，他的新發明何時會對公司的獨霸地位造成實質威脅？薩森說，十五到二十年吧！[8]

在得出這個答案之前，薩森先快速預估、計算了一下。他估計，要滿足一般消費者的像素應該是 200 萬，然後他用「摩爾定律」（Moore's law）計算需要花多少時間，才能發展出這 200 萬像素的商業化數位相機——這正是問題的起點。

1965 年，英特爾（Intel）共同創辦人高登・摩爾（Gordon Moore）注意到一個數字：積體電路上可容納的電晶體數目，每 12 到 24 個月就會倍增。這股趨勢延續了大約十年，摩爾預估，未來十年可能也是如此——⁹ 關於這點，他出了點錯。總計來說，摩爾定律整整六十年屹立不搖。這種在價格與效能上的不斷演進，正是你口袋裡的智慧型手機比 1970 年代的超級電腦快 1,000 倍、價格便宜 100 萬倍的原因，這就是現實世界中的指數型成長。

不像線性成長，一次＋1，從 1 變成 2、2 變成 3、3 變成 4……，指數型成長是複合倍增，從 1 變成 2、2 變成 4、4 變成 8……。這就是問題所在，這種倍增模式非常讓人難以理解。如果我從加州聖塔莫尼卡的自家客廳直走 30 大步（每步約 1 公尺），最後我會走 30 公尺，大約到對街。但如果我用指數型的方式走 30 步，最後我會走 10 億公尺，可繞地球 26 圈。這就是柯達出錯的地方，他們低估了指數成長的力量。

指數型發展的 6D 架構

人們很容易就低估指數的力量，畢竟人類在區域型的線性世界裡演化。演化早期，人類的生活都是局部的，我們祖先的生活範圍通常都在步行一天可達的距離內，就算地球另一端發生什麼驚天動地的大事，我們也不會知道。人類的生活也是線性的，這表示有好幾個世紀、甚至幾千年都沒什麼變化。兩相

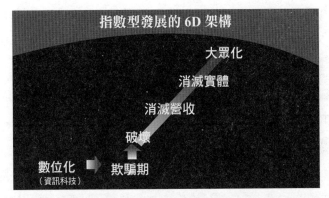

資料來源：迪亞曼迪斯，www.abundancehub.com

對照，我們現在生活在一個全球化的指數型世界裡，但問題是，人類的大腦從來不是設計成在這種規模或速度下運作的，我們的認知能力也不是；基本上，人類的線性心智無法參透指數型的發展。

但如果目標是要避開柯達所犯的錯（如果你是企業方），或是善用柯達犯下的錯（如果你是創業家），那你就必須更深入了解這種改變，徹底掌握指數型發展的各項重大特點。為了教學方便，我發展出一套架構，稱為「指數型發展的 6D」（Six Ds of Exponentials），包括：數位化（digitalization）、欺騙期（deception）、破壞（disruption）、消滅營收（demonetization）、消滅實體（dematerialization）與大眾化（democratization）。這六個 D 是科技進步的連鎖反應，也是快速發展的指引圖，永遠能導向巨變與機會。接下來，我們來看看這套連鎖反應。

數位化。這個概念始於這項事實：文化的進展是累積性的，人們分享、交換想法，才有創新。我根據你的想法為基礎，你利用我的概念來發展。這類交換的速度在人類歷史早期非常緩慢，當時的傳輸工具只有圍著營火說故事，但在印刷術發明後急起直追，在電腦發明、普及後呈現爆炸性成長，一般大眾可用數位形式表述、儲存和交換想法。任何可以數位化的事物（亦即用 0 和 1 表示），都能用光速（或至少是網際網路的速度）傳播，而且可以自由重製與分享。此外，數位傳播遵循了一個一致的模式：指數型成長曲線。以柯達為例，一旦回憶事業從實體流程（以底片成像、儲存在相紙上），轉變成數位流程（以 0 和 1 成像與儲存），它的成長率就完全可以預測，發展就在指數型曲線上。

當然，這不只適用於柯達，任何可以數位化的事物，例如生物、醫學、工業等，都可以套入用來估算快速成長運算能力的摩爾定律。[10] 因此，第一個 D，指的就是「數位化」，理由很簡單：一旦產品或流程從實體轉型成數位，便可取得指數型成長的力量。

欺騙期。數位化之後是「欺騙期」，因為這段期間最難察覺指數型成長的軌跡。會出現這種情形，是因為很小的數字就算倍增也微不足道，通常會被誤當成線性成長模式下的緩慢發展。想像一下，柯達的全球第一部數位相機從 1 萬像素進展到 2 萬、2 萬到 4 萬、4 萬到 8 萬……。對於非專業的觀察者來

說，這些數字看起來都跟 0 差不多，但是巨變就在後頭。一旦倍增突破整數障礙（例如 1、2、4、8……等），只要倍增 20 次就會有百萬倍的進步，30 次就會有十億倍的進步。在這個階段，指數型成長最初看起來具欺騙性質，但很快就會帶來明顯的破壞力量。

破壞。簡單來說，破壞性的技術指的是：任何創造新市場、破壞現有市場的創新。遺憾的是，由於破壞永遠發生在欺騙期之後，原創性質的技術威脅乍看通常是微不足道到可笑的地步。就以全球第一部數位相機為例，柯達對於便利性和影像真實度深感自豪，但這些都不是薩森提供的原創重點，他的相機要花23 秒才能拍照，儲存的是 1 萬像素的黑白照片……嗯，哪有什麼威脅性？

在柯達高階主管的眼裡，薩森的創新有好多年都比較像是玩具，不是一件工具。他們把焦點放在化學與紙製品業務的季度獲利上，不了解在指數型的發展下很快就會造成大量破壞。如果柯達計算過的話，公司主管就會明白決定不要「自己打自己」，基本上就是把自己推到業界外的決策。

這不是說說而已，柯達是真的退出產業了。等到柯達覺悟自己所犯的錯誤時，已經追不上產業的數位化腳步。1990 年代，輝煌許久的柯達開始出現奮力掙扎的情況，到了 2007 年已無獲利，2012 年 1 月提出破產保護申請。[11] 因為忘記自己的使命，也沒能做好計算，柯達這家龐大的百年企業就這樣垮台

了，成為警惕大家小心指數型成長破壞本質的真實教案。

我們現在生活在指數型發展的時代，這類破壞已成為常數。對於任何經營企業的人來說（包括新創事業與成立已久的老公司），選擇很少：不是先自我破壞，就是等別人來破壞你。數位化、欺騙期與破壞這三個D，已經讓這個世界徹底改變，但我們追蹤的連鎖反應具累積性，接下來的三個D──消滅營收、消滅實體與大眾化──會比前三個D更犀利。

消滅營收。這是指某項業務不能再創造營收的階段，以柯達為例，當大家不再購買底片時，他們歷史悠久的黃金業務就沒了。等到數位相機具備百萬像素，誰還需要底片？忽然之間，柯達一項過去無人可敵的營收流，就因為數位相機化為烏有。

就某種意義來說，柯達的興衰就是《連線》（*Wired*）雜誌前總編克里斯·安德森（Chris Anderson）在《免費！揭開零定價的獲利祕密》（*Free*）一書中傳達的要旨，差別在於它是下游產業的版本。在《免費！揭開零定價的獲利祕密》一書中，安德森主張，在現代經濟體中，最簡單的賺錢方法就是免費提供，[12]下列是他的解釋：

> 我現在用一部價值250美元的「小筆電」打字，這種電腦是筆記型電腦中成長速度最快的一種。這台電腦的作業系統剛好是免費的Linux，但這其實不重要，

因為除了免費的網路瀏覽器火狐（Firefox）之外，我
不會在這台電腦執行任何程式。我的文書處理用的並
不是微軟（Microsoft）的 Word 文件檔，而是免費的
Google 文件（Google Docs），優點是無論我人在哪裡
都可以寫，不需要擔心備份的問題，谷歌（Google）
會幫我自動備份。除了機器本身，我在這台電腦上使
用的一切都是免費的，從電子郵件到推特（Twitter）
帳號都是。就連我現在用的無線網路都是免費的，真
是感謝我現在安坐的這家咖啡店。

　　然而，谷歌是全美最賺錢的企業之一，整個
Linux 生態系統也是一個價值 300 億美元的產業，而
咖啡店的拿鐵一杯賣 3 美元，一直煮一直賣。

安德森指出，數以十億計的產品與服務現在都免費。當
然，這其中有「虧本出售的免費」（*loss-leader free*），例如谷歌
免費提供瀏覽器，但他們利用蒐集到的巨量資料賺大錢；這其
中也有開放原始碼方面的努力成果，例如維基百科
（Wikipedia）和 Linux 等，這些都是「真正的免費」（*actually
free*）。不管是哪一種，都是一種影子經濟體系，但是出現在光
天化日之下。就是這個意思，在安德森撰寫《免費！揭開零定
價的獲利祕密》時，除了一些極為艱澀的論文之外，經濟學家
還沒能好好研究市場裡的「免費」概念。這是地圖上的一小塊

空白，就連靠研究經濟趨勢吃飯的人也糊塗了，消滅營收的時代來了，但他們根本不知道造成衝擊的到底是什麼東西。

在這方面，不只經濟學家如此，柯達的高階主管也如此。通訊軟體 Skype 使得長途電話沒了營收，分類廣告網站「克雷格清單」（Craigslist）使得報紙的分類廣告版面沒了營收，線上音樂服務 Napster 使得音樂產業沒了營收……這份清單還可以持續下去。更重要的是，消滅營收這件事也具欺騙性質，這些產業幾乎沒有什麼人準備好面對如此巨變。

消滅實體。「消滅營收」指的是在過去某些可以賣錢的產品與服務如今不復存在，「消滅實體」的重點則是產品和服務本身消失了。再以柯達為例，他們的災難並未隨著底片的消失而消失。在數位相機發明後，接著而來的是智慧型手機，智慧型手機很快就內建高品質百萬畫素相機。就這樣一下子，上一秒你還看得見，下一秒就消失了。當智慧型手機攻占市場後，數位相機的實體也被大幅消滅了。高品質數位相機現在免費內建在絕大多數的手機上，而且消費者這樣期待。1976 年，柯達掌控 85％的相機市場；2008 年，在第一支 iPhone 問世一年後（這是第一支內建高品質數位相機的手機），原本的市場便不復存在。

這個故事詭譎的部分是，其實柯達清楚改變即將發生。那個時候，摩爾定律還穩穩成立，記憶儲存容量不斷地擴張下去，毫無停止的跡象，而這個過程導致攝影業務的營收被大幅

每年拍攝多少張照片？

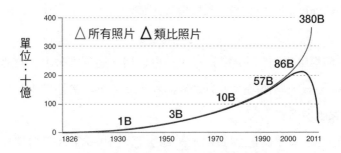

紙本照片大幅減少，數位照片大幅增加

資料來源：http://digital-photography-school.com/history-photography

> 現在一支智慧型手機內建價值 90 萬美元的應用程式

應用程式	價格（2011年）	原始裝置名稱	上市年度	建議售價（美元）	2011 年價格（美元）
1 視訊會議	免費	Compression Labs VC	1982	250,000	586,904
2 全球衛星定位系統	免費	TI NAVSTAR	1982	119,900	279,366
3 數位錄音機	免費	SONY PCM	1978	2,500	8,687
4 電子錶	免費	Seiko 35SQ Astron	1969	1,250	7,716
5 500 萬畫素相機	免費	Canon RC-701	1986	3,000	6,201
6 醫學庫	免費	例如：CONSULTANT	1987	高達 2,000	3,988
7 影片播放器	免費	Toshiba V-8000	1981	1,245	3,103
8 錄影機	免費	RCA CC010	1981	1,050	2,617
9 音樂播放器	免費	Sony CDP-101 CD player	1982	900	2,113
10 百科全書	免費	Compton's CD Encyclopedia	1989	750	1,370
11 電玩遊戲	免費	Atari 2600	1977	199	744
總計	免費				902,809

資料來源：《富足》英文版第 289 頁

消滅。柯達的工程師當然明白這點,他們想必知道「亨迪定律」(Hendy's law),因為發現這條定律的人,就是柯達澳洲分公司的員工巴瑞・亨迪(Barry Hendy)。根據此一定律,每一美元能買到的數位相機畫素年年都會倍增。對柯達來說,毀滅的命途不只被寫在牆上,更是他們親手寫的,可惜他們未能搶在曲線出現前加入。

在上一頁下方的圖表中,記錄所有在 1980 年代還是奢侈科技,但現在已被大幅消滅實體、內建在一般智慧型手機的標準配備,包括高解析度的攝影機、雙向視訊會議軟體(透過Skype)、全球衛星定位系統、書庫、音樂庫、手電筒、心電圖儀、全套電玩遊戲、錄音機、地圖、計算機、時鐘……項目繁雜,這只是其中一些。三十年前,這樣的裝置組合價值數十萬美元計算,如今都變成免費的,或是變成手機裡面的應用程式,而智慧型手機是人類史上傳播最快速的科技。

大眾化。顯然,這條消失報酬的鏈結,一定會停在某處。底片和相機現在雖然都是智慧型手機上的免費配備,但手機本身仍有實體成本,還是得和對手競爭。當實體成本降低到幾乎人人都能買到、買得起的程度時,就來到指數型發展的「大眾化」階段。為了詳細解說,且讓我們再回到柯達的案例上。

柯達過去不光是靠賣相機和底片賺錢,他們也銷售流程後端的一切,包括沖洗照片、製造相紙、製造底片用化學藥劑等。為什麼這會是一門好事業?第一,當你按下快門拍照時,

你並不知道哪張拍出來才好看，所以你可能會拍很多張，而且全部都洗出來。你還記得那些洗出來都失焦的底片嗎？無論如何，你還是得付錢。其次，按下快門只是樂趣的一部分，多洗幾張照片出來到處發送，才是真正的快意。

二十年前，能夠隨意按下快門、四處分享照片的，只有那些負擔得起沖印幾千張照片必須花費相紙、沖洗成本的人。有了數位相機之後，你事先就能知道哪些畫面值得列印出來；在出現 Flickr 等影像分享網站之後，根本連列印照片都不用了，影像分享從此變成一件免費、快速，而且人人都可做的事。

大眾化是指數型發展連鎖反應的終點，也是消滅營收與消滅實體之後的合理結果。當實體變成位元，大量展示在數位平台上，而且價格趨近於零，這就是「大眾化」的階段，如今的智慧型手機和平板電腦就是這樣。事實上，無線網路也是如此；有了無線網路，這些裝置就能夠連上網際網路。目前，谷歌和臉書（Facebook）兩家企業正在進行裝備競賽，計劃砸下數十億美元推出能為地球上每個人提供免費或超低價上網的無人機、熱氣球與衛星。[13]

很多老牌機構（如柯達），靠著歷史光環曾經很好過。耶魯大學教授李察·佛斯特（Richard Foster）表示，在 1920 年代，標準普爾 500 指數（S&P 500）的 500 家公司平均壽命是67 年，[14] 現在可不是了。如今，前述討論的最後三個 D，幾乎可以在一夕之間瓦解企業、破壞整個產業，使得 21 世紀的標

準普爾 500 指數公司的平均壽命只剩下 15 年。根據巴布森商學院（Babson School of Business）所做的研究，從現在起算的十年後，目前的一流公司將會消失 40％以上。[15] 佛斯特表示：「到了 2020 年，標準普爾 500 公司會有四分之三以上是我們現在沒聽過的公司。」[16]

對於還維持線性思考的企業來說，這六個 D 就像《聖經‧啟示錄》的天啟四騎士一樣，＊沒什麼好說的。但我們寫這本書的目的，並不是保護傳統公司或舊思維的人免於遭受指數型科技的影響；反之，這本書的目標讀者，是想善用指數型力量開創大膽新典範的創業家、經營者和工作人。對這些指數型的人才來說，未來的重點不在於面對破壞性的壓力，而是充滿許多破壞性的機會。

新的柯達一瞬間

《指數型組織》的作者是奇點大學全球大使兼雅虎（Yahoo）前任創新主管伊斯梅爾，他在書中將指數型組織定義為：高度運用網絡或自動化，也能善用群眾力量的組織，所以影響力或產出與員工人數呈現巨大反差，效益極高。[17] 線性組織（如柯達）則是相反，這種組織有很多員工，還有很多實體設備與流程。在整個 20 世紀，都不見指數型組織的蹤影，線

＊ 天啟四騎士分別代表瘟疫、戰爭、饑荒和死亡。

性組織因為規模龐大，被保護免受新創入侵者的影響，但這樣的日子過去了。

2010 年 10 月，兩位史丹佛大學年輕畢業生凱文・賽斯特羅姆（Kevin Systrom）和麥可・克里格（Mike Krieger）創辦了一家指數型組織，名為 Instagram。《連線》雜誌描述，Instagram 是「毀滅之神濕婆（Shiva）等級的應用程式，但定位成時尚嗜好。」[18] 那又是什麼樣的嗜好？他們就是伊士曼所謂的「把攝影變成像鉛筆一樣隨手可得」的具體下一步。

Instagram 表現非常卓越，剛好搭上百萬等級畫素高解析度智慧型手機大爆發的趨勢，這家叛徒級的新創公司徹底消滅了捕捉／分享影像回憶產業的營收、實體，而且加以大眾化。在草創十六個月後，Instagram 的價值已經高達 2,500 萬美元。

2012 年 4 月，Instagram 推出安卓（Android）系統的版本，一天內下載次數破百萬，是這家殺手級企業的殺手級應用程式。[19] Instagram 的市值飆高到 5 億美元，然後臉書出場了。

臉書從事的也是分享生活、記錄生活的事業，而且他們已經精算過，Instagram 當時正值指數型成長，用戶人數將近 3 千萬，不只是照片分享服務商，已然成為獨大的服務商，還培養出一個強大的社群網絡。臉書不想競爭，也不想玩追趕遊戲，因此在 2012 年 4 月 9 日，也就是柯達提出破產保護申請的三個月後，用 10 億美元買下 Instagram 及旗下十三位員工。[20]

怎麼會有這種事？柯達是大公司，有百餘年歷史、14 萬

Instagram 的用戶數

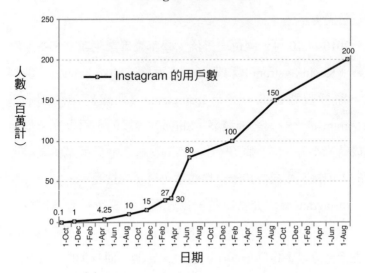

資料來源：http://instagram.com/press；
http://www.macstories.net/news/instagrams-rise-to-30-million-users-visualized/

名員工，在 1996 年市值高達 280 億美元，怎麼會錯過在底片
之後最重要的攝像科技發展，淪落到得上破產法庭？在此同
時，幾個出身矽谷車庫的年輕創業家，又如何在十八個月內賣
了一家新創公司、拿到 10 億美元？而且他們的員工人數只比
一打多一個。很簡單，因為 Instagram 是一個指數型組織。

　　歡迎見證新版的「柯達一瞬間」：當指數型力量把線性企
業踢出產業外時。我們會一再看到，這些新柯達一瞬間並非意
外，而是指數型發展 6D 作用之後的必然結果。對於努力保住
飯碗的線性企業主管來說，這種結果會再帶出另外三個 D：苦

惱（distraught）、憂鬱（depressed）與黯然離去（departed）。
但在指數型人才來看，新版柯達一瞬間處處都是機會。

規模的問題

如今，指數型科技不僅把線性企業逐出產業之外，更把線性產業逐出市場之外。指數型科技改變了整個生態，破壞了傳統的產業流程，例如消費性商品的創新與上市流程等。但對於擁有正確心態的指數型人才來說，在破壞中多的是機會，像班恩‧考夫曼（Ben Kaufman）就是這種擁有正確心態的創業家。[21]

考夫曼生於 1986 年，長於紐約長島。他在學校的表現很棒，是個很有發明精神的學生。高三那年，考夫曼決定要做一個「祕密 iPod」，這個小裝置讓他可以在教室裡私下聽 iPod shuffle，不被老師發現。於是，他放學後就窩在家裡，用零碎材料——主要是緞帶和禮物包裝紙——做出產品原型，以證明設計可行。他覺得其他人也會想要一個，光是產品原型還不足以讓他滿意，他不知用了什麼方法說服父母去貸二胎房貸，借他 18 萬 5 千美元把產品推上市場。有了現金在手，考夫曼馬上搭最近一班飛機飛去中國。

到了中國，考夫曼用非常痛苦的方式學到了教訓，他明白要製造消費性產品，重點不只是融資而已。「你要有很好的工業設計、經銷、行銷、品牌經營、包裝……基本上，你必須做

對三十件事……這真的非常、非常困難。」

但考夫曼堅持不懈，他創辦了默菲公司（Mophie），專賣蘋果公司（Apple）產品的周邊配件，把最初設計的產品成功帶入市場。之後，考夫曼運用辛苦習得的技能，做出好幾十種其他的蘋果產品周邊配件。然後，他開了一家名為「巧趣」（Quirky）的公司，他創辦這家公司的靈感，來自某天清晨在紐約市的體驗。

他回憶道：「有一天，我坐在地鐵上，看到一位女士在用我的第一項產品，也就是我在高中時做出的原型——『祕密iPod』。那一幕讓我體悟到，不是只有我才有好點子，我的獨特只在於所有條件都備齊了，讓我能夠落實自己的想法。我覺悟到一件事：辛苦的不只是我，創造發明基本上就是一條難行之路，對每個人來說都非常、非常困難。」

阻礙創新的，是融資、工程、經銷和法律事務——這林林總總的問題，我們通稱為「產品開發」流程。正因如此，在考夫曼創辦的巧趣公司裡，公司使命是「讓人人都可以創新」，或是就像他說的：「讓所有人都能夠實現自己偉大的想法，無論他們的愛好、環境與出身為何。」

為了做到這件事，考夫曼剔除線性模式、採用指數型發展方式，用開放原始碼的概念公開徵求產品開發的整個流程。巧趣的用戶只要把自己的產品概念貼到網站上，其他用戶就會針對可行性與討喜度投票。群眾喜歡的，群眾自己做出來，方法

是用群眾外包、開放原始碼的步驟，一次一步來。這表示，巧趣的社群會一路把你的點子，從產品原型帶到塔吉特（Target）百貨的架上，同時避開所有傳統的開發瓶頸。巧趣公司的英文名稱「Quirky」原意是「古怪」，這正是公司命名的用意。考夫曼說：「這是用一種奇怪的方式來看產品開發，我們正在改變社群互動的方式，以及他們在線上合作的方式。如今，他們不只是找到彼此、分享事物而已，他們還真的一起把東西做出來了。」

巧趣公司創辦於 2009 年，很快就籌到 7 千 9 百萬美元以上的資金，把好幾百種商品推上市面。[22] 比方說，有一種名為「樞紐插座」（Pivot Power）的電源延長線，在插座部分可彎曲造型；還有一種稱為「一支獨秀」（Solo）的折疊式衣架，可從兩側往下折，方便套上衣服的領口處。除此之外，還有新式書架、背包、電線整理裝置、清潔用品、烹飪用品⋯⋯任何你想得到的東西應有盡有。但是，真正的差別在於速度。二十五年前，這些創新產品要真正上市，花費的時間必須以年來計算。有了巧趣，大約只要四個月。

線性思維的企業遵循舊世界的架構和流程，這抑制了他們快速引進新產品的能力，但巧趣不同，這個指數型社群擁有超過 80 萬名成員，已經推出超過 300 種商品，目前每週都會引進兩、三種新品。巧趣捨棄了閉門造車的設計模式與一切都在幕後的行銷方案，一切都是公開、透明、網路上可查、對大眾

開放的。這也是說，巧趣的一切都設計成讓想創業的人可以善
用指數型組織工具提供的強大力量，例如群眾外包等。當然，
有心創業的人也應該好好利用。但我們在這裡討論巧趣的目
的，並不是要教你如何成為考夫曼，而是要教你如何駕馭像巧
趣這類的指數型平台，我們甚至鼓勵你自己打造一個類似的平
台。

大量破壞，市場重新洗牌

再來看看坎蒂絲・克萊（Candace Klein）的範例。她是一
位群眾外包專家，也是壞女孩創投公司（Bad Girl Ventures）的
忙碌執行長，該公司的宗旨在於協助女性創業。每週六晚上，
克萊都會跟一群女性友人一起喝雞尾酒，她說：「我們有的在
經營企業，有的是全職媽媽，但全都有創新、創業的精神。我
們常把週六夜晚的時光，花在討論接下來要發明什麼。我們把
這些想法放到巧趣的平台上，有時這要花一點功夫，但多半十
五分鐘就搞定了。」[23]

過去幾年，克萊和雞尾酒聚會姊妹們放在巧趣平台上的構
想，總共為她們創造超過 10 萬美元的收入，她們不但賺到六
位數的報酬，還獲得不少口碑宣傳。但故事還沒完，同樣重要
的是，考夫曼與克萊等人的成就，仰賴的都是賽局中另一項重
大變化──規模的變動。

在指數型科技發展的早期，會出現類似柯達曾經面對過、

但面貌不同的各種破壞。只要企業原本的產品與服務可以數位化，例如出版業、音樂產業、回憶產業等，都會面臨嚴重的威脅。巧趣帶我們看到下一階段的更高格局，受制於 6D 發展架構的不只是產品與服務而已，而是整個產業流程。相對於整個 20 世紀的產品開發流程，巧趣是一條另闢新徑，而這條替代性的道路，取代了過去資本密集度極高流程的每個步驟。

同樣地，這麼做的也不只有巧趣。十年前，旅館住宿業是資本密集度非常高的產業，如果你想打造全國性的連鎖旅館服務，你就得蓋好那些房間，但現在的 Airbnb 可不這麼做。

從技術面來說，Airbnb 是一個住宿平台，但這麼說並無法精確反映這家公司造成的破壞規模有多大。Airbnb 這個平台，讓大家可以張貼公布家裡多出的空房、空的車庫公寓，甚至是空的度假小屋，讓每個人都能把閒置不用的空間變成民宿。到了 2014 年中，也就是 Airbnb 問世後第六年，該公司的出租清單上已有超過 60 萬個選項，房東橫跨 3 萬 4 千座城市、192 國，服務超過 1,100 萬名房客。最近期的資料顯示，Airbnb 的市值為 100 億美元，超越凱悅酒店集團（Hyatt Hotels Corporation）的 84 億美元，而且連一棟旅館都沒有蓋。[24]

此外，還有優步（Uber），這是另一個完全不同的服務平台，這間公司正面對決計程車與出租禮車產業。[25] 只要下載優步的應用程式，你不但可以叫車，還可以獲得司機的相關資訊，在手機地圖上看著你叫的車開來，並且用你已經綁定的信

用卡快速付款。優步不是自己經營一支車隊、養一批固定的駕駛，他們只是把資產（昂貴汽車）擁有者與消費者（就是你）連接起來。藉著把潛在乘客與擁有昂貴汽車的人串聯在一起，優步排除了中間人的角色，消滅了原本是固定設備的自有車隊，讓叫車服務大眾化，人人都可以在規模可觀的交通運輸產業分得一杯羹。而且速度很快，在推出手機應用程式四年後，優步的營運據點已經擴及 35 座城市，市值達 180 億美元。

巧趣、Airbnb 和優步，都是創業家善用指數型發展不斷擴大規模的絕佳範例。他們在創紀錄的短時間內，打造出價值數十億美元計算的企業。關於資本密集度高的企業應該如何擴大規模，過去我們自有一番信念，但兩相對照之下，前述這三家企業剛好完全相反。在 20 世紀泰半時間內，資本密集度高的企業若要擴大營業，都要花下大量的投資與時間，不但要增聘人手、打造建築，還要不斷開發大量的全新產品套組，這也難怪要落實任何策略，都需要花幾年到幾十年的時間。董事會「拿公司下注」，去賭代價高昂的全新走向，但可能要等到原班董事多數都退休很久以後才能揭曉成敗，這種事也不算少見。但是，那都是過去了。

如今，線性組織正面臨指數型發展 6D 所帶來的重大風險，但對指數型人才來說，這卻是再好也不過的時代了。現在，從「我有一個很棒的點子」到「我經營一家價值 10 億美元的公司」，發展速度比什麼時代都快。

這件事能夠快速成真，一部分是因為指數型組織的架構非常不同。21 世紀的新創事業，借重的不再是員工人數或大型工廠所帶來的力量，它們是規模較小的組織，專注在資訊科技，能在短短幾個月內、有時甚至在幾週內，就大量消滅過去存在已久的實體，打造出全新的產品與營收流。這些精實的新創企業，就像是跟大恐龍競爭的毛茸茸小型哺乳類一樣；也就是說，只差一次小行星撞擊，它們就可以稱霸全世界，而指數型科技就是那顆小行星。

在巨變的時代，緩慢的龐然大物無法和靈活的小實體競爭。但要夠小、夠靈活，光靠了解指數型發展的 6D 架構，知道它的影響規模有多大，這是不夠的。你也要了解帶動這番變化的科技和工具，包括無限運算、感應器和網絡、3D 列印、人工智慧、機器人、合成生物學等指數型科技，還有群眾募資、群眾外包、誘因導向的競爭等指數型組織工具，更要知曉用心經營的社群威力有多強大。這些指數型的優勢，能夠賦予創業家前所未見的力量。歡迎來到指數型時代！

第 2 章
指數型科技：
改變世界的力量，人人得而有之

　　在《大推手：偉大財富創造者的特質》（*The Prime Movers*）一書中，[1] 心理學家艾德溫‧洛克（Edwin Locke）找出偉大商業領袖都具備的核心心理特質，他探討的人物包括賈伯斯、山姆‧沃爾頓（Sam Walton）、傑克‧威爾許（Jack Welch）、比爾‧蓋茲（Bill Gates）、華特‧迪士尼（Walt Disney）和 J.P. 摩根（J. P. Morgan）等人，這還只是其中一些。雖然這些人的成就歸功於多種不同因素，但洛克發現，他們都有一項關鍵特質：擁有願景。

　　洛克說：「真正讓這些人脫穎而出的，就是這種看到未來的能力。數據顯示，當企業仰賴過去的光環，認為過去有用的，現在或未來也仍然適用，就會招致失敗。偉大的領導者都有能力看得更遠，也有信心帶領組織邁向這幅願景。以賈伯斯為例，他絕對不算是和藹可親的人，如果你跟他說有什麼事是

不可能做到，他只會不同意，然後轉身離去。他沒空去管不可能，他有一幅未來願景，而且不會動搖。」[2]

因此，本章與下一章的目的，就是要讓你了解這些偉大的領導者真正擁有的是什麼：不容動搖的願景。這幅願景會讓你對未來更堅定，而要看到願景，需要一套三步驟的流程。接下來，在下面的段落中，我們要回頭討論指數型發展的欺騙性質，並且介紹一些指標，它們往往是欺騙期到大量破壞的關鍵標示，此期間正是創業家投入賽局的最好時機。我們會先以3D 列印為例，看看這些因素如何在真實世界中發揮作用。我們會介紹 3D 列印技術的過去、現在與未來，這項科技目前正從欺騙期轉向大量破壞的階段，充滿了各種可能性。為了了解相關機會，我們會見到一位高瞻遠矚的業界領導者與幾位創業家（或許和各位很相似），雖然他們對這項科技目前所知甚少，但仍然找到方法善用其力量，並且創辦企業、大力造成數以十億美元計算的破壞。

在下一章，我們還會列出更多指數型發展的科技，我們會帶各位檢視網絡與感應器、無限運算、人工智慧、機器人與合成生物的未來潛力。雖然這些科技都已經出現破壞性的成長，開始改變全世界，但相關介面中的「僅限專家」特性（我們稍後會詳談這個部分），以及高到令人咋舌的天價，致使目前掌握這些技術的，都是市值動輒數十億美元計算的獨角獸企業——想想谷歌如何運用人工智慧，或特斯拉汽車（Tesla

Motors）如何善用機器人。但這種現象不會持續太久，價格會不斷下滑、效能會持續提升，更友善的使用者介面會陸續出現，而這些發展會使得清楚看到願景、知道自身方向的人，有能力使用這些平台。也就是說，這些新科技都正開始受到廣泛應用，對於能夠站在趨勢前端的指數型人才來說，眼前的機會無窮。

技術成熟度曲線與使用者介面

如果你想站到趨勢曲線的前端，多了解指數型發展的欺騙特質會很有幫助。這要從了解形成「顧能技術成熟週期」（Gartner Hype Cycle）的強大傾向談起，請見下一頁的圖表。

在一項新技術問世並開始累積動能之後，我們通常會去預想它最終的形式是什麼，而這會過度放大我們對其發展的時間表及短期潛力的期待。無可避免地，倘若這些技術未能滿足最初的高度預期——失望通常出現在 6D 架構的欺騙期與大量破壞階段之間，大眾的情緒就會落入希望破滅的深淵，第 3 章會有許多相關科技的討論。當技術陷在谷底時，我們會再次湧出高度的預期（但這次是負面的），我們會拒絕相信這些科技會出頭，因此錯過它們改變世界的巨大潛力。

讓我們以個人電腦為例。回到 1960 年代末期，當時的有識之士如作家史都華・布蘭德（Stewart Brand）先開始討論「個人電腦」（personal computer, PC）的概念，他也正是發明「個

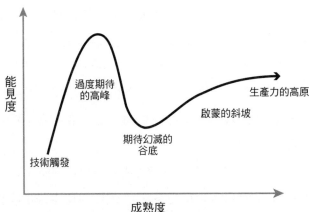

顧能技術成熟週期

資料來源：www.gartner.com

技術成熟週期指標

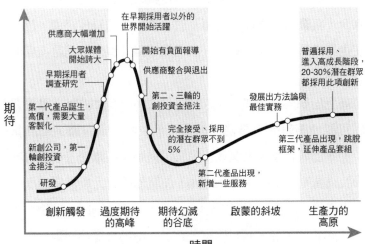

顧能技術成熟週期指標

資料來源：www.gartner.com

人電腦」一詞的人。那時,「改變世界」的狂熱,可說如排山倒海一般。³之後,個人電腦終於問世了,但大部分的人只能拿來玩模擬桌球的電玩遊戲《乓》(*Pong*)──這是「期待幻滅的谷底」。但請你想像一下,倘若你把現在知道電腦具備的功能,拿到 1980 年代初期好好準備一番,這能為你開啟多麼大膽的創業機會?

對創業家來說,能夠精準辨識出一項科技何時脫離「期待幻滅的谷底」、進入「啟蒙的斜坡」,這種判斷能力非常重要。在研讀看來像是地圖一般的指數型發展曲線時,專家找的是數字:最佳實務的發展、供應商的大幅增加、第二輪融資等,但對我而言,洩漏天機的最重要指標是:有沒有開發出簡潔、優雅的使用者介面。因為這才是一種可讓人與科技毫不費力的互動媒介,它讓科技從此不再專屬於一群少數的科技怪傑,能夠留在企業家的手上。事實上,讓網際網路轉型的,就是這樣的介面。

催生出網際網路的,正是挫折。1960 年代初期,電腦運算的可能性讓研究人員倍感興奮,但距離造成阻礙。回到當時,世界上只有幾家大型運算中心,對於那些剛好不在麻省理工學院或加州理工學院(Caltech)任職的研究人員,只能說是運氣不好了。之後,到了 1963 年 4 月,一位名叫李克萊德(J. C. R. Licklider)的電腦科學家,寫了一份備忘錄給同事,提議建置一套「星際計算機網」(Intergalactic Computer Network),

這套網路以當時新開發的封包交換取代電路交換技術，任何研究人員只要有終端機和電話線，就可以連上他們亟需使用的其中一家電腦運算中心。[4] 美國高等研究計畫署網路（Advanced Research Projects Agency Network, ARPANET）就這麼誕生了，此後這套基本網路演變成今日的網際網路。

美國高等研究計畫署網路在 1975 年開始運作，大致上以文本為主，瀏覽起來非常複雜，主要是科學家在用。到了 1993 年，一切都改觀了。當時 22 歲的馬克‧安德森（Marc Andreessen），是伊利諾大學香檳分校（University of Illinois, Urbana-Champaign）的大學生，和別人合寫了「馬賽克」（Mosaic），它既是第一個網路瀏覽器，也是網際網路上第一個對使用者較為友善的使用介面。[5]「馬賽克」解開了網際網路的桎梏，它加入圖形介面，並以視窗系統（Windows）代替 Unix（自此之後，全世界將近八成電腦上跑的都是視窗作業系統），安德森把原本開發給科學家、工程師和軍方使用的科技帶入主流社會。基於這番發展，1993 年初全球的大型網站總共只有 26 個，到了 1995 年 8 月成長為超過 1 萬個，在 1998 年年底更是爆炸性成長到幾百萬個。[6]

這就是優雅又穩定的使用者介面所展現的力量，也是告知指數型人才該加入賽局的重要信號。誠然，要判定科技何時成熟、可供企業開發，就像創投者判斷科技何時成熟到值得投資一樣，但差別是：創投者有千百種理論說明科技何時真正成熟

到可以投資，我為什麼只選擇這項指標、不看其他？很簡單，若創作出簡單、優雅的使用者介面，就能讓創業家有能力善用新工具去解決問題、成功創業，還有最重要的，去大量實驗。想想蘋果公司打造出應用程式商店「App Store」之後，應用程式大幅成長的情況。隨著新的創業家持續改善新的介面，也讓更多企業家擁有更多能力，這是一種正向反饋迴圈，加速介面創新的發展，而且這樣的良性循環不斷出現。

　　更讓人興奮的是，有幾種指數型科技正開始出現這類穩健、優雅的介面。這表示，基本上有幾個規模如網際網路一般的機會，正在向夠聰敏的企業家及相關人才招手。

3D 列印：積層製造的原創與力量

　　像前述這樣的機會之一，就是 3D 列印。這項科技正從長達三十年的欺騙期成長中破繭而出，開始造成一些破壞，衝擊全球產值高達十兆美元的製造業。[7]在本章的後續段落，我們會探討這項科技的過去、現在與未來，帶各位認識幾位身為開路先鋒的創業家。我們的目標是要幫助各位熟悉這項科技，把它當成 6D 架構的現實範例，了解某些創業家如何正確研判技術成熟的週期，並且搶占先機，充分善用這項科技帶來的指數型機會。

　　為了達成這項目標，我們要先從起點開始。就讓我們啟動時光機，回到 260 萬年前，到達現在衣索匹亞的南部，那裡有

一位心靈手巧的人類祖先撿了兩顆石頭，用一顆去敲另外一顆，直到第二顆石頭變成銳利的石片──[8] 就是這項發現！

敲擊石頭是使用工具之始，也是「減法製造」（subtractive manufacturing）之始；這個製程是指，利用慢慢削減大塊材料（例如大型平坦的石塊）來創作物品，直到只剩下一大片鑿出來的廢料與鑿成的物品（例如尖銳的石片。）一直到最近，製造物品基本上用的都是減法製造。

查爾斯·霍爾（Charles Hull）改變了這項遊戲規則，1980年代早期，霍爾決定要協助底特律正在衰敗的汽車產業壓縮上市時間，重新找回競爭優勢。當時，他任職於南加州一家小企業，該公司的專長是發展紫外線的應用，包括紫外線固化（硬化）塗料和墨水；霍爾知道，固化方法為另一套全新的製程打開了大門。如果不採用減法製造新的塑膠零件與產品原型，而是想出另一種方法積層印製紫外線固化塑膠，並且層層黏緊，就可以用加法製造出新的汽車元件。這就是「積層製造」（additive manufacturing）的方法：一次一層堆出物體；這也是3D 列印之始。[9]

為了讓你更清楚這項科技如何運作，請想像一下這裡有一台噴墨印表機。這些隨處可見的辦公室設備是 2D 列印機，靠著二維座標（X 軸與 Y 軸）把數位指令（從你的電腦發出）轉化成「物件」（即頁面上的列印文字。）3D 列印機的原理也是一樣，只是再加上一個垂直面 Z 軸，所以可以列印 3D 成品。

　　1984 年，霍爾就做出第一部 3D 列印機，之後在南加州瓦倫西亞（Valencia）創辦 3D 系統（3D Systems）公司，[10] 從事 3D 列印技術的開發與商業化。可惜的是，這件事並不容易。在接下來的二十年間，發展速度很慢（欺騙期），成本極為高昂，複雜的使用者介面更是絆手絆腳，這三大因素全都有礙使用的普及化。到了 2000 年代初期，雖然 3D 系統有絕佳的先發優勢，卻面臨破產邊緣。時任該公司執行長的艾維‧瑞肯托（Avi Reichental）表示：[11]「當時公司一團糟，他們看不見這項科技正以指數型速度加速發展，他們忘記如何創新。」但瑞肯托知道，因為他是受命來拯救這家公司的人。

　　從表面上來看，就這個職位，瑞肯托是很奇特的選項。他之前在希悅爾公司（Sealed Air Corporation）任職二十三年，該公司發明了氣泡布，他對積層製造所知有限。但是，他很懂創新。瑞肯托說：「希悅爾不是大家想像中的一般包裝商品公司，比較像是矽谷的新創公司，具備十足十的創業精神，永遠都在探索新機會，努力打開新市場。」

　　瑞肯托任職於希悅爾的期間歷練廣泛，做過數十種不同職務，最後變成公司的第四把交椅，幫忙壯大公司的規模，從員工 400 人、價值 1 億美元（這是他就任時的數據），變成員工 1 萬 8 千人、價值 50 億美元的龐大企業（這是他離職時的數據。）他擔任過的職位包括在製造部待過一段時間，那是他第一次接觸到用 3D 列印加速產品原型製程。意思是說，當他第

一次接到電話徵詢是否有意接任 3D 系統執行長時，已經有足
夠資訊可以做實質評估。而且他的發現，令他眼睛為之一亮。

瑞肯托說：「沒錯，3D 系統曾面臨差點被滅絕的地步，」
──也就是說，它還困在欺騙期──「但我把摩爾定律套用在
所有會整合進入這項科技的垂直上下游，看到它們都即將大爆
發。藉著把指數型曲線弄得一清二楚，我看到的是一項將會徹
底改變我們的科技，它會改變人類做事的方法，包括我們創作
的內容和創作的地方。當你用積層製造創作時，可以免費增加
創作的複雜性，不會受制於傳統的製造限制。你可以直接把電
腦檔案轉換成最終成品，不必重新調整生產工具或庫存，就可
以生產數百萬個獨一無二的品項。這是各規模都可運用的局部
製造。我領悟到的是，3D 列印和虛擬與實境之間有著無處不
在的聯繫，這種科技有潛力觸及我們生活中的一切。」

於是，瑞肯托接受了 3D 系統執行長的工作。當時，3D 系
統還沒有太多產品組件，他們製造了六種列印機，最強的產品
配有兩顆列印引擎，但只能用四種材質列印。更糟的是，3D
系統本身不生產這些材質，而且某些機器只能使用某些材質。

瑞肯托的第一要務，就是擴張與整合。「我希望能夠做出
更多列印機，可以用更多材質列印。我也希望，我們的列印機
能夠使用我們自己的材質；而且，客戶不必是超級專家，就能
知道如何操作這些機器。簡化對我來說極為重要，我希望大家
能夠多運用想像力思考如何從事新設計，而不是去想如何操作

這些機器。」

在這些方面，瑞肯托也去求教霍爾。「霍爾當時還在公司工作（他當時已經退休，但在瑞肯托接任執行長之前暫代此一職務，以顧問角色留在公司。）他的辦公室就在咖啡機的旁邊，有一天，我過去找他聊天。我說：『我們的列印機要價幾十萬美元，而且要像太空人一樣聰明才會用。我們何不推出比較便宜的按鍵式桌機版本？』霍爾沒說我是神經病，但也差不多了。隔天，我又去找他，提出同樣的問題。接下來，我每天都這麼做，連續六週。最後，某天早晨，他搶先一步，來我的辦公室找我，還請我喝咖啡。他散發著一種不可思議的光芒，告訴我：『我知道怎麼做了！』」

然後，他倆就一起做出來了。到現在，3D系統是一家價值高達60億美元、蓬勃發展的公司，[12] 製造超過四十種不同的列印機。最大的機器，可以一體成型列印出豐田冠美麗（Toyota Camry）車款的儀表板；最簡單的那款機器叫做「立方」（Cube），目前的價格為1,299美元，計劃在未來幾年內調降到500美元以下。整體來說，這些列印機可以使用超過百種材質列印，從尼龍、塑膠、橡膠到生物性材質（細胞）、真蠟，甚至是非常致密的金屬，無不可印。

但就像我們在前面段落指出的，指數型科技要等到對使用者友善的強大介面出現後，才會具有真正的大量破壞力，不妨想想「馬賽克」瀏覽器的案例。因此，3D系統也必須跨足軟

體，把介面變得很簡單，連小孩都會用。他們在這方面也很成功，瑞肯托說：「如果你會用滑鼠點選，就能設計，然後用 3D 列印做出來。我把這稱為『著色本模式』，過去我們用的是『帆布油畫模式』。以前，如果你想成為出色的畫家，必須花上好幾年的時間，學習、體驗如何把油彩畫在完全空白的帆布上。現在，利用我們的著色本畫法，如果你想要極具創意，只要知道如何在線條之間的空白處塗顏色就可以了。」

這項發展之所以如此重要，是因為從事設計新介面的公司，不是只有 3D 系統一家而已。現在業界已經開始做實驗了，有好幾個機構也插一腳，因此這個產業就像安德森設計「馬賽克」瀏覽器時的網際網路一樣：蓄勢待發，準備展開指數型的爆發性成長。

大量破壞所造成的衝擊

即便是現在，也才正是要開始爆發的起點。3D 列印在全球造成的衝擊已然可觀，標準消費型產品的列印，例如碗、盤、智慧型手機外殼、開瓶器、珠寶和網線製成的提包等，已經從業餘嗜好變成新興產業。目前有幾十個網站專門銷售 3D 列印製造的產品，零售業者也開始湊一腳。德勤管理顧問公司（Deloitte Consulting）的研究總監馬克・寇特利爾（Mark Cotteleer）表示：[13]「我們的研究得出兩個重點。第一，某些物品的損益平衡點，尤其是塑膠製的小型產品，已經可以降至十

萬個，因此使用 3D 列印製造很多消費性產品都可行。其次，有明確證據指出，就算對一般家庭來說，供消費者使用的積層製造設備，可以快速製造出夠多的產品、物超所值，所以對美國一些家庭來說，它是很有吸引力的財務投資。」

從較大規模來說，3D 列印正在布局，要讓交通運輸產業有感。現在，多數從美國、歐洲和日本出口的汽車內部，都有 3D 列印的零組件。2014 年 9 月，在芝加哥舉辦的「國際製造業科技展」（International Manufacturing Technology Show）上，在地汽車公司（Local Motors）的執行長傑・羅傑斯（Jay Rogers）與團隊，在現場花了一天時間就列印出一整部汽車，稍後我們會再提到這位執行長。

羅傑斯說，數位化製造是第三次工業革命：「第一次工業革命是蒸汽引擎帶動的。亨利・福特（Henry Ford）掀起了第二次工業革命，帶來量產，只要你能製造出百萬個相同產品，就可以把價格拉得很低。第三次工業革命則是來自製造的大眾化，一部新設計出來的汽車，再也不需要新工廠來生產了。」[14]

這個第三次工業革命也衝擊了航太業，太空探索科技公司（SpaceX）最近宣布，將利用 3D 科技列印「飛龍二號」（Dragon 2）太空艙要使用的火箭引擎的大部分結構。[15] 波音公司（Boeing）最近用 3D 列印製造了超過兩百種零件，用於十個不同的機體平台。[16] 而我自己的行星資源公司（Planetary Resources）也用 3D 列印製造太空船的多處結構，未來將會航

行到各近地小行星，並且從事探勘活動。

　　3D 列印對交通運輸業造成的財務衝擊，真的一點也不誇張。CFM 國際公司（CFM International）的下一代超高效率「跳躍」（LEAP）飛機引擎（預計 2016 年之前可以商業化），便使用 3D 列印製造出前所未見的新型燃料噴嘴（傳統的機器製程根本做不出來），燃料消耗量可減少 15％；以一架飛機的使用壽命來說，這個數字相當於未來可省下好幾千億美元。[17]

　　至於在醫療設備的領域，進展則是更快速。由於 3D 列印能夠讓產品完全貼合個人身形，因此個別客製化的手術工具、骨骼移植、義肢與齒列矯正設備等，目前都可用 3D 列印機製作，病患的術後結果也因此大幅改善。非常值得一提的是，相關發展非常迅速。

　　2010 年，在《富足》這本書中，我們提到了天才史考特・蘇密特（Scott Summit）的創作。他是經過實務訓練的工業設計師，使用 3D 列印機製造客製化的義肢與背架，這些醫療輔具都是用 3D 列印單次製成的。今天，在我們撰寫這個段落的原文之時，也不過才短短三年，蘇密特加入 3D 系統，協助擴大醫療設備的製造規模。這是一個非常切題的範例，3D 系統現在為全世界的助聽器提供製造基礎設施，其中超過 95％完全用 3D 列印。

　　另一個將 3D 列印大規模用於醫療的範例，可在愛齊科技公司（Align Technology）完全自動化的工廠裡找到。這家公司

製造「隱適美」（Invisalign），這是一種外觀透明的塑膠齒列矯正器，用來代替傳統的金屬牙套。這家工廠每天用 3D 列印製作 6 萬 5 千副各有差異的隱適美，瑞肯托表示：「光是去年，他們使用完全客製化的方式，單次列印生產了 1,700 萬副這種隱形牙套，而這座充滿未來感的工廠並不比大學的大演講廳大多少。」

當然，3D 列印的影響會持續擴大，不僅限於消費性產品、交通運輸和醫療設備。以價值 10 兆美元的製造業來說，每個面向都有可能轉型，所以這也是價值 10 兆美元的商機。那麼，對 3D 平台不甚了解的指數型創業家，要如何善用這個商機，以破壞既有產業、大膽行事？接下來，讓我們介紹幾位相關的創新者，了解他們的想法，試著找出答案。

太空製造

我在 2010 年夏季奇點大學研究所學程期間，第一次見到艾倫・克莫（Aaron Kemmer）、麥克・陳（Michael Chen）與傑森・杜恩（Jason Dunn），他們是膽大無畏的創新三劍客。他們聚頭的原因，是他們都熱愛太空。克莫說：[18]「這就是我們來奇點大學的原因。我們都是連續創業家，不斷地尋找大的構想。我們希望創立一家有助於打開太空疆域的企業，但根本沒想到前進的方法，居然會是透過 3D 列印。」

為他們指點迷津的，是奇點大學機器人學的共同主任，也

是上過三次太空的丹・貝瑞（Dan Barry）博士。陳先生說：「我們對 3D 列印了解甚少，杜恩除外，他有航太背景，在大學時曾涉獵過一些。我們在做分析時，只是檢視所有不同的指數型科技，試著激盪出一些想法。貝瑞博士就在附近走來走去，告訴我們他去過國際太空站，如果太空站裡能有 3D 列印機，就太有用了！」因此，這三人便決定找出到底多有用。

杜恩說：「這是一個供應鏈的問題，國際太空站在現有供應鏈最遙遠、最複雜、最昂貴的末端。發射成本大約是每磅 1 萬美元，任何發射到太空的物品都必須夠強韌，才能承受衝出地球重力井那八分鐘的高重力。這表示，要打造更重的物體，但任何的額外重量，都會帶來雙重成本。每多一磅重量，就要付出更高費用；不只如此，還得消耗更多燃料才能把物體發射出去，這也堆高成本。」

此外，如果載運的零件到太空站時損壞了，補給得花上好幾個月的時間。這就是為什麼在國際太空站裡會堆放超過十億個零件，像小山一樣，而這些零件都花了成本，但不一定會用到。在做完更多研究之後，克莫、杜恩和陳三人發現，這些零件有 30% 都是塑膠製，表示應該可以用現有的 3D 技術列印。

這就是太空製造公司（Made in Space）的成立緣由，這也是第一家不在地球上的 3D 列印公司，更是絕佳的指數型創業範例。他們的業務模式完全以指數型發展曲線為憑，第一項產品最簡單，在 2014 年秋季發射到國際太空站，它是一台列印

塑膠零件的 3D 列印機。

這部機器本身就引起某些製造革命，克莫說：「國際太空站的第一批 3D 列印機，將能製造出在地球上可能永遠都無法做出來的產品。比方說，請想像一下，你要打造出可能無法支撐本身重量的結構。」在更了解指數型曲線之後，太空製造公司接下來的往覆式流程（iteration），便是推出先進材質及可用多種材質的列印機。這表示，在未來五年內的某個時間點，國際太空站使用的零件有 60％可用 3D 列印製成。在這幅願景的背後，有一項真正改變賽局的因素：可印製電子的 3D 列印機。

再來看看衛星科技的最新趨勢：立方衛星（CubeSats）。這些是微型衛星，重量只有 1 公斤，形狀是 10 立方公分的立方體，長寬高都是 10 公分。要打造這些衛星其實很簡單，幾乎人人都能做到，網路上也有免費說明。但這些小小的物件也同樣具有欺騙性質，如果成群布署起來，力量可以大到令人難以想像，通常能夠取代更大型的衛星。立方衛星做起來相對便宜，大約要價 5 千到 8 千美元，[19] 發射時卻十分昂貴，仍要花費數萬美元。但那是現在的價格，再過幾年，太空製造公司將會解決這個問題，可以大幅降低成本。

杜恩說：「結果，國際太空站是發射物體進入近地軌道的最佳平台。我們的列印機已經可以印製立方衛星的某些部分，我們也已經在實驗室裡列印出電子設備。雖然要估出確切時間

很難，但我認為，大約在 2025 年，我們應該能在國際太空站
上列印電子設備。意思就是，我們可以用「電子郵件」免費寄
送硬體到太空，不用花錢從地球上發射出去。」

當然，最大的夢想是做出可以在太空中列印整個太空站的
3D 列印機，或者更棒的是，利用太空中找到的材質來做。一
旦可行，在地球之外創造真正的棲息地（太空殖民），便成為
真正可行的現實。

陳先生說：「想像一下，只需要一部 3D 列印機及少數採礦
設備，我們就可以到遙遠的星球殖民。聽起來雖然很像科幻小
說，但在我們的實驗室、還有國際太空站，現在已經踏出落實
這番景象的前幾步。」

這代表什麼？這代表當太空製造公司開始干擾價值數十億
美元的備用零件產業時，撐起這家公司業務的指數型成長曲
線，將會讓他們具有先發優勢，直接引領他們邁向價值數兆美
元、最終型態為外太空生活的產業。

玩具總動員

你可能會認為，就創業來說，太空製造公司比較像是個例
外，而非規則。畢竟，克莫、杜恩和陳這三個人雖然對 3D 列
印所知不多，但他們怎麼說都是奇點大學的學生，既能取得
3D 列印科技（大學內部就有 3D 列印機），也能接觸到所有指
數型的概念。是嗎？艾莉絲‧泰勒（Alice Taylor）就跟他們不

一樣，這位英國設計師雖然沒有前述任何優勢，還是大步前進，破壞了價值 340 億美元玩具產業中的玩偶市場（價值 35 億美元）。[20]

泰勒的職業生涯主要在數位媒體發展，她先是一位網頁製作人，後來加入 BBC 的數位部門，最後成為倫敦第四頻道電視台（Channel 4）的教育類企畫編輯，她在此主要的工作是製作出能夠拿下大獎的教育性電玩遊戲。[21] 泰勒對遊戲有興趣，也因此對玩具產生了興趣。這把她帶進玩偶的世界，而這是另一個線性產業，破壞它的力量已經蠢蠢欲動。

過去三十年來，玩具產業已經轉型，過去是以個人巧匠為大宗的國內型產業，後來被一小群使用海外量產的大企業所把持。玩偶要有競爭力，必須大量製造，使用「射出成型製程」（injection mold process），玩偶身上的每個部分都需要一個模子，每個模具做起來要價幾萬美元，只做一種玩偶的起始成本就要花費好幾十萬美元。但其實也不一定非得要這樣不可。

泰勒的先生是科幻小說家柯瑞‧達克特若（Cory Doctorow），對 3D 列印有一點點了解。順帶一提，達克特若 2009 年寫了一本《創客》（Makers），用較為負面的預言方式，描述罪犯與恐怖分子如何利用 3D 列印製造 AK-47 自動步槍。[22] 泰勒決定，要試試能否用 3D 列印取代傳統的玩偶製程（亦即使用昂貴的起始成本大量製造。）基本上，泰勒是動手嘗試羅傑斯所說的第三次工業革命的概念能否套用到玩具上，就像應

用到汽車與火箭上一樣。

泰勒說：「問題是，我對 3D 列印懂的不多。所以，我就上 3D 列印的市集網站：Shapeways.com，到論壇區去看看。結果，我找到一個人貼出一則訊息說：『我可以製作 3D 列印的模型，請聘用我。』我照辦了。」泰勒用電子郵件發出她繪製的玩偶草圖，結果收到一個 3D 模型，之後從檔案列印出一個真的玩偶。她說：「那個玩偶高 18 公分，沒有眼睛、沒有頭髮，花了我 220 英鎊，但它真實存在，很神奇！我做了一個玩偶，我這輩子還沒有自己做過玩偶。我覺得棒透了，潛力無窮，就像我在網際網路剛興起時感受到的一樣。就這樣，我辭掉工作回家，著手成立『動手做實驗室』（MakieLabs），讓每個人都能設計自己的玩偶，然後列印出來。」

如今，動手做實驗室完全交由 3D 列印機生產。泰勒解釋：「在我們辦公室，你會看到三台小型的 MakerBot 列印機，這是用來打樣的。一旦設計定稿，我們就會透過雲端使用 3D 系統的大型列印機印製最終產品。我們不僅無須花費高額資本支出購置必要的生產設備，藉由使用隨選雲端列印，我們也不需要購置生產用的大型 3D 列印機。而且，我們的包裝、運送與行銷，都可以透過虛擬化進行。我們沒有倉儲成本，不需要來來回回跑到遠東地區。我們不需要大量印製包裝，等到要用時再來印就好。」

但泰勒也只是把玩偶當成一個開端，她說：「只要終端產

品可以客製化，就是一個很脆弱的產業。玩偶只是 3D 列印的一種表現形狀，也可以是恐龍、機器人和汽車。我們正在邁向一站式製造的世界，要不就是家裡或辦公室有這些製造用的工具設備，要不就是透過雲端租借。我們正走在一個創意十足的時代前沿，對於破壞力強的指數型人才來說，這是個很棒的時代。」

　　最後，為了替本章作結，我們來看看哪些產業馬上就要面臨 3D 列印的指數型破壞。右頁的圖表是由德勤管理顧問公司所做的分析，點出目前正受 3D 列印衝擊最大的幾個產業，也因此具有最多的創業機會。

遭到 3D 列印技術破壞的產業

產業	目前的應用	未來可能應用
商用航空與國防	• 概念模擬與製作原型 • 生產結構性與非結構性的零件 • 少量的替代零件	• 直接在零件上嵌入額外的已製成電子產品 • 複雜的引擎零件 • 機翼組件 • 其他結構性飛機組件
太空	• 用於太空探險的特殊零件 • 利用輕量、強韌的材質打造機體結構	• 在太空中於需要時製造零件或備用零件 • 直接在太空中打造大型架構，避開發射太空船時的體積限制
汽車	• 快速製作終端使用的汽車零件原型與成品 • 製作古董車與賽車專用的零組件 • 快速生產零件或整台車	• 精密汽車元件 • 透過群眾外包設計汽車元件
醫療保健	• 義肢與填充物 • 醫療設備與模型 • 聽力輔助器與植牙	• 製造移植用的器官 • 大規模製藥 • 製造再生療法使用的人體組織
消費性產品／零售	• 快速打樣 • 製作及測試不同的設計往覆式流程 • 客製化的珠寶與手錶 • 有限的產品客製化	• 和客戶共同設計與創作 • 客製化生活空間 • 促進消費品大量客製化的不斷成長

資料來源：德勤的分析；CSC, 3D printing and the future of manufacturing, 2012
製圖：德勤大學出版社（Deloitte University Press）| DUPress.com

第 3 章
數到五改變世界

　　在上一章，我們透過積層製造的觀點，貼近檢視指數型成長與創業機會。然而，在目前許多從欺騙期邁向破壞階段的強大指數型科技當中，3D 列印只是其中一項而已。在本章，我們要綜觀其他五項也已經成熟到可供創業應用的科技，包含網絡與感應器、無限運算、人工智慧、機器人與合成生物學。我們的目標是要凸顯基本面，幫助各位了解這些科技的現況、在幾年之後的發展，以及有哪些隱藏機會。雖然這些領域目前尚未備受矚目，但已經站穩腳步，在未來的三到五年內準備大爆發。

網絡與感應器

　　網絡（network）指的是任何信號與資訊的連接，人類大腦和網際網路是兩個最著名的範例。感應器是能夠偵測到資訊的裝置，包括溫度、震動與輻射等，而且在連上網絡時，也可以傳輸資訊。現在，這兩個產業都即將大幅成長。

全球的行動裝置與連接

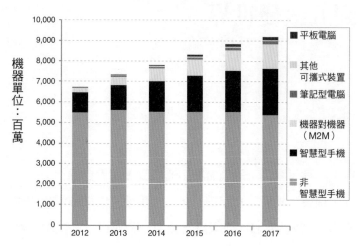

資料來源：https://www.mauldineconomics.com/bulls-eye/

　　目前全世界有超過 70 億台智慧型手機與平板電腦，每一台都是由各種不同的感應器組合而成，如感壓式觸控螢幕、麥克風、線性加速度計、地磁計、陀螺儀、照相機等，而且隨著每一代新科技的出現，數量會愈來愈多。就讓我們以電容式觸控螢幕為例，就像 iPad 和 iPhone 上的面板，2012 年，這些感應器覆蓋的總面積為 1,200 萬平方公尺，足以涵蓋 2,000 座標準美式足球場。到了 2015 年，這個數值大幅成長為 3,590 萬平方公尺，足以涵蓋半個曼哈頓。[1]

　　這類成長還不只是通訊裝置而已，類似模式也出現在所有的「事物」中，把過去被動、駑鈍的世界，變得積極又聰明。

比方說，像交通運輸產業，現在汽車有很多感應器可用於導航，上路後可幫忙避開塞車路段，也可幫忙在停車場裡找到空位。商用客機也用了很多感應器組合，奇異（General Electric）公司製造噴射引擎，然後租賃給各大航空公司。以現在出租的五千具引擎來說，每一具都安裝了高達 250 個感應器，[2] 即時監控引擎的健全度，即便在飛行途中也不會漏失任何訊息。如果數據落在規定水準之外，奇異就可以馬上處理，先行檢修。

保全相關的感應器也大量出現。這個時代監視器無所不在，如今還搭載了存有 1.2 億張臉孔的資料庫，賦予執法機構前所未有的搜尋能力。除了監控是否有麻煩之外，感應器也可以用來聆聽。以「槍擊者定位系統」（ShotSpotter）為例，[3] 這是一套偵測槍擊的系統，利用安裝在城市各處的聲音感應器網絡蒐集資訊，利用演算法過濾數據以分離出槍聲，再利用三角定位找到誤差在十呎內的位置，然後直接通報警方。這套系統通常比緊急通報者提供的資訊，更為準確、可靠。

交通運輸和保全業主要由大企業掌控，但這並不表示創業家就不能善用指數型趨勢的優勢。2012 年，《連線》雜誌就刊登一篇文章指出：[4]「駭客開始更大量使用平價感應器與開放原始碼的硬體，例如 Arduino 控制器，為尋常物品添加智慧。」現在，有一些套裝產品可讓你的植物發推文，提醒你該澆水了。還有連接無線網路、讓農場飼主知道牲口是不是熱昏了的

LIDAR – Light Detection & Ranging – 64 lasers @10 RPM

1.3 mil datapoints or 750 Mbytes/second

谷歌無人駕駛車輛用光達雷射 360 度偵測影像

資料來源：http://people.bath.ac.uk/as2152/cars/lidar.jpg

牛項圈，以及可顯示你在慕尼黑啤酒節喝下多少黃湯的啤酒杯。Arduino 駭客卡拉蘭波斯・道克斯（Charalampos Doukas）就說，隨著感應器的價格崩盤：「唯一的限制，只有你的想像力。」

讓我們從更大的格局來看這件事。想像一下，谷歌的自動駕駛車輛現在在車頂上裝設了「光達」（LIDAR）感應器，可以在街上安全地跑來跑去。這種以雷射為基底的感應裝置，使用 64 個不會傷害眼睛的雷射頭，掃描 360 度的周邊環境，每秒同步產生 750 百萬位元組（megabyte, MB）的影像數據，協助自動車輛穿梭大街小巷。[5] 很快地，我們生活的這個世界，就會有截然不同的面貌。比方說，有 200 萬部自動車在街上來來去去，而且這個數字不算誇張，因為這還不到美國登記車輛數目的 1%。[6] 這些車輛監控並記錄遇見的一切，針對觀察到

的周遭環境，提供近乎完美的資訊。但無處不在的影像活動，還不只是這樣。

除了掃描街景的無人駕駛車輛之外，在 2020 年之前，預估約有五個由民間擁有的近地通訊衛星星系，會拍下地球上的每一寸表面，解析度介於 50 公分到 2 公尺之間。[7] 同時，我們也將看到由人工智慧操作的微型無人機，在城市上方飛來飛去，拍攝範圍以幾公分計算的影像。你想知道競爭對手在莫斯科或孟買的停車場裡有幾部車嗎？或者，你想要追蹤對手的供應鏈，監看他們的卡車或貨車交運原物料到工廠，然後把最終商品送到倉儲？通通沒問題。

2013 年，史丹佛大學兆級感測器高峰會（Stanford University TSensors Summit）提出一份報告說，加總之後，全球的感應器數目在 2023 年之前，將成長到數以「兆」計算，[8] 這還只是感應器的成長而已。

以速度和互連裝置的數量而言，網絡也正在經歷類似的大爆發。在速度方面，1991 年，早期的 2G 網絡速度為每秒傳輸 100 千位元數（kilobit）。十年後，3G 網絡已經可達每秒百萬位元，今天的 4G 網速則高達每秒 8 百萬位元。[9] 2014 年 2 月，斯普林特（Sprint）公司發布了「斯普林特火花」（Sprint Spark）方案，這是一套超高速網絡，每秒可傳輸 50 到 60 百萬位元到你的手機上，其長期願景是要把速度再加快三倍。[10] 該公司技術長史蒂芬・拜伊（Stephen Bye）表示：「我們的目

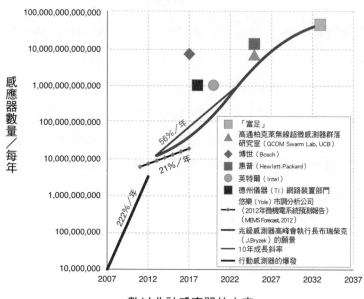

兆級感應器的願景

數以兆計感應器的未來

資料來源：www.futuristspeaker.com/wp-content/uploads/Trillion-Sensor-Roadmap.jpg

標是要支援新一代的線上遊戲、虛擬實境、先進雲端服務，以及其他需要用到極高速寬頻的應用。具體來說，在建置完畢後，系統能讓你在三秒內下載一個 20MB 大的電玩，在兩分鐘半內下載一部一小時長的高解析度電影。」斯普林特目前已有進展，他們在矽谷的實驗室已經證實，空中傳輸（over-the-air, OTA）速度可達每秒 1 千兆位元（gigabit, GB）。

在互連裝置的數量方面，大約在十年前，全球上網的裝置

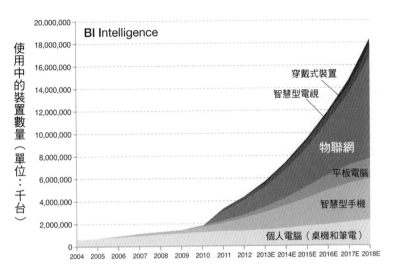

全球上網裝置裝機量預估

資料來源：http://www.businessinsider.com/decoding-smartphone-industry-
jargon-2013-11
年分的「E」代表預估值，為預估市場規模。

約為 5 億台，現在這個數字暴漲為 120 億台。思科（Cisco）
技術長兼策略長帕德瑪・瓦里奧（Padma Warrior）表示：[11]
「2013 年，每秒鐘有 80 項新物件連上網際網路，換算下來，
一天就接近 700 萬項、一年則是 25 億項。2014 年，這個數字
為每秒鐘大約 100 項。到了 2020 年，它將成長為每秒鐘超過
250 項，換算下來，一年則是 78 億項。把這些數字加起來，
到 2020 年之前，將有超過 500 億項物件連上網際網路。」正
是這股上網大爆發，打造出「物聯網」（Internet-of-Things,

IoT）。

思科最近一項研究估計，從 2013 年到 2020 年，這個超級網絡創造的價值（淨利）將高達 19 兆美元。[12] 這件事值得花點時間了解一下，美國的經濟規模一年大約為 15 兆美元，所以思科的意思是：在未來十年，這個新網絡的經濟影響力，將會超過美國的國內生產毛額。接下來，我們當然要來談談這塊機會沃土，機會到底藏在哪裡？嗯，大多數的研究人員認為，有兩個很重要的類別值得一探：資訊與自動化，我們先從前者開始。

網絡與感應器的世界創造出巨量資訊，其中有些極為寶貴。且以交通資訊為例，十年前，納特（Navteq）公司打造了一套路面感應器網絡，橫跨歐洲 40 萬公里，涵蓋歐洲 13 個國家、35 座主要城市。[13] 2007 年 10 月，現已屬於微軟的手機大廠諾基亞（Nokia），花了 81 億美元買下這套網絡。[14] 把時間快轉五年，來到 2013 年年中，谷歌花了 10 億美元收購位智（Waze），這家總部位於以色列的企業創作地圖與交通資訊，但不是透過電子感應器，而是利用群眾外包式的使用者報告（亦即真人感應器），以全球衛星定位系統追蹤大約五千萬名用戶的動態來創作地圖。當用戶自願即時分享關於減速、測速監控與道路封閉的資訊時，便可創作交通流量數據。[15]

行為追蹤是另一類快速成長的資訊，[16] 保險公司在汽車裡面安裝感應器，根據即時駕駛行為制定相關費用政策，便是範

例之一。另一個範例則是扭轉風格解決方案公司（Turnstyle Solutions），[17] 這家總部設在加拿大多倫多的新創公司，利用智慧型手機上的無線網路傳輸追蹤商店附近的顧客，蒐集相關資訊，了解消費者在逛街時會在哪裡停留。醫療保健方面的行為追蹤，也正在蓬勃發展。遵守科技（AdhereTech）[18] 目前已製造智慧型藥瓶，內建感應器，以便更精準確認病患確實遵守醫囑。至於科希洛醫療保健（CoheroHealth），則是結合了內建感應器的吸入器與手機應用程式，[19] 讓罹患慢性氣喘的孩子可以追蹤、控制自己的病症。這些醫療上的應用，仍會持續出現。德勤管理顧問公司的科技長威廉・布里格斯（William Briggs）表示：[20]「物聯網相關的醫療保健領域，在未來十到二十年，將成為一個上看好幾兆美元的市場。」

接下來，我們把焦點轉向第二個機會所在：自動化。基本上，這是處理從物聯網蒐集到的所有數據，轉化成一系列的行動，然後在無人為介入的情況下，自動執行這些行動。我們現在已經見證這類第一波行動：在智慧型裝配線上，以及能夠做到類似「即時交付」（just-in-time delivery）系統的供應鏈上（技術用語稱為「製程最佳化」。）透過電力方面的智慧型電網與水力方面的智慧型水網（技術用語稱為「資源耗用最佳化」），則讓我們見識到第二波這類自動化。接下來的自動化與控制，將會是更複雜的自動化系統，例如無人駕駛的自動車輛。

如果能夠找到更簡單的方法，即時連結決策者與感應器數

據，就能產生更多的機會。在前面的段落中，已提過需要人澆水時就會發推文的植物，就是這類產業早期（2010 年）往覆式流程修正、琢磨後得出的結果。較近期（2013 年）的範例則是，一家總部位於華府的新創公司智慧事物（SmartThings），CNN 稱這家公司是「家中一切物品的數位指揮家。」[21] 這間公司製作一種介面，能夠辨識千種家用智慧型物件，從控制空調的溫度感應器、讓你知道門戶是否鎖好的門窗感應器，到在你上床之前會把所有家電自動關閉的裝置。

當然，任何與網絡和感應器有關的討論，都會把我們直接帶入如何從這些數據萃取價值的討論。答案也正是我們接下來要談的——歡迎來到極端的無限運算世界。

無限運算：蠻力之美

2013 年 8 月，軟體與設計大廠歐特克（Autodesk）的執行長卡爾·巴斯（Carl Bass），帶我參觀他們新建的 9 號碼頭中心，就坐落在舊金山的內河碼頭（Embarcadero）。[22] 自稱是紐約布魯克林小孩的巴斯，身高有 195 公分，穿著牛仔褲、T恤，頭戴棒球帽，但他們公司卻配有最先進的 3D 列印設備、工具機組件、設計站、雷射切割器及銲接機。這裡是創客的天堂，這些工具把想像力變成現實，而且都在歐特克設計軟體的導引下完成的；賦予這些軟體力量的，則是無限運算。

巴斯用「無限運算」（infinite computing）一詞，來指稱運

每電晶體微處理器成本的演變週期

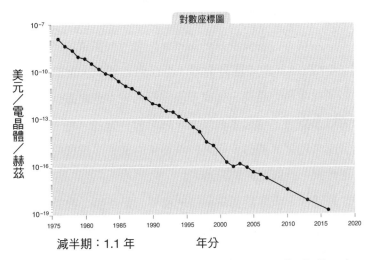

對數座標圖

減半期：1.1 年　　　　　年分

資料來源：www.singularity.com/images/charts/MicroProcessCostPerTrans.jpg

算的持續發展：從稀少、昂貴的資源，變得大量、便宜。三、四十年前，如果你想擁有一千顆核心處理器，你必須是麻省理工學院電腦科學系主任，或是美國的國防部長。但在今天，手機裡面的一般晶片，每秒鐘就可以處理約 10 億次計算。

若是從未來的角度來看今天，這又沒什麼了。紐約市立大學（The City University of New York）理論物理學家加來道雄，在網路論壇「大思考」（Big Think）上發表的一篇文章中解釋：[23]「2020 年之前，具備目前處理效能的晶片，可能只要一美分，價格落到跟回收紙差不多……當我們的孩子回顧過去時，會想不透我們如何活在今日如此貧瘠的世界，就像我們搞不懂長輩

在沒有現今被視為理所當然的奢侈品——智慧型手機和網路——時，該如何生活一樣。」

正因如此，巴斯覺得我們對運算的思考非常落伍，他說：「我們向來把運算當成寶貴資源，現在到處都有大量的運算能力。如果檢視所有趨勢，你會發現運算的成本愈來愈低，但是愈來愈容易取得，也愈來愈強大、愈來愈有彈性。每一年，我們創造出來的運算能力，都高於前幾年的總和。這樣的資源過剩，正代表一個新紀元的開始。」

在舊時代，人類能從事創作的世界，是所謂「設計好」的世界，是「框內」思維的產物，我們的思維受限於運算的稀有性。巴斯說：「在那個時代，如果一個問題需要一顆中央處理器花上 1 萬秒處理，成本大約是 25 美分。但在新的指數型時代，我們有近乎無限的運算能力幫忙，現在可以用 1 萬顆中央處理器同步處理這個問題，只要一秒鐘就可以解決。用 1 萬倍的速度來解決問題，但成本仍是 25 美分，這是我們有史以來首次能夠無限應用更多資源來處理問題，而且不必付出更高成本。」

谷歌、亞馬遜（Amazon）和主機託管公司瑞克空間（Rackspace），也合力促成這番改變。前述每一家公司都有大型的運算設施，開放給公眾使用，稱為「雲端」（cloud）。瑞克空間的董事長兼共同創辦人葛拉罕‧威斯頓（Graham Weston）表示：[24]「在有雲端之前，要創辦一家科技公司，速

度很慢，而且很痛苦。首先，你必須向戴爾（Dell）或惠普等
供應商訂購伺服器，要幾週後才會運到。然後，你必須設定、
安裝、購買軟體、載入軟體，然後才能連上網際網路。這些工
作就算不用花到幾個月的時間，也要花好幾週的時間，而且還
要動用到人力。現在，你只要找到像我們瑞克空間這樣的供應
商就好，在幾分鐘後馬上就可以使用伺服器，要多少有多少。
而且，規模還非常具有彈性，不管是垂直面或水平面，可大可
小。容量隨選，完全視你的需求而定。」

不過，你的目標不是要成為瑞克空間，或是亞馬遜、微
軟，而是要站在他們的基礎建設根基上，發展你們的宏大構
想。現在的創業家已經不需要花費寶貴現金添購昂貴設備，然
後用幾個月的時間安裝、設定與撰寫程式，還要擔心等到需要
擴大規模時該怎麼辦，或是煩惱設備故障或不合用時又該怎麼
辦。威斯頓說：「雲端讓我們每個人都能借重大規模的運算，
如今，在孟買的人可以使用的運算速度，已經超越 1960、1970
年代整個美國政府具備的能力。我們正要跨入全球創新的大時
代，高效能的運算能力不但資源豐富、可靠，而且人人負擔得
起。」

這麼強大的運算能力，能夠帶給你哪些好處？首先，這會
帶來一套全新的方法，讓你從事創新。我們來看看「蠻力法」
（brute force），這是指使用無限運算解決身邊問題的新能力。
假設你想要解一道數獨（Sudoku）題目，你可以試著建立一套

漂亮的數學方法，導出一套演算法，正確計算出少哪個數字。或者，你也可以要求電腦把每個可能的數字，都套進每個方格裡面算算看，然後選用最適合的，這就是「蠻力法」。

　　我去參觀歐特克的 9 號碼頭設計中心時，看到了另一個範例，更詳細解釋了蠻力法。巴斯拿出他和 15 歲的兒子一起做的電動小型賽車（electric go-kart），他說：「從前，如果要把電動馬達裝到小型賽車上，我會嘗試漂亮的解決方案。我會根據自身累積的知識，去猜測托架厚度與最佳位置，然後跑幾輪計算，看自己做得對不對。現在，我可以建立一套電腦模型，針對我選定的設計，準確取得每個位置的壓力與張力。在不久的未來，利用無限運算，我可以要求雲端執行設計模擬，針對馬達的不同擺放位置，以及不同的材質與厚度做實驗。這不只能夠計算出合適的設計，更能算出最好的設計。」

　　巴斯能做的，你也能做。如果你的熱情是要做出更棒的小型賽車，現在的科技就能讓你做出最棒的，而且與傳統相比，現在花費的時間和成本只是少數。這點不只適用在小型賽車的製作上，也適用在你想創造的任何作品上。此外，每個人都能從錯誤中學習，才在不久前，犯錯的代價往往太高，使得創業家無法任意犯錯。這一點也變了，有了無限運算之後，犯錯無須付出太多金錢代價，自由做實驗的容許範圍變大了。現在聽聞異想天開的想法，無須馬上駁斥一定會浪費時間與資源，可以全部都試一遍。

　　無限運算使得設計上的可能性大幅增加，但是說到要真正
釋放這股力量，你還需要蒐集數據、輸入電腦，然後編寫演算
法以分析數據。如果你不會，該怎麼辦？要是你能夠和電腦聊
聊，電腦又完全了解你想要什麼，還能夠替你蒐集數據，為你
排疑解難、進行分析，那又會怎樣？嗯，從最廣義的意思來
說，這就是我們接下來要討論的指數型科技的能力：大爆發的
人工智慧領域。

人工智慧：隨選專家

　　「戴夫，你到底以為你在幹嘛呢？」

　　這是一段傳說，上述這句話（語調極為冷靜，但深具威嚇
性），曾是人工智慧的絕對高點，持續了將近五十年。說這句
話的是「哈兒」（HAL），它是「發現一號」（*Discovery One*）
太空船上的電腦，曾經出現在導演史丹利・庫柏力克（Stanley
Kubrick）的傳奇電影《2001 太空漫遊》（*2001: A Space
Odyssey*）中，這部電影由他和英國科幻小說家亞瑟・克拉克
（Arthur C. Clarke）共同執筆。[25] 不跟主角戴夫鬥嘴時，哈兒就
忙著支援其他人員，成為他們和太空船之間的媒介，回答問題
並協助分析蒐集到的數據，因為那艘太空船肩負科學使命。哈
兒的實體面貌，被塑造成深具威脅性、像眼睛一樣的紅色攝影
鏡頭，位於太空船的設備面板上。但這隻閃閃發光的紅色眼
睛，已經是上個世紀的事了。

再會了，哈兒！我們要來見見「賈維斯」（JARVIS）。[26]
JARVIS 是 Just Another Rather Very Intelligent System 的頭字
語，
意思是「就是另一套真的非常聰明的系統」，首次出現在電影
《鋼鐵人》（*Iron Man*）中，是主角鋼鐵人東尼‧史塔克（Tony
Stark）個人專用的人工智慧機器。賈維斯被設定成說話帶有英
國男性口音，負責處理一切事務，從居家安全、製造鋼鐵戰
甲，到經營史塔克價值數十億美元的全球性集團，即便是對這
樣一套非凡的系統來說，這些工作也極為龐雜、大量。

從科技觀點來看，賈維斯之所以非比尋常，是因為他在史
塔克的生活中無所不在，再加上它有能力理解一般人類語言發
出的指令，就連帶著諷刺或幽默的插科打諢也聽得懂。若就更
技術層面來說，賈維斯是一個軟體殼層，連結史塔克的每個渴
望與外在世界，既能利用數十億個感應器蒐集資訊，也能透過
任何相連接的系統或機器人裝置做動作。利用這套方法，物聯
網就變成賈維斯的眼睛、耳朵、手臂和雙腿。

無庸置疑，賈維斯趕走哈兒登上了寶座，現在是全球最廣
為人知的人工智慧。它的獨領風騷之所以重要，是因為它不像
哈兒一樣，是從未實現過的幻想；相反地，賈維斯身上的重要
元件，已經開始在全球各地的實驗室和企業裡面出現了。

人工智慧專家、也是奇點大學共同創辦人／校長雷‧庫茲
威爾（Ray Kurzweil）解釋：[27]「在 1960 年代，當克拉克設計

出哈兒時，顯然只是科幻小說。五十年前，我們對人工智慧的了解極其有限，但今天情況完全不同了。賈維斯的很多元件，要不就是已經存在，要不就是正在設計中。」

　　庫茲威爾對這些當然很清楚，比爾・蓋茲（Bill Gates）稱他為：「我所知道最善於預測人工智慧未來的人。」谷歌的創辦人賴瑞・佩吉禮聘庫茲威爾擔任谷歌的工程總監，他領軍致力開發能夠理解人類自然語言的人工智慧。也就是說，他要負責教會電腦理解人類口語和書面文字的微妙之處，讓我們能夠詢問電腦更複雜的問題，不只是問 Siri：「我要去哪裡買咖啡？」

　　庫茲威爾說：「從只具備邏輯智慧的電腦，到也擁有情緒智慧的電腦，是一項重大的轉變。一旦實現，人工智慧會變得很有趣，不但聽得懂你說的笑話，也可以很性感、很可愛，甚至很有創意。」

　　順著這些趨勢發展，2013 年 3 月，我站在 TED 大會的台上，偕同 TED 策展人克里斯・安德森，宣布我們打算加入戰局，設置人工智慧 X 大獎（AI XPRIZE）。[28] 安德森說：「概念是這樣的，TED 大會的 X 大獎將頒給第一個出現在這個台上、發表演講的人工智慧裝置，內容必須要鼓舞人心，使得台下觀眾都站起來鼓掌。」

　　這個概念相當於要求這個人工智慧裝置的幾項主要能力，都要與人類相當，甚至是超越人類。那麼，這幅景象何時能夠實現？大家都在問這個問題，而且爭辯了許久。到底人工智慧

何時能夠達到做什麼都比人類出色的程度？庫茲威爾自己壓的時間是：2029 年。[29] 關於這點，我們在前著《富足》一書解釋過，他的預測基礎是指數型成長曲線，而且他過去的預言準確性奇高。當然，對多數創業家來說，2029 年太過遙遠，不足以構成創業基礎。但其實並不需要等那麼久，因為人工智慧正是另一項從欺騙期轉型到破壞階段的科技，而且即將隨時隨地出現在我們的日常生活中。這句話值得重複一次，它會隨時隨地出現在我們的「日常生活」中。

今天，在美國，有八成的工作都繞著服務業打轉，[30] 服務業又可細分成四大基本技能：看、讀、寫與整合情報。那麼，人工智慧的發展到了什麼程度？現在的電腦都可以執行前述四項任務，而且很多時候都做得比人類更好。這四項技能都來自人工智慧領域的一個分支，稱為「機器學習」（machine learning）；基本上，這就是一門研究機器如何學習的科學。有一件事是確定的，現在機器學習的速度勝於以往。

接下來，先來了解第一項「看」的能力。長久以來，人類在這方面的表現都比電腦好。奇點大學的機器學習系主任傑瑞米・霍華德（Jeremy Howard）說：[31]「機器的學習演算法能以類似人類肉眼的準確度去『看』，這件事在史上第一次出現是在 1995 年。那一年，美國郵政（US Postal Service）舉辦了一項比賽，抱走大獎的是一套演算法，稱為『LeNet 5』。這套演算法可以辨識郵遞區號，幫忙分類郵件。」

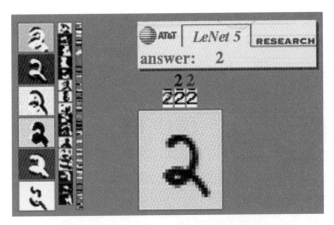

LeNet 5 演算法正在辨識人類手寫的 2

資料來源：http://yann.lecun.com/exdb/lenet/

（上述網頁中有動態畫面）

　　在 2011 年之前，這方面的發展很穩定，但並未令人驚豔。
然而，當年出現了一系列重大突破，把機器學習的世界推向要
多加注意的高警戒區。在德國，一項年度比賽安排人類對抗機
器學習演算法，要雙方分別察看、辨識、分類交通標誌。該場
比賽使用了五萬種不同的交通信號，並以遠距離、樹木和太陽
眩光，讓交通標誌變得模糊不清。2011 年，電腦學習演算法第
一次擊敗了創造演算法的人類，錯誤率為 0.5％，而人類的失
誤率為 1.2％。[32]

　　更令人印象深刻的，還有 2012 年的影像網大賽（ImageNet
Competition）的比賽結果。這項比賽要演算法去看百萬個不同
影像，從鳥類、廚房用品到摩托車上的人，然後要正確將這些

影像分門別類，歸入一千個各自獨立的類別中。嚴格來說，電腦能夠辨識已知物件如郵遞區號或交通號誌等，這是一回事，但要將幾千種隨機物件分門別類，這可是人類專屬的能力。不過，電腦的表現卻只有更好，演算法再度贏了人類。[33]

在閱讀方面，也出現了類似的進展。如今，已經有具備一致性可準確辨識很多文件的人工智慧，從高中生的作文到複雜稅單都能夠解讀，而且速度遠遠超過人類。就以法律文件為例，如果說有什麼樣的語言是困住人類的泥淖，法律語言就是了。但正如資深科技記者約翰・馬柯夫（John Markoff）2011年在《紐約時報》一篇文章中所說的：[34]「由於人工智慧的發展，『電子探索』（e-discovery）這套軟體可用極少的時間與成本來分析文件……有些程式則是更進一步，不但能夠用電腦運算的速度找到相關詞彙，就連在沒有具體詞彙時，也能夠自行得出相關概念，例如與中東社會抗爭相關的文件，並且檢視幾百萬份文件，歸納出律師都可能無法理解的行為模式。」

至於第三類技能：寫作，2014年1月，德勤大學出版社（Deloitte University Press）一篇報導提到，[35]人工智慧在這方面也引發注意：「智慧型自動化（intelligent automation）雖然仍在快速發展之中，但也已經成熟到一定地步，幾乎滲透到經濟體的每個面向中。以寫作的領域來說，瑞士信貸（Credit Suisse）使用敘述科學（Narrative Science）的技術，分析幾千家公司的幾百萬個資料點，自動寫出英文報告，評估公司的未

來展望、成長與風險。這些報告可協助分析師、銀行家與投資人做出長期投資決策，與分析師執筆的報告相比，電腦撰寫的報告數量高了三倍，品質與一致性也更好。」

至於第四項技能，則是整合情報。這是一項更複雜的能力，要整合各個不同出處的資訊，並且得出準確的結論。我們在這個領域找到可謂最重要的突破，以及最棒的創業機會。各位還記得 IBM 公司的超級電腦「華生」（Watson）嗎？2011 年 2 月，它在美國長青益智問答節目《危險邊緣！》（Jeopardy!）打敗了人類對手。[36] 2013 年 11 月，IBM 已經把華生上傳到雲端，變成一個所有人都能夠使用的開發平台，尤其適合創業家。IBM 負責華生的資深副總裁麥可・羅丁（Michael Rhodin）表示：[37]「把華生放到雲端上，目的是要刺激創新，加速催生企業應用軟體供應商的新生態系統，讓新創企業、獲得創投資金挹注的新興企業，以及知名的既有參與者，都能夠參與其中。我們設立了一筆 1 億美元的創投基金，用來支持使用華生的新創企業。」

華生目前支持許多新創事業，其中一家公司是現代化醫藥（Modernizing Medicine）。回到 2011 年，當時現代化醫藥公司推出一套以 iPad 為基礎的專家專用電子病歷平台，結合了很酷的群眾外包特色。[38] 舉例來說，所有使用現代化醫藥公司平台的皮膚科醫師，會獲得去除身分辨識資訊（即去除病患姓名），經過加總運算之後的整體性結果（即病患有哪些問題、

如何診治等。）之後，網絡上的每位皮膚科醫師都可以看到這些資訊（此平台上大約有 3 千位皮膚科醫師，占美國皮膚科醫師總數的 25%），因此可以大幅提升醫療品質。

2014 年，現代化醫藥公司又往前邁進一大步，和華生結盟。華生在《危險邊緣！》節目中登上衛冕者寶座之後，就被送到醫學院去，裝了幾百萬的期刊論文、教科書、病患結果、科學論文等資訊。現代化醫藥公司將他們有組織的病患結果資料，結合了華生的鬆散研究數據，使得網絡裡的醫師群得以取用大量的照護現場資訊。該公司執行長丹尼爾・肯恩（Daniel Cane）表示：[39]「人類不可能複製華生在醫療保健產業所做的事，它不只可以從幾百萬份文件搜尋資訊回答問題，還可以立刻引用資料來源與信賴水準。華生不只是醫師們有史以來能夠使用的最強大問答工具，基本上，它更將改變醫療的執業方式。」

好消息是，對有意運用華生創業的人來說，和 IBM 合作相當容易，這點尤其讓肯恩叫好。他說：「他們提供大量的支持與指引，讓我們在兩週內就在華生的支持下，打造出完整原型。」本書的核心目標之一，是要點出一項科技何時成熟到足以促成創業，是可加利用的黃金時期。上了雲端的華生，再搭上開放給一般大眾使用的應用程式介面，就是這類先機的開端，具有像「馬賽克」瀏覽器時期的爆發潛力，可將人工智慧開放給所有新創企業與想運用的公司，這預示這項科技即將從

欺騙期過渡到大量破壞的階段。注意了，各位指數型人才，你還在等什麼呢？

　　而且，我們方才討論的，都只是到目前為止的發展情形。庫茲威爾表示：[40]「很快地，我們會允許人工智慧聽取你每一通電話、閱讀你的電子郵件和部落格、竊聽你的會議內容、審查你的基因圖譜掃描、檢視你吃的東西和你的運動量，甚至進入你的谷歌眼鏡快訊。這樣一來，你個人專屬的人工智慧，將會提供一切資訊，而且是在你意識到有需要之前，就會自己主動奉上。」

　　想像一下，假設有一套系統，可以辨識在你視線範圍內的人臉，並且告訴你對方的姓名。知道某人是誰這件事不應該這麼辛苦，因為網路上早已出現這類能力。現在，再想像一下，假設這套人工智慧也能理解情境脈絡，聽得懂你和朋友的對話是在討論家庭生活，所以它會提醒你朋友家中每位成員的姓名，以及他們是否有人即將過生日。

　　我們在這些段落中提到的諸多人工智慧成就，背後的推手是一套稱為「深度學習」（Deep Learning）的演算法。系統開發者是加拿大多倫多大學的傑佛瑞・辛頓（Geoffrey Hinton），它原本用於影像辨識，現在已經成為領域中的主流方法。因此，在 2013 年春季，辛頓也像庫茲威爾一樣被谷歌延攬，[41]這也就不足為奇了，而這項發展很可能加速人工智慧的進展。

　　更近期，谷歌和美國國家航空暨太空總署（NASA）其中

一個實地研究中心埃姆斯（Ames Research Center）合作，聯合購入由德威系統（D-Wave Systems）製造的 512 量子位元電腦，以研究機器學習。憑藉著如光速一般的速度，這款電腦可以辨識臉孔與聲音，也可以理解生物行為及非常大型系統的管理。德威系統的共同創辦人兼技術長喬迪・羅斯（Geordie Rose）表示：[42]「問題愈困難、愈複雜，效果就愈好。對大多數的問題來說，解決速度可加快 1 萬 1 千倍；對『比較困難』的類型而言，可加快 3 萬 3 千倍；對『最困難』的類型而言，可加快 5 萬倍。」所以，當史塔克要賈維斯從大量影像資料中，從人群中挑出特定臉孔時，賈維斯很可能使用量子計算。

　　為什麼我要談到量子電腦輔助的人工智慧？當然不是因為我希望你開始開發這類機器，或是使用量子運算——但奇點大學確實有一家新創企業名為 1Qbit，[43] 打造出線上使用者介面，可讓創業家透過網路存取德威系統的電腦。我要說的重點其實是，自從 1956 年，一群頂尖人物首度齊聚於「達特茅斯夏季研究計畫」（Dartmouth Summer Research Project），[44] 在當年新英格蘭的溽暑裡，他們對自己突破人工智慧的能力做出「大錯特錯的預測」，在其後的五十年間，人工智慧科技都處於欺騙期。如今，深度學習演算法及 IBM 華生系統的成就，再加上庫茲威爾等科技權威人士的近期預測，我們發現，有一個領域已經發展到指數型成長曲線的中段了；也就是說，有一個領域已經準備就緒，要開始大肆破壞了。

　　這對你這位指數型人才來說，有何意義？這是一個價值以數十億美元計算的問題。當你試著找出答案時，請記得一件事：賈維斯基本上就是終極版的使用者介面，讓每個人都能享用每一種指數型科技，賦予每個人像史塔克一樣的能力。

機器人大軍：人類的新勞動力

　　賽駱駝是中東延續了好幾個世紀的傳統，但只有在大型慶典時才辦。然而，過去半個世紀以來，這項運動已經轉變成既是阿拉伯文化的招牌之一（可以把它想成是阿拉伯酋長們的肯德基賽馬大會），也是全世界最昂貴的運動之一。其中，改變最大的是騎師，二十年前，騎駱駝的是孩子，因為他們是體重最輕的可能騎士。但是，考量到一般性原則，以及騎乘造成的傷害或死亡等因素，這引發了人道主義者的大聲疾呼。因此，阿拉伯聯合大公國與達卡都禁止兒童擔任騎師，用更輕的駱駝乘客取代兒童——機器人騎師。[45]

　　如今，在駱駝大賽中，機器人騎師已經成為慣例。這些取代兒童的機器人，就像傳統騎師一般，坐在駱駝鞍上，以韁繩駕馭坐騎，鞭笞著駱駝快跑。為了防止機器人騎師嚇到駱駝，設計師發現，擬人的特質，例如人類面孔、太陽眼鏡、帽子、傳統的騎師比賽用綵衣，甚至是真人騎師使用的傳統香水，都有助於安撫駱駝。最新型的機器人騎師體積很小，身高約 30.5公分，重量很輕、大約介於 2.3 公斤到 3.6 公斤之間，以極細

的機器手臂操縱韁繩和鞭子。機器人身上甚至裝有擴音器，當駱駝主人在場外追蹤戰況時（坐在豪華休旅車中吹冷氣），還可以透過對講機對自家牲口發號施令。

當然，這不是要告訴你駱駝大賽中蘊藏著哪些創業機會，重點是機器人，這是另一種長久陷在欺騙期的指數型科技，但現在正衝往大量破壞的階段。利特樂職場政策研究機構（Littler Workplace Policy Institute）一篇報告表示：[46]「機器人是全球成長最快的產業，在未來十年，可望成為規模『最大』的產業。」也就是說，機器人騎師只是個開端而已。

我們來看看「巴克斯特」（Baxter），[47] 它是機器人領域的傳奇專家羅德尼・布魯克斯（Rodney A. Brooks）的精心傑作。布魯克斯是麻省理工學院的機器人學松下榮譽講座教授（Panasonic Professor of Robotics），也是艾羅巴特（iRobot）公司的共同創辦人，該公司打造出掃地機器人「潤巴」（Roomba）。巴克斯特有著擬人的設計，雙臂長約 275 公分、可以展開，再加上用平板電腦當作臉孔，看起來活生生就像卡通裡面的角色。如果你抓住巴克斯特一隻手臂，它會把頭轉向你，臉（平板電腦）上會出現一雙睜得老大的眼睛，對你表現出興趣。但巴克斯特最令人讚嘆的，是它的使用者介面。

巴克斯特和多數工業用機器人不同，對人類來說很安全。走進一個安裝六軸機械手臂造車機器人的房間，是個很好的尋死方法；正因如此，多數工業用機器人都被隔離開來，遠離人

類。但巴克斯特不需要牢籠，感應器一旦偵測到它意外撞到什麼東西，就會馬上停止一切動作，因此它傷不了你。

巴克斯特具有優雅、簡潔的使用者介面，但不是利用複雜的程式碼設計來學習，而是透過導引式的模仿。你只要動一動機器人的手臂，帶它做一遍你希望它做的動作，轉眼間，它身上的程式就設定好了。隨著人工智慧很快就會連結網路的使用，帶巴克斯特做動作很快就會被跟它對話所取代──「嘿，巴克斯特，你能不能把這個輪胎安裝到那台車上？」

奇點大學機器人學系主任貝瑞博士表示：[48]「巴克斯特是一大進展，這是第一部將無心智、只會重複、堅固耐用、單一用途的工業機器人，與有智慧、能夠廣泛感應、可以認知情境、運算複雜、研究周密的機器人兩相結合後的產物。」更重要的是，巴克斯特是創業家現在可以利用當作創業核心、發展相關業務的機器人。在此提供一個切題的範例：數位服飾（Digital Apparel）是舊金山灣區一家服飾新創公司，計劃利用3D 掃描客戶的身型，把掃描結果當作版型，用來剪裁、縫製客製化牛仔褲，真正量身訂製出完美合身的牛仔褲。猜猜看，他們用哪種機器人幫忙縫製牛仔褲？沒錯，就是巴克斯特。

除了對使用者友善的機器人介面之外，我們也發現機器人的靈敏度與行動力出現了指數型的進步。在新一代感應器與促動機的加持之下，並且藉由近似無限運算與人工智慧的驅動，機器人領域出現了寒武紀大爆發（Cambrian explosion），[49] 各

種尺寸、形狀與型號的行動機器人紛紛走出實驗室，進入槍林彈雨的市場陸地。舉例來說，飛思妥（Festo）就做出了可如鳥兒般飛翔的機器人，另一家公司波士頓動力（Boston Dynamics）目前製造的機器人，則會登高、爬行、跳躍與單腳蹬，同時還可負重，其中有些可承載超過 100 公斤。這些「雪巴機器人」（Sherpa-bots）可穿越布滿大石頭的山崖，在冰原上取得平衡，甚至能從地面上跳高到三層樓的屋頂上。

原本相對緩慢的進度（由大學實驗室負責執行、政府提供資金），在 2013 年底有了量子躍進，因為當時亞馬遜宣布要投入無人機的業務，[50] 谷歌也宣布收購八家機器人公司，包括波士頓動力。[51] 賽局出現了武林高手，未來的發展將一日千里。

這種種趨勢所引發的改變，也相當驚人。機器人不會組工會，也不會遲到、不用午休，而且巴克斯特可用相當於每小時 4 美元的成本在裝配線上工作。[52] 2013 年，牛津大學馬丁學院（Oxford Martin School）在一份報告中總結，美國有 45％的職務屬於高風險群，在未來二十年內，很可能被電腦（人工智慧與機器人）搶走飯碗。[53] 不論結果是好或壞，這股趨勢在全球都顯而易見。在中國，製造蘋果 iPhone 手機的電子製造商富士康，2013 年登上了新聞版面，當時的觸發點是因為手機需求飆高趕工而引發勞資衝突，並且爆出工作環境惡劣，甚至還有勞工暴動與自殺事件。在這些報導之後，富士康總裁郭台銘表示，他打算在未來三年內，用機器人取代百萬名勞工。[54]

　　除了取代藍領勞動力，在未來三到五年內，機器人也會攻進更廣泛的其他領域。貝瑞博士表示：「我們目前已經看到的是，遠端臨場機器人（telepresence robot）把我們的眼睛、耳朵、手臂與雙腿，帶到研討會和會議上。自動駕駛汽車其實也是機器人，將會開始載著人們跑來跑去，提供訊息和服務。未來十年內，機器人將會進入醫療保健產業，取代醫師執行例行性手術，也取代護理師從事老人照護。如果我是一位期望創造出絕大價值的指數型創業家，我會去找人類做起來最不愉快的那些工作……有鑑於全球的非技術性勞動市場價值好幾兆美元，我會說這是一個大好的機會。」

　　那麼，創業家要如何利用這個大好的機會？2013 年 6 月 3 日，《創業家》（*Entrepreneur*）雜誌刊登一篇文章表示：[55]「專供機器人使用的新創事業基礎建設也出現了，例如『機器人園地』（Robot Garden）提供的駭客空間，『機器人發射台』（Robot Launch Pad）提供的加速器，甚至還有一家專業創投公司，那是總部位於紐約市的『格里辛機器人』（Grishin Robotics），去年 6 月由俄羅斯網路創業家迪米崔・格里辛（Dmitry Grishin）成立。」這些發展在在證明了，這個過去多數企業家都無法觸及的領域，已經開放給業界了。一家仍處於早期階段的科技創投公司真創業（True Ventures）的創辦合夥人強恩・卡拉漢（Jon Callaghan），也在前述這篇文章中表示：「我們看到一些非常早期的指標，顯示這個市場馬上就要開花結果。現在還非常

早,但很快就會造成大轟動了。未來,當我們回顧 2013 年
時……會把這一年當成機器人展現價值的元年。」

基因體學與合成生物學

到目前為止,我們檢視了幾項在未來三到五年內,將會呈
現爆發性成長的指數型科技,了解這些科技將會如何彼此強
化、互相幫襯。舉例來說,雲端科技的興起,將使人工智慧更
有能力、普及性更高,這又使得一般創業家可以自行設定機器
人。在結束這一章的討論之前,我們來看看合成生物學,這項
科技目前還有點遙遠,預估還要花大約五到十年的時間,但也
正在從欺騙期轉向破壞的階段,而且會是規模極為可觀的破
壞。

合成生物學的核心概念,[56] 就是 DNA 基本上是軟體,不
過就是四個英文字母符碼,以特定順序排列。就像電腦一樣,
這些符碼可以驅動「機器」。以生物學來說,符碼序列主宰著
細胞的製造流程,導引細胞生成特定的蛋白質等。但就像所有
軟體一樣,DNA 也能被重新設定,我們可以換掉自然界的原
始符碼,取代成人類所寫的新符碼。我們可以指定生命的機
制,要生命製造……嗯,我們想到的一切。

其實,這個概念並不新。利用基因工程,我們可以把一、
兩個基因,從這個生物體插入另一個生物體。例如,取出讓水
母發光的 DNA,再像 2007 年南韓研究人員所做的,把這種

DNA 插入貓的身體裡，結果是：你猜到了！誕生會在黑暗中發光的貓。[57] 合成生物學的差異，在於換掉的不只是個別符碼，而是整套基因體。

　　合成生物學家、歐特克特聘研究員，也是奇點大學教授安德魯・赫賽爾（Andrew Hessel）解釋：[58]「合成生物學基本上是數位化的基因工程，過去這些事都是在實驗室裡靠人力完成，費用昂貴、錯誤率很高。現在，我們用電腦操縱 DNA，使用像文字處理器一樣的電腦程式，組合、匹配基因符碼，檢查拼法與錯誤，再稍微重新洗牌。現在，這種工作就像用滑鼠拖曳那麼簡單。」

　　簡化與好用程度的大幅提高，開啟了一扇大門，通往充滿機會的奇妙世界。新的燃料、食物、藥品、建材、衣物纖維，甚至是新的生命體，遲早唾手可得。現在，由工業製造出的一切，最終都可以利用生物組合而成。就以你日常的一天為例，早上起床後，你會做的第一件事是什麼？刷牙。現在，你用的牙膏成分多半是粉末與香料，有了合成生物學之後，可以設計成專門抑制造成口氣不佳的細菌、減少細菌滋長。

　　赫賽爾說：「還不只這樣，還有可以亮白牙齒的奈米粒子，可設計成在你刷完牙後持續長效清潔。牙膏也可設計成偵測使用者是否感染疾病、罹患癌症或糖尿病。若發現病徵，就會顯現不同顏色，或是釋放出量身打造的益生菌，以平衡你體內的微生物群。這些事都是可行的，而且這才不過是你每天早上做

的第一件事。」

對很多人來說，合成生物學聽起來仍像是科幻小說，但是讓這個領域變成科學事實的，和帶領其他指數型科技的是同一股力量——摩爾定律。由於 DNA 不過是四個英文字母的符碼，當基因學轉變成數位化時，就變成資訊科技，因此可用指數型模式快速發展。1995 年，美國國立衛生研究院（National Institute of Health）估計，要訂出第一套人類基因體需要花費五十年的時間，還要耗費 150 億美元。但是，到了 2001 年，克雷格・凡特（J. Craig Venter）博士花了 1 億美元，在九個月內就完成了。時至今日，由於指數型成長，你可以在幾個小時之內，就為自身基因體內幾十億個字母定序，成本約為 1 千美元。[59] 但這裡有個精采重點：生物科技的加速，不只是依循摩爾定律而已，還比摩爾定律快了五倍，每四個月效能就倍增、價格減半。

這一切意味著，曾經僅限於政府部門和大學實驗室裡的博士們探究的生物工程領域，現在開始成為創業家的競技場。在提供生物駭客發揮的空間裡，任何人都可以學習如何玩合成生物，這種空間已經出現在各大城市，網路上也有所有的必要設備，而且價格極低。至於那些對科學沒有特別喜好的人，則有幾十種外包的研究與製造服務，樂於收費幫你做這些辛苦的工作。最重要的消息或許是，合成生物學正要發展出讓眾人善用這個領域的啟動技術與施力槓桿——一套對使用者友善的介

面。

　　目前，歐特克 9 號碼頭設計中心，就正在開發其中一種工具。卡洛斯‧歐爾金（Carlos Olguin）在那裡從事「賽博格計畫」（Project Cyborg），[60] 這是一套合成生物介面，讓中學生、創業家和對科學有興趣的一般大眾，都能夠設定 DNA。歐爾金表示：「我們很努力消除這項科技的專業技能難度，之前要花上幾週、甚至幾個月的時間，還要博士等級的技能才能完成模擬流程，現在相對簡單，只要幾秒鐘就可以了。我們的目標是要把生物部分的設定，變成像使用臉書一樣，靠直覺就可以了。我們想要更多人來做設計、提供貢獻，就是那些沒有博士學位的人，像傑克‧安卓卡（Jack Andraka）一樣。他是一個 14 歲的中學生，因為打造出快速、精準且廉價的胰臟癌檢測方法，在英特爾科技工程大獎賽（Intel Science and Engineering Fair）中贏得大獎。」

　　而且，由於這套軟體放在雲端，大家不僅可以用來做實驗，還可以在歐特克很快就會建置完成的賽博格計畫市集中出售結果。這表示，合成生物領域即將出現迷人的創業機會加速器：第一個應用程式商店。

過去的 100 歲，現在的 60 歲

　　本章有一大部分都在談如何善用個別科技的創業機會，但更大的潛力蘊藏在不同領域的交會之處。事實上，綜合前述這

些發展，2013 年 3 月，我和基因學魔法師凡特博士與幹細胞
先驅羅伯特‧哈瑞瑞（Robert Hariri）博士，聯手創辦了可說
是我創辦過最大膽的企業：人類長壽公司（Human Longevity,
Inc.）。[61] 執行長凡特表示，人類長壽公司的使命是：「善用基
因學、無限運算、機器學習與幹細胞療法的總和力量，以應付
最大的醫學、科學與社會挑戰，那就是老化及老化帶來的相關
疾病。」

　　率先使用胎盤衍生幹細胞的哈瑞瑞接著說：「我們的目
標，是要協助全人類過著更長壽、更健康的生活。藉由重新改
造幹細胞，亦即人體的回春引擎，讓人類在晚年時也可保有行
動力、認知力，以及對美的渴望。」簡單來說，人類長壽公司
就是要把過去的百歲老年，變成六十新壯年。

　　我們以 8 千 5 百萬美元的種子基金創辦了人類長壽公司，
籌得這筆資金的速度也創下紀錄。速度能這麼快，部分原因是
公司的定位，正好處於本章討論到的許多指數型科技的交叉點
上，包含能用光速般定序的機器人，能解讀千兆兆位元巨量基
因體原始資料的人工智慧和機器學習，可用於傳輸、處理和儲
存數據的雲端運算和網絡，以及用來修正與重寫老化幹細胞中
壞掉基因體的合成生物學。前述這些科技搭配更豐富、更長久
與更健康的人生大賣點，然後想想年逾 65 歲以上的人，銀行
帳戶裡面有超過 50 兆美元的錢，各位就了解潛力有多大了。

　　如果你想成為成功的指數型創業家，了解這其中的發展潛

力非常重要。請想想，二十年前若有人說電腦演算法將可幫助名稱很好笑的公司，什麼 Uber、Airbnb、奇趣等的，消滅很多在 20 世紀盛極一時的企業，聽起來根本是天方夜譚。十五年前，如果你想使用超級電腦，就得自己掏錢買一部，不是從雲端上租借，以分鐘計費。十年前，基因工程是大型政府與大企業的特權，3D 列印則是代表昂貴的塑膠產品原型。七年前，多數創業家可以接觸到的機器人只有潤巴，就是那台圓圓的掃地機，而人工智慧則代表和自動提款機對話，也沒有能上高速公路的無人駕駛汽車。兩年前，活過一百歲，還是一個瘋狂的點子。說完這些，你懂了嗎？

這是巨變的局面，現今的指數型創業家擁有絕大力量任其駕馭，可以做到不只像賈伯斯說的，在「宇宙中留下一點痕跡。」[62] 現在，要打造價值數十億美元的企業，速度比以前更快了，數以兆計的產業也正在昂首闊步。但在你考慮揮棒打擊指數型變化球之前，第一步、也是最重要的一步，就是要說服自己可以跨出這一步。因此，接下來第二部的三章內容，將會聚焦在指數型創業家工具箱中最重要的工具：膽大無畏的心理素質。

第 2 部

大膽心態

第 4 章
大膽登峰：
臭鼬工廠的祕密與心流

　　事情要從 1930 年代說起，地點是肯塔基州多格佩奇（Dogpatch）一處深山野嶺裡，悲劇就發生在這裡。在這裡，每年有數十名當地人死亡，原因是被臭釉油（skonk oil）的毒氣給毒死。臭釉油是一種化合物，在「臭釉工廠」（Skonk Works）炙熱的蒸餾室裡，以研磨後的臭鼬鼠屍體和破鞋子提煉而成，或者至少艾爾・凱普（Al Capp）是這麼說的。[1]

　　凱普是歐美著名連載漫畫《亞比拿奇遇記》（*Li'l Abner*）的作者，「臭釉工廠」則是他最為人所知的發明之一，只可惜凱普和這個詞彙後來發揮的可觀影響力沒什麼關係。反之，在這方面，我們要歸功的是航太領域的巨人洛克希德公司（Lockheed）。

　　1943 年，洛克希德的總工程師克拉倫斯・「凱利」・強森（Clarence "Kelly" Johnson），接到一通來自美國國防部的電

話。德國的戰鬥機剛剛在歐洲現身，美國要予以反制，這項任務極為重要，但時限很緊，根本是項不可能的任務，但強森有個想法。在他們位於加州伯班克（Burbank）的單位裡，他招募了一小群最聰明的工程師和技師，給他們完全的設計自由（任何想法都不會有人覺得過於怪異或狂野），並且把他們隔離在洛克希德的科層體制之外。沒有特定許可證的人，根本連這項新專案的目的是什麼都不知道；擁有許可證的人，則從不透露自身的任務。這項專案的人員被安置在一座租來的馬戲團帳篷裡，空間異常龐大，特意坐落在一家散發著惡臭的塑膠工廠旁邊，好讓愛打聽的人們避之唯恐不及，想要把話傳出去也難。正因如此，工程師厄文·卡爾佛（Irv Culver）才得以借用凱普的發明用語，開始把這個地方叫做「臭釉工廠」。

故事繼續發展下去，有一天，美國海軍試著聯絡洛克希德公司，想要了解新噴射戰鬥機 P-80 的最新進度，結果錯把電話轉給了卡爾佛。當時，他以標準調調接起電話：「臭釉工廠，你好，我是內部人士，卡爾佛。」[2] 名稱就這麼給定下來了。幾年之後，應該部連載漫畫版權所有人的要求，寫法改為「臭『鼬』工廠」（Sk"u"nk Works）。

臭鼬工廠還真的發揮作用了。在 143 天之後，美國第一架軍用噴射機就交貨到五角大廈，所耗費的時間短到驚人；更驚人的是，這比預定時程還提早了七天。以一般的軍事專案來說，在這麼短的時間裡，外包商連簽好的書面文件都拿不到，

更別提要做好什麼了。但在接下來的數十年內，洛克希德公司的臭鼬工廠會再度重現這番成就，以同樣的方法打造出某些全球最知名的飛機，例如 U-2、SR-71、「夜鷹」（Nighthawk）及「猛禽」（Raptor）等。當然，這些飛機幫忙美國打贏了冷戰，但它們對於組織造成更重大的影響；在之後的半個世紀，每當有任何公司想要大膽行事時，「臭鼬工廠模式」通常是完成創新的方法。

　　從美國大型國防合約商雷神（Raytheon）、杜邦（DuPont）、沃爾瑪（Walmart）到諾斯壯百貨（Nordstrom），全都玩過臭鼬工廠模式的遊戲。1980 年代初期有另一個範例，蘋果公司的共同創辦人賈伯斯，在矽谷的好地球（Good Earth）餐廳後面租了一棟大樓，讓二十位出色的設計師進駐，打造專屬於他自己的臭鼬工廠，做出第一部麥金塔（Macintosh）電腦。[3] 這個單位獨立於蘋果公司的常設研發部門之外，由賈伯斯本人親自領軍。有人問他，為什麼需要新單位？賈伯斯的說法大致是：「當海盜比加入海軍更棒。」

　　為什麼？要幫助大膽的創新成功，為什麼當海盜更棒？臭鼬工廠模式何以持續孕育出這麼多出色的成果？還有最重要的是，這和現今的創業家及想要大膽行事的渴望，究竟有什麼關係？關係大得很。

臭鼬工廠的祕密 1：設定宏大目標

在本書前幾章，我們看到以指數型加速發展的科技，如何為今日的創業家開拓大到驚人的領域，讓小型創新團隊著手克服原本是大企業或政府專屬的重大挑戰。這可是大消息！在奇點大學，我們的核心信條之一，便是「世界上最困難的挑戰，蘊藏著最大的商機。」由於指數型科技的發展，有史以來第一次，創業家得以實際加入這些戰局。但這裡有個難處：光靠指數型模式並無法成事。

大膽登峰的困難，不只在於技術層面，在心理層面也十分具有挑戰性。每一位因本書而接受訪問的創新者，都強調心理調適的重要性，並表示如果沒有正確的心態，創業家絕無成功的機會。我真是太認同了！心態是決定賽局的關鍵，不管你認為自己做不做得到，其實你都是對的。本書第二部的目標，就是要提升你的心態與格局，這三章將提出一系列經過千錘百鍊、通過時間證明的心理策略，幫助你大刀闊斧、大膽行事。

為了達成此目標，我們將採取一套三管齊下的做法。在本章，我們要掀開臭鼬工廠的頂蓋來瞧一瞧，了解哪些核心機制構成這套現代史上最成功的創新方法之一。在下一章，我們要探索我個人在工作和生活上十分仰賴的心理工具和技巧。最後，在為第二部作結時，我們要會一會幾位傑出的億萬富翁創業家，包括馬斯克、貝佐斯、布蘭森和佩吉；他們很重要不僅

在閱讀的路上
看見光

在書的世界
你看見偉大的心靈
你看見寬闊的世界
你更因此看見　屬於自己　未來的光

父母老了，你還會愛他嗎？

《被討厭的勇氣》作者岸見一郎
最動人的真實體悟

你愛父母，卻很少撥時間回家相處？
你愛父母，卻害怕想到他們遲早需要你照顧？
當父母老了，你有機會換一種方式愛他。
不糾結於過往，
重新建立這段生命中最重要的人際關係。

這本《面對父母老去的勇氣》書既不是提供醫
療常識，也不是生死哲學，而是把照護年老父
母定位在一種新的人際關係上。這是讓我覺得
值得參考的一種新觀念。

——郭強生 金鼎獎作家

定價280元

照護有解

長照問題，不會等你準備好才發生
十年內，你身邊每五人就有一位是老人
台北醫學大學專業團隊全力支持
事先了解資源，規劃舒適優雅的人生

定價380元

全國首創 · 最大閱讀社群

讀書俱樂部全面升級
邀您共享閱讀新體驗

**響應式
網站設計**

無論桌機、平板或
手機,都能輕鬆
瀏覽

直覺式操作

主題式書單推薦
搜尋書籍更便利

**官網、APP 全新上線
首創業界五大貼心服務**

**名人書單
影音專欄**

重量級作者群為您
導讀好書
拓展思維視角

條碼找書

APP 內建條碼搜尋
找書、選書更流暢

**專屬
個人化服務**

即時查詢個人額度、
選書記錄

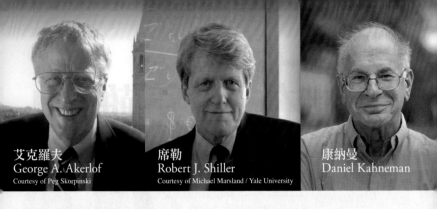

艾克羅夫
George A. Akerlof
Courtesy of Peg Skorpinski

席勒
Robert J. Shiller
Courtesy of Michael Marsland / Yale University

康納曼
Daniel Kahneman

三位諾貝爾經濟學獎得主
直指人類經濟行為弔詭

市場誘餌無處不在 突破傳統思考模式
跳脫消費陷阱 避免成為受騙上鉤的「大愚」

★ **Amazon.com 商業財經 / 經濟學分類百大暢銷書**
★ **英國《獨立報》最佳經濟學書 / LinkedIn 最佳商業書**

行為經濟學大師──艾克羅夫、席勒
聯手歷時 5 年最新力作《釣愚》

自由市場有如雙刃劍，不只帶來利益，
也可能造成傷害
作者透過生動實例，顯現「釣愚」如何影響我們的生活
唯有參透消費的非理性，才能奪回自主不被操縱

定價380元

★ **年度暢銷 TOP 1**
當代最偉大的心理學家
諾貝爾經濟學獎得主──康納曼
徹底改變你對思考的想法
定價500元

是因為他們在財務上大有成就，更因為這些成就讓他們有能力從大格局思考，而這是迎向大挑戰的必要技能。

首先，我們來看看臭鼬工廠的祕密。傳統上，當研究人員在探索這些祕密時，都會從說明強森之所以採行臭鼬工廠模式的十四條規則談起。這是一套很有用的方法，在下面的段落中，我們也會探索這條捷徑。但在那之前，先來談談一個在討論中經常被忽略、卻深刻烙印在這種方法本質裡的概念，這將會很有幫助，那就是專案成立的目的。

企業不會用臭鼬工廠模式做常態業務，這些有助於加速創新的做法，永遠都是套用在非比尋常的業務上。成立這類機制是為了對付極費力的任務，要完成的是心理學家口中的「高遠、艱難的目標」。這些目標本質上很難，但這也正是臭鼬工廠模式成功的第一個祕訣。

1960 年代末期，多倫多大學的心理學家蓋瑞・拉森（Gary Latham）與馬里蘭大學的心理學家艾德溫・洛克（Edwin Locke）發現，設定目標是最能提升動機與強化表現的方法之一。[4] 當時，這是令人震驚的一大發現，因為一般人都認為，快樂的員工才是有生產力的員工，如果對勞工強加壓力，例如設定目標，則被視為不利於企業。但拉森和洛克在數十份研究中發現，設定目標能讓績效與生產力提升 11％到 25％。[5] 這可是大幅度的提升，以一天工作八小時的基準來看，這代表只要以生產活動為核心訂定心理架構（即設定目標），就可多出兩

小時的工作成效。

但不是所有目標的效果都一樣好，拉森表示：「我們發現，如果你想把動機和生產力提升到最高點，那麼設定大目標的效果最好。」大目標的效果，明顯優於小目標、中目標與模糊不清的目標。大目標需要高度的專注力和毅力，而這正是決定績效的兩項最重要因素。大目標有助於聚焦，也讓我們更能夠堅持下去。結果是，我們在工作時效率會更高，若是失敗了也更願意重來。」

這對指數型創業家和人才來說，是極為重要的資訊。創業維艱，要創辦破壞整個產業的企業，更是難到可怕的地步。但拉森和洛克的研究證明，某些特定因素可以充分發揮槓桿效益。設定大目標之後會聚集注意力、提升動力，我們實際上是在幫助自己達標。

但拉森和洛克也發現，要讓這些「高遠、艱難的目標」真正使出魔法，某些「調節變項」（moderator）必須到位——心理學家用這個詞來指稱「若一則」（if-then）的條件。其中，最重要的是要投入，拉森說：「你必須對自己做的事抱持信念，當個人價值觀與想要達成的目標一致時，大目標的效果最好。當一切都各就各位、準備齊全，我們就會全心投入。這代表我們會更專注、更有韌性，也因此更有生產力。」

這是另一項重點。當強森打造原創的臭鼬工廠時，他的目標不只是要在破紀錄的短時間內打造出新飛機而已，這件事只

是主要大目標底下的一個點而已，他真正的目標其實是：拯救全世界免受納粹迫害。這是一項人人都會支持的大目標，就因為如此，工程師們才會同意在聞得到惡臭的馬戲團帳篷裡，沒日沒夜地苦幹實幹。而且，最重要的是，這個目標串聯了核心價值與想要達到的成果，因此激發出卓越的績效與生產力，這也是他們能在破紀錄的短時間內交出飛機的基本原因之一。

臭鼬工廠的祕密 2：隔離、避險、敏捷

在洛克希德的臭鼬工廠裡，強森經營出一支緊密的團隊。他熱愛效率，有一句名言：「要快速、低調、準時」（"be quick, be quiet, and be on time"），以及一整套的規則。[6] 雖然我們要談的是臭鼬工廠運作的深層祕密，但現在必須先來看看「強森的規則」。

如果你細究強森規則的本質，就會了解他為什麼要把臭鼬工廠隔絕在企業的科層體制之外。在他訂定的十四條規則當中，有四條僅適用於軍事專案，所以可以排除在我們的討論之外。有三條是如何促進快速的往覆式流程（稍後我們會再回到這個主題上），剩下七條都和加強隔離有關。舉例來說，第三條是：「專案相關人數應嚴格限制，甚至到達嚴厲的程度。」第十三條也大同小異：「專案人員及其相關外部人士，應予以適當保全措施嚴格控管。」按照強森的說法來看，「隔離」便是臭鼬工廠能夠成功的最重要因素。

　　背後的理由有兩個層次：軍事機密顯然需要保密；但更重要的是，隔離會激發出承擔風險的行為，鼓勵發想千奇百怪、天馬行空的概念，並成為制衡組織惰性的力量。組織惰性這個概念，指的是一旦組織成功之後，會有另一股更強烈的渴望，壓抑組織發展及大力支持極新科技與方針，那就是不要干擾現有市場以免失去獲利。組織惰性顯然出於對失敗的恐懼，柯達之所以看不出來數位相機的美妙之處，IBM 之所以一開始對個人電腦不屑一顧，美國線上（America Online, AOL）之所以下線，都是基於這個原因。

　　對企業來說成立的原則，對企業家來說也成立。臭鼬工廠成功靠的是將創新團隊隔離在大型組織之外，創業家想要成功，也需要在自己與整個大社會之間找到一個緩衝。贏得安薩利 X 大獎（Ansari XPRIZE）的伯特‧魯坦（Burt Rutan），曾經這樣對我諄諄教誨：「當一件事尚未獲得真正的突破之前，都會被當成瘋狂的概念。」嘗試實踐瘋狂的概念，意味著要反抗專家意見與承受重大風險，也意味著你不可以擔心失敗，因為一定會失敗。膽大無畏的道路是用失敗鋪成的，這表示先準備好風險管理策略很重要，並且要能夠從失敗中學習。

　　2012 年，亞馬遜網路商店舉辦的「自我重新創造」（re:Invent）研討會上，總裁貝佐斯是這麼說的：[7]「很多人對傑出企業家會做哪些事有錯誤的想法，傑出企業家不喜歡風險，會設法降低風險。創業的風險已經很高了……因此，你在

早期就必須有系統地減少風險。」這也正是強森最後三條規則
的著力點，這三條規則講的都是用哪些方法來促進「快速的往
覆式流程」（rapid iteration）——這是人們為了減少風險所發展
出來的最棒流程之一。如果你想用簡單、快速的方式來定義這
種流程，可以試試看矽谷的這句地下名言：「早點失敗、經常
失敗，失敗後繼續往前走。」（"Fail early, fail often, fail
forward."）[8]

　　膽大無畏的冒險事業，尤其是我們在本書大力推崇的改變
世界的各項事業，非常需要這種實驗性的做法。雖然多數實驗
都會失敗，但想要真正進步，就需要嘗試千百萬種構想，設法
縮短各實驗之間的時間，並且從結果累積出更多知識，這就是
快速的往覆式流程。以軟體設計為例，傳統方法通常是祕密開
發一套產品，可能要花個幾年的時間，然後再以大規模的產品
上市行動大肆轟炸大眾。遺憾的是，在一個變動愈來愈快速的
世界，幾年的時間都和客戶離得遠遠的，具體意義可能是破
產。

　　再來看看「敏捷設計」（agile design），這個概念強調的是
快速反饋迴圈。[9] 現在的企業不推出精雕細琢的珍寶，反而提
供「最低可行產品」（minimum viable product），再從客戶身上
獲得立即反饋，並將反饋意見納入下一輪的往覆式流程裡，然
後再推出小幅升級的版本，並且繼續重複這個過程。敏捷設計
流程不必花上好幾年的時間，現在只需要花費幾週的時間，就

可以生產出直接契合客戶預期的結果，這便是快速的往覆式流程。

奇點大學全球大使伊斯梅爾表示：[10]「我們從 Gmail 的開發，就可以看到這套流程。谷歌不再讓設計師花好幾年的時間苦心思索，找出每個人使用電子郵件時都想要的二十五項最佳功能，而是先推出一個大約只有三種功能的 beta 版本，然後問用戶他們還希望這套程式做什麼。這是非常快速的反饋機制，而且完全是來來回回地反覆琢磨，也因此專業人脈網領英（LinkedIn）的共同創辦人瑞德・霍夫曼（Reid Hoffman）就說過一句名言：『如果第一個版本的產品沒讓你覺得難堪，那代表你推出的時機太晚了。』」

動機 2.0

到目前為止，我們在探討臭鼬工廠模式時，著眼的是大目標、隔離與快速的往覆式流程；我們認為，這些是調整心態與增加生產力的策略。在接下來這幾個段落中，我們要談的內容也大致相同，但不同於之前分別檢視各項策略的做法，我們會將它們混合在一起，研究如何整體落實這些想法，了解它們將能為你提供哪些額外助力、大幅強化你的心理素質。

想了解如何提升你的心理素質，就必須深入探究動機科學。在上個世紀的多數時候，研究動機的科學著重的是外部獎勵，亦即外部的動機因素，也就是各種「若—則」條件的變化

型，講的是「這麼做是為了得到……。」利用外部獎勵，我們能夠激發出更多令人樂見的行為，並懲罰不討喜的行為。比方說，在企業界，當我們希望提升績效時，就會提供典型的外部獎勵，包括分紅（金錢）及升遷（金錢與名聲）。

遺憾的是，愈來愈多研究證明，外部獎勵並不如多數人想的那麼有效。且讓我們以金錢為例，說到提高動機，只有在非常特定的條件下，才是現金為王。以無須具備認知能力便可勝任的基本任務來說，金錢能有效影響行為。例如，如果我的工作是把板子釘在一起，時薪為 5 美元，給我 10 美元，我就會釘更多板子。但是當任務稍微複雜一點，例如把釘好的板子釘到房子上，一旦負責工作的人需要一點點概念性的能力，金錢誘因實際上會剛好造成反效果——金錢會降低動機、阻礙創意，還會拉低績效表現。[11]

而且，這還不是以金錢當作誘因的唯一問題。金錢誘因似乎只有在人的基本生理需求尚未獲得滿足之前才有效，而基本需求的門檻不過是有多一點錢可供自由運用就夠。也因此，諾貝爾經濟學獎得主丹尼爾・康納曼（Daniel Kahneman）近期發現，在美國，如果你拿幸福感、生活滿意度跟收入的關係畫圖，它們在年收入達 7 萬美元之前會重疊，然後大幅分歧；也就是說，當年收入達到這個水準之後，金錢就不再是影響幸福感與生活滿意度的主要因素了。[12] 一旦付給人們夠高的金錢報酬，讓他們無須持續擔心能否滿足自己的基本需求之後，外部

獎勵將會失效，內部獎勵（即內在、情感上的滿足）則變得更為重要，尤其是下列這三項：自主性、熟練度與使命感。

「自主」是我們想要掌舵的渴望，「熟練」是把船開穩的渴望，「使命感」則是需要知道這趟旅程有意義。這三項內部獎勵，正是最能激勵我們的因素。在《動機，單純的力量》（Drive）一書中，[13] 作者丹尼爾‧品克（Daniel Pink）是這麼說的：

> 科學證明……20 世紀典型的「胡蘿蔔與棍子」誘因（在某種程度上，我們認為這是具人道企業「自然而然」的部分），有時候可以發揮效用，但僅在非常狹隘的條件下才有效。科學證明，「若—則」式的獎勵……在很多情況下不僅無效，更可能摧毀高層次、有創意的概念性能力，而這些能力對當前與未來的社經進步極為重要。科學證明，高績效的祕訣並非生理驅動力（即我們的生存需求）或追求獎勵、逃避懲罰的驅動力，而是「第三驅動力」（third drive）——我們想要主導人生、擴展自己的能力，以及讓生命充滿使命感的深層渴望。

膽大無畏需要這股第三驅動力。善用指數型科技以達成宏大目標，善用快速的往覆式流程與快速的反饋以加速達標進

度，重點都在於要以超快速度創新。如果創業家無法強化心理素質以跟上科技的成長，贏得競賽的機會也就微乎其微了。

這也是臭鼬工廠模式的另一個祕訣，這種模式可讓人更上一層樓。把隔離規則與快速的往覆式流程，結合與價值觀相符的宏大目標，你就找到了可催生出自主性、熟練度與使命感的絕佳祕方。把創新團隊隔離在外，這可創造出能讓人們自由發揮好奇心的環境——這擴大了人們的自主性。快速的往覆式流程代表學習週期加速，這意味著帶人踏上熟練之路。宏大的目標若能與個人價值觀一致，則可創造出真正的使命感。

說了這麼多，最重要的是，你不需要建立一座臭鼬工廠，也可以運用這些內部激勵因素。谷歌讓員工擁有自主性，他們訂有「20％工時」機制，鼓勵工程師花 20％工時做自己設計的專案。這項制度有效提升員工的工作動機，也解釋為何谷歌人經常開玩笑說：「20％工時制，實際上應該稱為『120％工時制』才對。」[14] 網路鞋店 Zappos.com 執行長謝家華，藉由強調熟練來破壞零售市場，把「追求成長與學習」當成企業哲學的核心。他說過一句名言：「失敗不是羞愧的印記，而是重要的成長儀式。」[15] TOMS 鞋業（Toms Shoes）的執行長布雷克‧麥考斯基（Blake Mycoskie）則是善用使命感的力量，決定只要公司每賣出一雙鞋子，就捐贈一雙鞋子給開發中世界的孩子。

就是因為這樣的經營心態，谷歌、Zappos.com 和 TOMS

鞋業，能夠在極短時間內成為業界領導者，這也就沒什麼好奇怪的。創辦一家公司賦予員工自主性、讓他們熟練各項事務，並且充滿使命感，代表了創辦一家追求速度的企業。這件事不再是一種選項、隨你要不要，在瞬息萬變的世界裡，對任何指數型創業家和人才來說，善用第三驅動力是絕對必要的基本功。大企業必須透過臭鼬工廠模式來運用這股驅動力，膽大無畏的創業家不同，可以超越傳統格局，從一開始就在企業文化中賦予員工自主性、熟練度與使命感，不用等到日後再來打造這種環境。

谷歌如何實踐臭鼬工廠模式

阿斯特羅‧特勒（Astro Teller）又高又瘦，留著濃密的山羊鬍，帶著無框眼鏡，留著長髮，偶爾往後綁成馬尾。他的祖輩有兩人分別獲得不同的諾貝爾獎項，其中一位是愛德華‧特勒（Edward Teller），人稱「原子彈之父」。阿斯特羅‧特勒很愛穿 T 恤，T 恤上經常印有一些中肯又諷刺的話。比方說，幾年前，當他在奇點大學對八十位《財星》200 大企業主管暢談創新的重要性時，身上穿的 T 恤就印著「安全第三」（Safety Third）。

特勒掌管 GoogleX 部門，這是網路大亨谷歌的臭鼬工廠。他的職稱是「射月隊長」（Captain of Moonshots），此職銜出自他受聘不久後和執行長佩吉的一次對話。特勒說：[16]「早期，

佩吉和布林（Sergey Brin，谷歌另一位創辦人），很有興趣指導 GoogleX。但在我加入之後，他們決定要更明確定義實驗室的使命。我問佩吉，他是否期望我打造出一個研究中心？」

「不要，那太無聊了，」佩吉說。

「那創新育成中心呢？」

「也一樣無聊。」

於是，特勒想了一下，最後問道：「那我們射月如何？」

佩吉回答：「就是這個。我們就是要做這個。」

GoogleX 實驗室還真的在做這件事。過去幾年來，谷歌不斷因為大膽的射月計畫登上報紙頭條，他們的臭鼬工廠投入相關的一切，從太空探險與延壽，到人工智慧與機器人學，無所不包。到目前為止，世界上還沒有別的企業從事如此高層次的臭鼬工廠模式實驗。在後面幾個段落中，我們要檢視谷歌把射月計畫導向何方，帶領各位深度剖析他們的臭鼬工廠模式，並且注意他們留下了哪些強森規則，又更改了哪些，再從心理學的觀點來探討其中原因。接下來，我們先來看看他們保留了哪些規則。

從很多層面來說，谷歌的射月工廠（moonshot factory）和傳統的臭鼬工廠並無差異。比方說，隔離仍是流程中的重要關

鍵。特勒說：「在任何組織中，很多人在現在腳踩的山峰努力往上爬，這是你希望他們做的事，這是他們的工作。但在臭鼬工廠可完全不是這樣，它是要一小群人去找更好的山峰爬，但這對組織的其他人來說，卻是一大威脅。所以，把這兩群人隔開，是非常合情合理的事。」

鼓勵臭鼬工廠裡面的人盡情冒險，同樣也是合情合理的事。特勒說：「如果你叫他們去找新的山峰爬，又要他們兼顧安全性，這實在很蠢，因為射月本來就很危險。如果你有興趣面對這些挑戰，就必須能夠擁抱某些極大的風險。」關於這點，他可不是在說笑。GoogleX 與傳統臭鼬工廠的差異，在於設定的目標格局不同。以他們的定義來說，射月計畫介於大膽專案和純科幻小說之間的灰色地帶。他們的目標不在於 10％的獲利，他們看的是 10 倍數（10x）的增幅；換算下來，績效成長幅度為 100％。

10 倍數的增幅極大，但特勒訂下高標的理由很明確：「要成長 10 倍數的話，困難度也會增加 10 倍數，但做大其實比較輕鬆，怎麼會？這聽起來違反直覺。但如果你選擇改善 10％的話，基本上你還是接受現狀，只是試圖讓它變得好一點。這表示你從現狀開始、接受既有假設，受困於你嘗試要稍做改善的工具、科技與流程當中。這也表示你讓自己和團隊參加一場原地比聰明的競賽，而跟你們比的是全世界的其他人。從統計上來說，不管你們擁有多少資源，都不會贏。但如果你接受射

月思維，接受變好 10 倍的挑戰，基本上你不可能根據現有假設完成任務。你必須拋棄遊戲規則、改變觀點，以膽大無畏的心態和創意代替原本的聰明和資源。」

關鍵就是：改變觀點，因為這會鼓勵人們冒險、提升創意，同時能夠避免發展臻至極限後無可避免的衰敗。特勒解釋：「即使你認為目標是 10 倍大，但現實會吃掉你假設的這個 10 倍，一向都是這樣。總是會有什麼比預期中昂貴、緩慢，就連你想都沒想過的對手也會變成競爭壓力。如果你設定的目標是 10 倍，真正完成時可能只有 2 倍，但這也很驚人了。如果你只設定成長 2 倍（即 200%），實際上卻可能只得到 5%，而且你也因為沒有設定大目標而無法改變觀點。」

這裡最重要的是，設定成長 10 倍的策略，並非大企業專屬。特勒說：「新創事業本身就是旁邊沒有大企業的臭鼬工廠，好處是不會被吸回龐大的『博格集合體』（Borg），* 壞處是沒有錢，但這並不是不射月的好理由，我認為正好相反。如果你公開宣示自己設定的大目標，大聲承諾自己要創造出超越常態的可能發展，你就沒有退路。因為這麼一來，你馬上就會讓自己和所有專家所做的假設斷了關係。」因此，創業家透過努力追求宏大目標，也能效法谷歌善用同樣的創意催化劑達成目標。

---

*《星際爭霸戰》（*Star Trek*）裡面的虛構宇宙種族，為反派角色，奉行集體意志。

　　不過，光是願意承擔大風險，並不保證就能成功，還是要運用「早點失敗、經常失敗」的快速往覆式流程。也因此，設法減輕某些非常嚴重的風險，這件事情同等重要。在GoogleX，減輕風險的機制來自非常嚴格的反饋流程。特勒說：「我們嘗試很多東西，但大部分都不會繼續做下去。我們會在幾個不同的階段終止多數專案，只有極少數的計畫得以進入下一個階段。若以最終成果來看，我們好像什麼都做得很好，彷彿不世天才，實際上根本天差地遠。」

　　有數據背書的，才能夠繼續走下去，不然就是終止。GoogleX要求所有專案都必須可衡量、可測試，如果無法判斷專案進度，一開始就不會啟動。他們也確實衡量專案進度，而且是反覆在做。專案有時會被直接終止，有時會被併入谷歌的某個部門，有時則是守成，意思是可以繼續做，但不可以做大。特勒說：「以個別專案來看，好像沒有什麼限制、都很自由，但加總之後從整體來看，其實是非常嚴謹的流程。」達爾文演化論也適用於快速的往覆式流程：追求進展的大構想要和其他追求進展的大構想競爭，以求彼此進步。雖然這不是一場你死我活的零和賽局，因為優勝者不只一個，卻同樣殘酷。換句話說，谷歌的臭鼬工廠所冒的風險隨著設定的目標提高（10倍）而擴大，迫使這些目標在實驗性的生態系統裡彼此競爭，以提高降低風險的效果。

　　雖然一般創業家無法同時啟動、中止與留下數十個專案，

這要谷歌的生態系統才辦得到，但也可以設置多條不同的實驗管道，採取快速的往覆式流程，並且拉緊反饋迴圈，這樣才能在失敗後一直繼續往前走。更棒的是，就像特勒主張的，這樣的嚴謹在募資時具有優勢：「一般人認為，因為計畫太大膽才會募不到資金，其實不是這樣。專案籌不到錢是因為缺乏可衡量的指標，沒有人會想要先進行一大筆投資，苦等十年後再看有什麼成果。通常是，如果你能夠證明一直都有進展，聰明的投資人也會願意跟你一起踏上某些瘋狂的旅程。」

谷歌的八大創新原則

　　強森有十四條規則，谷歌有八大創新原則，以主導發展策略。谷歌廣告部門資深副總裁蘇珊・沃西基（Susan Wojcicki）[17] 2011 年寫過一篇文章，簡單摘要了這八項原則，被廣為流傳。在這整本書中，我們會看到這些原則以不同方式凸顯出來，展現在不同的人身上。毫無疑問，對於指數型創業家來說，這些原則是決定成敗的核心要素。我的建議是：把這些原則寫下來貼在牆上，當成檢視下一個創業構想的過濾機制；總之，千萬別視而不見就對了。就讓我們快速地看一下：

1. **鎖定使用者**。我們會在第 6 章深入討論這點，佩吉和布蘭森會談到打造以客為尊的企業有多重要。

2. **分享一切**。在大量認知剩餘（cognitive surplus）、*超高速連結的世界裡，公開這件事很重要，讓群眾來幫助你創新，彼此交換想法、共同進步。

3. **四處尋找構想**。本書的第三部通篇要談這項原則，討論群眾外包如何為你提供非凡的構想、精闢的洞見，還有絕佳的產品與服務。

4. **大處著眼，小處著手**。這是奇點大學「10^9思維」（10^9 thinking）的基礎。你可以創辦一家企業，在第一天影響一小群人，但目標是：在十年內對十億人造成正面影響。

5. **永不拒絕失敗**。這是強調快速往覆式流程的重要性：經常失敗、快點失敗，失敗後繼續往前走。

6. **以想像力點燃火花，以數據做為燃料**。機敏——也就是夠靈活——是對抗大型與線性的重要區隔因素。想要做到機敏，需要有大量斬新、通常甚至是很狂野的想法，還有大量的良好資訊，可以去蕪存菁。相當確定的是，現代最成功的新創事業都是數據導向，他們衡量一切，利用機器學習與演算法，協助分析大數據以做決策。

7. **成為平台**。看看那些目前市值超過 10 億美元的最成功企業，例如 Airbnb、Uber 和 Instagram 等，這些組織全都是以平台的方式經營，你們是嗎？

---

* 指群眾在自由時間內，將多餘心思用來投入網路新媒體的協作活動。

8. **擁有重大的使命**。最重要的，或許是要問，你們日以繼夜努力的公司，是否具有某種「扭轉乾坤的使命」為創辦根基？當繼續變得很難時，你會努力前進，還是直接放棄？熱情，是持續進步的基本要素。

心流

　　前述討論臭鼬工廠模式的祕訣時，我們談論到各式各樣的心理元件。在動機方面，我們探討了大膽的目標、契合價值觀的宏大目標，以及由自主性、熟練度和使命感組成的三項內部獎勵因素。在績效方面，我們則是提倡改變觀點，設定 10 倍的成長來提升創意，同時以快速的往覆式流程來鼓勵冒險，並且設法以立即性的反饋迴圈來縮短學習週期。然後，為了減少整個流程的風險，我們強調實驗性生態體系的嚴謹。還有一個更大的重點：這些因素並非各自為政，這些心理元件還有另一項功能，它們不但能夠提高動機和績效，還肩負著雙重任務，要啟動名為「心流」（flow）的心智狀態。[18]

　　從技術層面來說，心流是一種最佳的心智狀態，在進入心流後，我們的感覺和表現都是最棒的。你可能也曾經歷過這樣的狀態，如果你曾在某個午後和誰有過一場很棒的對話，或是完全投入某項工作，以至於完全忘了其他一切事物，那麼你就曾體驗過心流了。心流是一種全神貫注的境界，我們會全然專注在手邊的事務上，把其他一切拋諸腦後。行動與意識合而為

一，任憑時間流逝，感受不到自我的存在，每個績效面向（包括心理和實質層面）全部達到頂峰。

我們將這樣的體驗稱為「心流」，因為這是一種超然的感受。在進入心流後，每一項行動、每一個決策都毫不費力、異常流暢，而且天衣無縫地導引出後續的動作。在進入心流後，你是用高速在解決問題，它會導引出人類最極致的表現。

這一點也不誇張，一百五十多年來的研究證明，心流幾乎是所有運動員贏得冠軍的關鍵，也支撐著重要的科學突破，更是促進重大藝術發展的力量。德勤優勢創新中心（Deloitte Center for the Edge）的共同董事長約翰・海格三世（John Hagel III）表示：[19]「在最近的商業研究中，頂尖主管自述處於心流狀態時，生產力會提高五倍。」這是個很驚人的數字，生產力提高五倍，相當於成長 500%。維珍集團（Virgin）的創辦人兼執行長布蘭森說：「進入心流後，在兩個小時內，我可以完成超多事……那時，我會覺得沒有什麼挑戰是我辦不到的。」[20]

海格三世進一步說明：「我們針對改善幅度最大的績效所做的研究顯示，能在最短時間內有最大進步幅度的人或組織，永遠都是善用熱情進入心流狀態的那些。」

要如何進入心流狀態？這是一個很棘手的問題，但科特勒花了十五年的時間，試圖為這個問題找出答案。科特勒是「心流基因體計畫」（Flow Genome Project）的共同創辦人兼研究

總監，這個組織專門研究解碼人類極致表現的科學。

　　該項計畫得出很多結論，其中之一是某些因素可以觸發心流狀態；也就是說，有些先決條件可以導引出更多的心流狀態。可觸發心流的因素一共有十七種，三種是環境方面的，三種是心理方面的，十種是社會方面的，還有一種來自於創意。我們在後續段落會更詳細討論這些觸發因素，現在先了解一點：專注會導出心流，畢竟它是一種全神貫注的狀態。也因此，這十七種觸發因素都是強調與強化焦點的方法，會設法將你的專注力導引到當下，帶出心流。

　　談到這個，也可以回到臭鼬工廠模式的祕訣。前述在本章討論過的各項心理元件，也是很棒的聚焦方法。比方說，擴大承受風險這項就很明顯，聚焦會產生心流，而如果冒險可能引發嚴重後果，我們就會全神貫注地全程監督。宏大目標的成敗事關重大，因此也有異曲同工之妙。至於設定契合價值觀的大目標效果更好，因為當目標和價值觀一致時，熱情就會自然湧現。人類一向比較注意自己有熱情的事物，所以契合價值觀的大目標會讓人更加聚焦。此外，自主性、熟練度與使命感，這三項也都有助於激發內在動機與更多熱情，所以效果也大致相同。在此同時，快速的反饋能夠讓我們及時修正，因此不會失焦，想著要怎樣才能改善績效。藉由創造一個充滿這些心流觸發因素的環境，臭鼬工廠模式打造出可持續導引心流的強大工作環境。

　　為了探究現今的創業家可以如何創造這樣的環境，接下來我要引入本書的第一個實作部分。我的構想是提出一系列可據以行動的步驟，讓你能夠立刻套用在自己的工作與生活上，而且一定會帶來明顯的改變。因此，我們將會更詳細剖析觸動心流的十七項因素[21]，特別著重在如何將這些因素運用在指數型創業家的身上。

觸發心流的環境因素

　　環境方面的促發因素，指的是能夠帶領人們深入心流狀態的環境特性。在此類促發因素中，具有「高度重要後果」（high consequences）是首要因素。如前所述，高度聚焦會導出心流，而關係重大絕對能夠博得注意力。當環境中隱隱出現危機時，人們無須特別費力便可聚焦，高風險自會發揮作用。

　　但這不代表只有承擔「實質」風險才算數，科學證明，情感上的、智識上的、創意上的，以及社會性的風險，也能產生同樣的效果。精神病學家奈德·哈洛威（Ned Hallowell）說：[22]「要進入心流，必須願意冒險。求愛的人必須願意冒著被拒絕的風險，才能進入心流狀態。運動員必須願意冒著身體受傷、甚至失去生命的風險，才能進入心流狀態。藝術家必須願意承受藝評家及大眾的奚落和鄙視，一本初衷繼續努力，才可能持續創作出超越水準的作品。一般人（比方你我），若希望進入心流狀態，則必須願意接受失敗，雖然看起來像個笨蛋，仍能

在承受重大挫折後繼續往前走。」

這些事實也告訴我們，實際上將「在失敗後繼續前進」奉為座右銘的指數型創業家，具有可觀的競爭優勢。沒有空間失敗的人，就沒有能力冒險。臉書公司的主樓梯間上掛著一幅標語，寫著：「快速行動，打破窠臼。」（"Move fast, break things."）這種態度很重要，如果你不提供冒險的誘因，就等於是拒絕進入心流狀態，而進入心流是在瞬息萬變的世界裡唯一跟得上脈動的方法。

「打造豐富的環境」（rich environment），是下一個觸發心流的重要環境因素。這代表要綜合新穎性、不可預測性及複雜性，這三項要素一如風險，可以抓住並占據我們的注意力。新穎既代表危險、也代表機會，不管出現的是哪一個，都能夠引人注目。不可預測性，則意味著我們不知道接下來會怎麼樣，因此會更注意未來的動向。複雜性，指的是大量資訊同時湧進，這也具備大致相同的效果。

如何把這項觸發因素套用到自己的工作上？只要設法增加環境中的新穎性、複雜性和不可預測性即可。特勒拋開既有假設，要求改善幅度達到 10 倍，正是出於這個理由。賈伯斯在打造皮克斯（Pixar）時，也是這麼做。他在大樓中心蓋了一座大型中庭，把信箱、餐廳、會議室，還有最著名的浴室等設施，都設計在中庭旁邊，藉此強迫員工在公司裡頭走來走去，不經意地彼此相遇，大量提高日常中的新穎性、複雜性及不可

預測性。

「深度體現」（deep embodiment）則是一種實體上的認知，這指的是要同時去關注多種感知的流動。就以蒙特梭利（Montessori）教育為例，已有證據證明，蒙特梭利教室是全世界最能進入心流狀態的環境之一。[23] 為何如此？因為他們強調從做中學。教到燈塔時，不只從書本上閱讀相關資訊，更要走出戶外，自己去造一座燈塔。透過手腦並用，你能在同時間用上多重感知系統，穩穩掌控注意力機制，強迫自己聚焦當下。

觸發心流的心理因素

心理方面的觸發因素，指的是能夠導引出更多心流狀態的內在環境條件，也就是能把注意力帶到當下的心理策略。回到1970年代，心流領域的先驅研究人員米哈里・齊克森米哈里（Mihaly Csikszentmihalyi）指出，明確的目標、立即性的反饋，以及適當的挑戰／技能比率，是最重要的三大要素。[24] 接下來，我們詳細檢視這三大要素。

第一項是設定「明確的目標」（clear goals），這是在告訴我們應該把注意力放在哪裡、何時運用。這和設立高難度的宏大目標不一樣，宏大目標指的是整體性的熱情所在，例如要餵飽地球上正在遭受飢荒的人、要開拓太空疆界等。但這裡說的設定明確的目標，則是屬於階段性的小目標，是為了達成宏大目標所跨出的每一小步。這些比較小的目標，或稱為階段性的

「子目標」（subgoals），最重要的是要夠明確，好讓我們把握當下，帶領我們進入心流。當你的目標很明確時，內心就無須疑惑現在或接下來要做什麼，因為你自然就會知道。也因此，人就會變得更專注、動力更高，會自動過濾掉無關的資訊。你的行動和意識會自然變得專注，更投入於當下的事務。當你沉浸在當下，沒有過去、也沒有未來，更沒有太多空間容下自我意識──這些都是干擾因素，很容易把我們拉到不同的時空。

這也告訴我們應該要把重點放在哪裡。在思考「明確」的目標時，多數人傾向於跳過形容詞「明確」，直接跳到名詞「目標」上。聽到要設定明確的目標時，我們會立刻想像自己正在奧運頒獎台前、奧斯卡獎舞台上，或是《財星》500 大企業的名單裡，侃侃而談：「我從 15 歲開始，就一直想像這一刻」，以為這就是重點。

但頒獎台上的光榮時刻，會把我們拉離當下，因為就算成功就在下一秒，仍舊是未來事件，受制於希望、恐懼，以及各種影響我們當下表現的分心事物。想想運動場上有多少不光彩、令人扼腕的事件：超級盃（Super Bowl）賽事在最後幾秒傳球掉了，美國高爾夫名人賽（The Masters）即將結束時推桿未進洞。就是在這些時刻，即將達成目標的吸引力，把當事人拉出了當下；諷刺的是，他們需要的就是贏在當下。

假設目標是要引發更多心流，那麼重點就應該放在「明確」兩個字上面，而非「目標」。「明確」讓人踏實，讓我們在做事

時，知道自己要做什麼、該把注意力集中在哪裡。當你的目標
很明確時，後設認知（metacognition）*會被當下認知取而代
之，自我意識則消失不見。

　　把這個概念應用到日常生活上，就是要把任務切成一小塊
一小塊，並且據此設定目標。比方說，如果你是作家，可以先
試著努力寫出三個很棒的段落，這會比試著寫出一整章很棒的
文章要來得好。要從有挑戰性、但又能夠管理的角度來思考，
目標的刺激性要夠，可以把注意力拉到當下，但壓力又不能大
到把你推向別的地方。

　　「立即性的反饋」（immediate feedback），則是下一個觸發
心流的重要心理因素，指的是直接、立刻顯現出因果關係。立
即性的反饋，也是一種讓人聚焦的機制，它是「明確的目標」
的延伸。目標明確能讓我們知道自己要做什麼，獲得立即性的
反饋則讓我們知道如何做得更好。倘若可以即時知道如何增進
績效，我們的心智就無須偏離原先的軌道，轉頭去找線索以尋
求改善；我們可以完全身在當下、完全聚焦，因此更可能進入
心流狀態。

　　想在企業內部落實這個方法，其實也很簡單：縮緊反饋迴
圈，實施機敏設計，設置相關機制、讓注意力減少流失，並且
思考一下評鑑制度，不是每季評估一次，改為每天評估——今

---

* 有多種定義，其中之一指的是：個人認知到自己的認知歷程，例如知
　道自己如何學會一件事。

天有多少產出？研究發現，在直接反饋比較少的專業裡，例如股票分析、精神病學、醫學等，就連最好的人才長期下來都會變差；反之，外科醫師是唯一在踏出醫學院之後能夠長期自我提升的醫師。為什麼？因為他們如果在手術台上搞砸了，就會有人駕鶴西歸，這就是立即性的反饋。

最後一項觸發心流的心理因素是「挑戰／技能比率」（challenge/skills ratio）；可想而知，這是最重要的一項。這項觸發因素背後的道理是，當任務難度和執行任務的能力之間有某一特定關係時，最容易集中注意力、全然沉浸在當下。如果挑戰太艱鉅，恐懼將會淹沒整個系統；如果挑戰太簡單，我們就會開始分心。心流出現在情緒處於接近無聊和焦慮的中間點，科學家稱為「心流通道」（flow channel），當我們處於這一點時，任務的困難度足以讓我們拿出全力發揮，又不至於難到令我們承受不住。

這個最適狀態會把注意力鎖定在當下。當挑戰完全落在既有技能可應付的範圍內（以前做過、現在很確定能夠再做一次的事）時，結果早就注定了：我們會有興趣去做，但不會全神貫注。然而，當我們不知道接下來會怎麼樣時，就會多加留意；不確定性是能帶我們進入當下的火箭。

觸發心流的社會因素

有一種集體性的心流狀態，稱為「團體心流」（group

flow），[25] 這是當一群人都同時進入心流狀態時。如果你看過美式足球賽終場大逆轉，球隊裡每個人永遠都在對的時間點、出現在對的位置，一切好像是事先編排好的舞蹈，不是美式足球場上常有的混亂，那就是團體心流的表現。

但不只是運動員要面對賽局；事實上，團體心流在新創事業裡極為常見。當整個團隊以驚人的速度朝向同一目標行動時，那就是團體心流的表現。《指數型組織》的作者伊斯梅爾說：[26]「創業必須一直克服不確定性，因此能夠進入心流對成功來說，是很重要的一個面向。心流能讓創業家以開放、高警覺的態度面對各種可能性，而機會可能就蘊藏在任何結盟關係、產品洞見或客戶互動當中。新創團隊創造出愈多心流，成功的機會就愈大。事實上，如果你的新創團隊不是幾乎常態性地處於心流狀態中，你們就不會成功。你們看不見周圍，也無法獲致洞見。」

那麼，要如何導引出團體心流狀態呢？這就是社會方面的觸發因素發揮功效的地方，這些觸發因素都可以改變社群的條件，引發更多的團體心流。其中有些方法早已為人所知，前三項是「極為專注」（serious concentration）、「明確的共同目標」（shared, clear goals）、「良好的溝通」（good communication，也就是要有大量的立即性反饋），這些都是齊克森米哈里找到的心理方面的觸發因素，只不過是集體的版本。另外兩項則是「平等參與」（equal participation）和「風險要素」（element of risk），可以是心理風險或實體風險等；基於我們對心流的了解，這兩項因素不證自明。至於剩下的五項，則需要多做一點說明。

先來看看「親近」（familiarity）這項觸發因素，這是指團體要有共通的語言、共同的知識基礎，以及互有默契的溝通風格。這表示，大家永遠都有一定的共識，每當新觀點出現時，不會因為還要花時間解釋而錯失動能。接下來是「融合自我」（blending egos），這是集體版的謙遜，當大家的自我都能交融時，就不會有誰霸占著鎂光燈不走的情況，每個人都能夠完全參與。「掌控感」（sense of control）則結合了自主（可自由做你想要做的事）與熟練（善於做你在做的事），這項觸發因素的重要性在於，要選擇你自己的挑戰，並且具備必要技能以克服挑戰。

如果完全投入在當下，就會「認真傾聽」（close listening）。在對話時，不是想著接下來要說哪些真知灼見，或是在最後一句要撂下什麼狠話。反之，則是隨著對話的展開，給予即時、未經心機計算的回應。至於最後一項觸發因素，是在回應時永遠都以「對，……」（yes, and…）開始，這會讓互動成為增添式的，不是辯論式的。這項因素的重點，是要盡力放大彼此的想法與行動，以從中獲取更多動能、團結感及創新思維。這項觸發因素的根基，其實是即興喜劇的首要規則。如果我的開場白是：「嘿，浴室裡面有一頭藍色的大象」，而你的

回答是:「才沒有呢。」那就沒戲好唱了,因為否定會扼殺整齣戲的韻律。但如果你的回答是用各種不同的方式表達:「對,……」,比方說:「是啊,抱歉,因為我不知道該把牠放在哪裡。牠是不是又把馬桶蓋掀起來了?」這樣一來,故事就有了有趣的發展。

觸發心流的創意因素

揭開創造力的神祕面紗,你會看到模式辨識(指大腦有能力把新概念串聯在一起)與承擔風險(有勇氣把新概念帶給世人。)這些體驗都能引發強大的神經化學反應,大腦也會順應這些反應更深入心流狀態中。這表示,如果我們想在生活中多體驗心流,就必須要有不同的思維、想得不一樣,就是這麼簡單。

不要從熟悉的角度來解決問題,試試看從後面、側面來解讀問題,而且要有風格。刻意延伸你的想像力,為生活增添大量的新意。研究顯示,新鮮的環境與經驗,通常是新構想的起點,因為有更多機會從事模式辨識。最重要的是,要懂得看重創意、珍視創意。講到這裡,又讓我們回到射月的思維。就像特勒說的:「你不會花時間煩惱自己為何無法透過心靈傳輸從這裡直接到日本,因為有一部分的你根本認為那是不可能的。但射月思維就是選擇要煩惱這種事。」

最後忠告

關於心流，最確定的事實之一，就是這種狀態無所不在。心流會出現在任何地方、任何人的身上，但前提是要滿足初始條件。這些條件是什麼？就是前述那十七種觸發因素，真的就是這麼簡單。這是有原因的，人是生物，演化設計成讓我們保守行事，當某種適應方法管用時，基本設計就會一再重複。心流大多數都很管用，因此我們的大腦天生就設定成能夠多出現這種體驗。人類的原型便設計成能有最佳表現，這是人類天生的特質。

第 5 章
成大事的祕訣：
一開始就要超越「非常可信」的門檻

　　「今天我在看新聞時，看到一件非常非常⋯⋯棒的事。」
美國有線電視台喜劇中心頻道（Comedy Central）《每日秀》
（*Daily Show*）的節目主持人喬恩・史都華（Jon Stewart）這麼
說。[1] 那是 2012 年 4 月 24 日，當天的史都華，嗯⋯⋯有點興
奮。他的眉毛挑起，鼻孔張開，看起來就要爆炸了。電視上開
始播放一則新聞影片，我們看到主播西裝筆挺，雙手交疊，面
無表情地說：「這看起來可能很像科幻小說，但今天有一群太
空探險先驅人士，宣布計畫要去各個小行星採礦，他們要開採
貴金屬。」鏡頭轉向史都華，他激動地大叫：「太空探險先驅
部隊要去各小行星開採貴金屬了！碰！碰！好耶！老史我也要
插一腳。2012 年的新聞看起來、聽起來有 2012 年的新聞該有
的樣子，各位知道這有多罕見嗎？」

　　讓史都華如此大聲嚷嚷的新聞當事者，就是行星資源公

司。[2] 這是我和艾瑞克‧安德森（Eric Anderson）在 2009 年共同創辦要去小行星採礦的公司，並於 2012 年昭告天下。顯然，到小行星採礦是一個瘋狂的科幻小說式構想，不管從哪一個面向來看，都很大膽。要在成功的前提下創辦這種公司，並且在公諸於世時讓大眾覺得還滿像一回事的（這件事跟前一項同樣困難），需要使用不一樣的手法。多年來，我發展出一系列的策略來迎接這類挑戰，最重要的，就是要在超越「非常可信」的門檻上啟動專案。

在後面的討論中，我們將會更清楚看到，要超越「非常可信」這條基準線需要很大的熱情。我的那一份在 1969 年就出現了，在阿波羅 11 號（Apollo 11）登陸月球那年，我才 8 歲。當時，我就決定這輩子一定要登上太空。在二十歲出頭時，我明白美國航太總署永遠也不會帶我飛上太空。受限於政府支出及對可能失敗的恐懼，這個太空專責機構變成軍事產業的促進就業方案，不大可能再重返月球或推進到火星。我很清楚，想要昂首闊步走向太空，美國政府不會提供協助，這點是基本前提。

因此，我把接下來的三十年，投入創辦我認為可以開拓太空領域的私人企業。除了和國際太空大學（International Space University）合作，我還做了下列三件事，以啟動太空旅遊的經濟：創辦 X 大獎、零重力公司（Zero Gravity Corporation）和太空探險有限公司（Space Adventures, Ltd.）。

　　我在創辦太空探險有限公司的過程中和安德森合作，[3]他之後也成為我創辦行星資源公司的合夥人。回到 1995 年，當時剛從維吉尼亞大學（University of Virginia）航太學畢業的安德森，以實習生的身分和我一起發展一家公司。我們善用過去威力無窮的蘇聯航空計畫遺留的龐大資產，如今，這些資產亟需變現，願意讓任何出得起錢的人來一趟太空之旅。安德森孜孜矻矻，一年內就從太空探險有限公司的實習生變成副總裁，然後再成為總裁，後來成為執行長。在接下來的十五年內，他帶領公司創造超過 6 億美元的累積營收；如果你嘗試推銷過一趟 5 千萬美元的地球軌道之旅，或是一趟 1.5 億美元的月球之旅，就會對他的成就肅然起敬了。

　　其他追逐相同夢想、但沒有如此耐性的人，則是走了不同的路。2004 年 10 月 4 日，航空界的傳奇人物伯特‧魯坦以太空船一號（SpaceShipOne）贏得安薩利 X 大獎，理查‧布蘭森爵士趁勢取得這項優勝科技的授權，花了 2.5 億美元在維珍銀河公司（Virgin Galactic）打造出太空船二號（SpaceShipTwo）──這是太空船一號的商業化機型。[4]接下來，亞馬遜網路商店的創辦人傑夫‧貝佐斯花了超過 1 億美元的成本，創辦一家私人太空船公司，名為「藍色起源」（Blue Origin）。[5]最讓人嘆服的，或許是從 PayPal 的共同創辦人變成航太領域破壞者的伊隆‧馬斯克，獵鷹 9 號火箭（Falcon 9）與飛龍號（Dragon）太空艙等重大成就，讓他躋身「太空之神」的行列，

也為他賺到一紙美國航太總署價值數十億美元的契約，把貨物載到國際航空站。[6]

顯然，有很多人成就非凡，但在 2009 年夏季，當我和安德森一起進行一年一度的「思考下一步」閉關會議時，就算從最樂觀的角度來說，我們對太空的未來展望都很灰暗。雖然已有前述種種的重大成就，但一切的動靜仍會非常緩慢。要真正開啟太空領域，我們需要的不只是十幾個人上太空，而是幾十萬人；換句話說，我們需要規模的優勢。

對我們來說，很清楚的是，如果要開拓太空，就必須善用之前開拓所有疆界背後的經濟動力：尋找資源。安德森說：[7]「不管是率先前進絲路的中國人，或是早期到海洋另一頭尋找金礦和香料的歐洲探險家，還是闖進西部尋找木材與土地的美國開拓者，尋找新資源永遠都是冒險犯難的主要理由。」也就是在這個時候，我和安德森有了一系列關於行星採礦的討論。

但是，我們並不是開創先河、討論這個主題的第一人。想要登上大型飄浮行星、在上頭開採貴金屬和礦石，再把戰利品運回地球，早在 1895 年就有人這麼想了。最早提案的人，是蘇聯的太空計畫之父康斯坦丁・齊奧爾科夫斯基（Konstantin E. Tsiolkovsky）。[8] 在 19 世紀到 21 世紀之間，行星採礦變成科幻小說的主軸，但一直要到 1990 年代才成為科學事實。當時，太空任務三部曲——美國航太總署的「會合—舒梅克號」（NEAR Shoemaker）太空探測衛星與「星塵號」（Stardust）宇

宙飛船，以及日本宇宙航空研究開發機構（Japan Aerospace Exploration Agency）的小行星探測太空船「隼鳥號」（Hayabusa），都想方設法登陸行星，其中有兩項計畫還刮下小行星的表面物質，帶回了微小樣本。[9] 然而，這跟我和安德森夢想要打造出一整個產業、投入全副心力的規模相比，顯然這些科學任務達到的還有很大的落差，而這正是重點所在。

要完成這麼大規模的射月任務，我們需要協助，而且是大量的協助。因此，我們的第一項挑戰就是要說服大家：我們的夢想可以實現。顯然，這表示，我們必須要讓這個夢想在一開始就能超越「非常可信」的門檻。

請容我解釋：每個人心裡都有一把尺，決定一件事情到底「可不可信」。當你第一次聽到某個新構想時，你會在內心評估這件事情到底是在可信的界線之上或之下。如果你認為在這條線之下，就會馬上駁斥，認為那是無稽之談。如果你認為在界線之上，就會願意先姑且信之，再長期追蹤，持續做出一連串的判斷。在我們心裡，也有一條「非常可信」的界線。當一個新構想落在這條線以上，你會馬上接受，並說：「哇！這真是太棒了。我要怎樣才能加入？」這個構想太有說服力了，因此你心裡會認定事實就是這樣，你的關注焦點也會從機率轉移到背後的意義。

除非我們在把行星資源公司介紹給世人時，能夠打從一開始就超越「非常可信」的界線；不然的話，一定會遭到眾人嘲

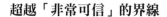

超越「非常可信」的界線

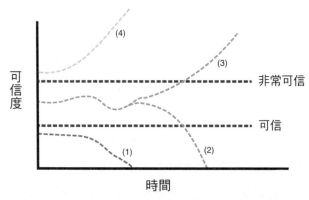

(1) 一開始就「不可信」；(2) 一開始「可信」，但「不可信」漸漸發揮作用；(3) 一開始「可信」，然後變成「非常可信」；(4) 打從一開始就「非常可信」。

資料來源：迪亞曼迪斯

之以鼻。我們必須組成一個團隊，成員本質上要能相信這是一幅可實現的願景。所以，克里斯·萊維茨基（Chris Lewicki）是我們的首選，他曾在航太總署的噴射推進實驗室（Jet Propulsion Laboratory），從事過三次耗費數十億美元的火星任務。有了他擔任總裁兼首席工程師，我們得以招募到許多負責打造、設計與操作火星探測車好奇號（Curiosity）的頂尖工程師。當噴射推進實驗室的主管打電話給安德森，請我們不要再挖走他們最棒的人才時，我們就知道方向走對了。

　　如果我們就此打住，或許就是以「可信」的程度推出市

面。我們當然值得信賴，我和安德森都是太空領域備受尊重的人，我們的團隊更是集結了最出色、最聰明的人才。但是，由於我們的提案大膽到要去行星採礦，因此這樣的可信度還不夠。

有鑑於此，我們在私底下運作這家公司，保密期間長達三年，花時間把自己推往「非常可信」的界線之上。為了達到此一目的，我們請來了一群願意用金錢和名聲替這項計畫背書的億萬富翁，包括佩吉、谷歌執行董事長艾瑞克・施密特（Eric Schmidt）、谷歌第一號投資人拉姆・施拉姆（Ram Shriram）、曾經參選過美國總統的德州富商羅斯・裴洛（Ross Perot）、微軟首席架構師查爾斯・西蒙尼（Charles Simonyi）以及布蘭森等人。

招攬這些重量級人物有幾個優勢，對一家新創企業來說，通過這些人實質審查的關卡，也意味著能從他們的想法中獲益良多。有這些世界上最聰明的人才來批評指教你提出的願景，可以幫你把黑黑髒髒的煤炭變成金光閃閃的鑽石。更重要的是，當公司問世時，這些人能夠吸引一大群人，這才是重點。很難質疑由全球頂尖航太工程專家及最受尊崇的商業人士所組成的團隊，因此我們以大幅超越「非常可信」界線的水準，進入全球公眾的眼簾。史都華說，這則 2012 年的新聞聽起來是 2012 年該有的樣子，原因也就在這裡。

國際太空大學

當然，此刻你可能會認為，一開始就超越「非常可信」的這項建議，似乎不大適用於不認識億萬富翁的創業家。當我和安德森開始尋找投資人時，我們已經有了認識的人脈，可以找到像布蘭森和佩吉這些人。雖然這件事不一定每個人都做得到，但這並不表示做不到這樣，就什麼事情都做不了。事實上，我對於超越「非常可信」界線的思考，要回到我還沒有什麼可信度的時候，那時我還只是個大學生，那個年代還沒有網際網路、谷歌和臉書，而我認識的人不過是家人和朋友。

故事始於 1980 年，當時我在麻省理工學院念大二，創辦了太空探索與開發學生社團（Students for the Exploration and Development of Space, SEDS）。[10] 這個學生社團起源於我想要開拓太空領域的熱情，以及之前提過的美國航太總署給我的挫敗。我和這個社團早期的領袖兼同為「太空儲備生」（space cadet）的夥伴鮑伯・理查斯（Bob Richards）及泰德・霍利（Todd Hawley），[11] 一起籌劃在全球各地三十所大學設有分部的組織，投身推廣學子參與太空探險活動。1982 年，因為這個社團的緣故，我們三人受邀前往奧地利維也納，在聯合國和平利用外太空委員會（United Nations Committee on the Peaceful Uses of Outer Space）上做簡報。我們在這次的盛會上遇見亞瑟・克拉克，他是科幻小說《2001 太空漫遊》的作者，也是

地球同步衛星的發明人。

我們稱他為「亞瑟叔叔」，他和我們分享 1940、1950 年代太空領域的投資人、工程師和有遠見的人密切合作的故事。他們之間的共同友誼、知識和願景，就是催生出阿波羅計畫的主要力量。因此，想要打造出一個緊密網絡的想法，讓我們想著要創辦一間國際太空大學，有一個地方讓今天的太空儲備生夢想著明天。我們甚至更大膽，築夢想像著我們在天體軌道上的校園：我們成功在外太空成立了一所大學，學生們可以在那裡生活、學習和做研究。[12]

當然，想要成功打造出這樣的機構，就得讓大家相信這是可行且值得的。不過，由於我們都還是研究生，沒有足夠的公信力，想要達到「非常可信」的地步，該怎麼做？下列就是我們的劇本，一次跨出一步。

第一步：親近很重要。我們一開始先向看著我們成長的人徵求協助，他們在過去五年來親眼見證這個學生社團有所成就。這件事聽起來雖然很簡單，但是這幾年會見過千百位創業家之後，我發現很多人都忘了這件簡單的事：幫助你執行下一個計畫的最佳人選，就是過去曾經幫助過你或看著你有所成就的人。

在創業的這場賽局裡，尤其是在事業發展初期，後盾通常都是密友和家人，這些人已經認識你，而且信任你。一旦你跨出這個圈圈（或者，你根本沒有這個圈圈），最有可能投資你

的人，就是那些已經看過你成功的人。如果沒有拿得出來的實績，請你自己創造。當你要展開大膽計畫時，請從比較小的項目開始，目的是要讓別人看到你如何成事。之後，學會善用這個網絡，幫助你走到下一步。十分肯定的是，如果少了太空學生社團過去的成就，我們絕對無法創辦國際太空大學。

第二步：放慢腳步，先累積可信度。我們並沒有馬上衝向成立太空大學這個大膽目標，反而是先籌辦研討會，「研究」太空大學的可行性。許多創業家會跳過這一步，他們有一個很大膽的構想，有幸獲得一點青睞，卻誤把這些信任票當成是即將賺到大錢的信號。當然，這或許有可能，但真正的吸引力不能只靠一點信心，需要累積很多的信任。投資人喜歡看到點子，但他們投資的是真正的執行。對我們來說，一場研討會已經讓我們知道該如何運作下去了。

我們在幾個月內募得了 5 萬美元的資金，這多半都是用來支應在麻省理工學院舉辦航太「求職博覽會」的構想，這件事和國際太空大學可行性研討會相輔相成。[13] 我們的重大突破來自於理查斯取得承諾（他當時住在多倫多），加拿大太空局（Canadian Space Agency, CSA）局長答應前來美國發表演說。之後，我們把這番好運當成槓桿，在加拿大太空局局長答應出席之後，我們也順理成章說服了歐洲太空總署（European Space Agency, ESA）派人參與。由於請到這兩個單位，日本當局也答應加入，然後是俄羅斯聯邦航天局（Russian Federal

Space Agency)、中國國家航天局和印度太空研究組織（Indian Space Research Organization），最後美國航太總署也來了。慢慢地，一點一點地，我們朝著「非常可信」的界線往上爬。

但我們還有很多事要做，於是來到計畫的第四步：如何傳播訊息，這件事非常重要。在研討會前六個月，我們三人腦力激盪，發想這所太空大學實際上應該是什麼模樣，並且深入討論應該教授哪些科目、招收具備哪些特質的學生來就學等細節。我們發展出一套詳盡的計畫，不斷地和顧問群來回討論，盡可能讓他們也一起參與。這種互動很重要，因為計畫要為人採納，取決於構想的品質有多高；更重要的是，由誰向世人傳播這些訊息，這件事非常重要。

在研討會上，我們不是自己做簡報，而是請顧問群代言。由兩度登上太空船的太空人、同時也是太空探險者協會（Association of Space Explorers）的共同創辦人拜倫・利希滕貝格（Byron Lichtenberg），發表了學術性的報告。再由美國空軍前部長、之後擔任通訊衛星公司（Comsat）執行長的約翰・麥克盧卡斯（John McLucas）博士，簡報我們的融資計畫。時任國際衛星通信組織（INTELSAT）國際事務主管的喬瑟夫・培爾頓（Joseph Pelton）博士，則是簡報我們提出的治理計畫。

這套方法很管用，由於構想本身與簡報者都十分可信，因此讓我們遠遠超越「非常可信」的門檻。原本一場用意為研究國際太空大學這個概念的研討會，很快就變成國際太空大學創

校研討會。所以，這種超越「非常可信」的門檻的做法，為我們這些沒有什麼可信度的人帶來了哪些助力？在那個週末結束前，我們籌到的種子資本已經足以開辦一次暑期學程，而這是我們實際打造出一所真正太空大學的第一步。

為大膽構想構築舞台

關於國際太空大學，我還有一些故事要說，但留待之後詳談，我想先在這裡暫停一下，討論我們從創辦這所大學中學到的第二項心得：為大膽構想構築舞台的重要性。在創校研討會之前的六個月，我、理查斯和霍利深入研究太空大學的各項細節，我們的實際任務是把遠大願景分割成多個可執行的小項目，心理學家稱為「子目標」。

設定子目標有兩項益處，第一項是把風險和報酬調整為一致。很少有專案計畫在一開始就能籌到需要的資金，通常隨著創業家找到新方法緩解風險，資本會分好幾個階段進來。創業資金不會一次到位，而是幾次不連續的投入，包括種子資本、群眾外包資本、天使投資人資本（angel capital）、超級天使投資人資本（super-angel capital）、策略性夥伴、A 輪融資（series A venture）、B 輪融資（series B venture），有時候甚至是公開募股。隨著每一次的累積，證明管理團隊的能力及願景的可行性，就會有愈來愈多的資金湧進。

設定子目標的第二項益處是心理層面的。在前一章，我們

提過拉森和洛克，了解設定大目標所蘊藏的槓桿作用力。但我們也知道，唯有當某些「若一則」條件滿足時，才能發揮槓桿效應。承諾（把價值觀和目標調整到彼此一致）只是其中的第一項，同樣重要的是信心。拉森解釋：[14]「大目標只能提升動機，人們在設定子目標時，會相信自己有能力達到這些目標。所以，你要把大目標分成眾多可達成的子目標。」

基於這個原因，在國際太空大學創校研討會六個月前，我們把射月計畫拆成五個可執行的步驟：

1. 在麻省理工學院舉辦研討會，探討「國際太空大學」的概念。
2. 租借麻省理工學院的校園，舉辦為期九週的國際太空大學暑期學程，邀請一百位研究生參加。
3. 在其他國家舉辦相同的暑期學程，以證明這個概念可行，並且打造出全球性的社群。
4. 建立長期性的實體校園。
5. 在國際太空站建立天體軌道太空校園。

第四步和第五步是我們的射月目標，瞄準的是贏得支持者的心。第一到三步則是累積性的，為了建立可信度，目標在於贏得眾人的注意與信任。這套方法奏效了，在獲得最初的支持之後，我們從打造團隊邁向舉辦可行性研討會，然後推出了我們的第一套暑期學程。

那次的暑期學程很有魅力，讓來自 21 國的 104 位研究生

齊聚一堂。當然，一切都得靠自己：校園是租借來的，教職員也是暫時聘雇的，由我、查理斯和霍利從各自的母校招聘教授群組成。儘管如此，這項暑期學程還是大大地成功了。

之後，我們又如法炮製，但改變地點；這樣一來，我們可以在愈來愈廣大的社群中帶動參與。第二年暑假，國際太空大學借用路易巴斯德大學（Université Louis Pasteur）在法國史特拉斯堡（Strasbourg）的校園，1990 年則開拔到加拿大多倫多，1991 年到法國土魯斯（Toulouse），1992 年則前往日本北九州市。

在經營這間大學五年、累積出 550 名校友之後，我們終於決定要嘗試拿著我們的資產再賭一把，跨入願景的第四步——打造長期性的實體校園。但這裡有一個小問題：我們並沒有任何有形的資產，身為一所沒有校園、沒有現金、教職員是暫時借來的虛擬大學，我們唯一的資產是品牌、校友和願景。因此，現在是到了把石頭煮成湯的階段了。[15]

如何烹煮石頭湯

很久以前，有一個中世紀的小村落，一名農夫看到城鎮外面來了三名士兵。他很清楚接下來可能會發生什麼事，於是奔進市場裡，大聲警告眾人：「快點！把門關好，把窗戶關好！士兵來了，他們會搶走我們全部的食物。」

士兵們真的餓壞了。他們一進到村子裡，就開始挨家挨戶

敲門，請村民施捨食物。第一位村民說，他的食物櫃已經空了，第二位村民也說同樣的話，再來的那一戶，甚至連門都沒開。

最後，一名餓極了的士兵說：「我有個主意，我們來煮石頭湯吧。」[16]

說完後，他大步走到下一戶去敲門，對村民說：「不好意思，請問您有大鍋子和木柴嗎？我們想煮石頭湯。」

這位村婦想，這聽起來沒什麼好怕的，於是說：「用石頭煮湯？我可得好好瞧一瞧。好的，我會幫忙。」於是，她拿來大鍋子和柴火，另一位士兵則去拿水。他們把水倒入鍋中，並放進三顆大石頭。這個消息在城裡傳開了，村民們紛紛靠過來。他們說：「煮石頭湯，我們可得好好瞧一瞧。」

士兵們圍著柴火站成一圈，村民們則圍著士兵站成一圈。

「我不知道你們怎麼有辦法用石頭煮好一鍋湯，」一位村民說。

「當然可以，」一位士兵答。

終於，村民們厭倦了光是呆站在原地，有個人問：「我可以幫什麼忙嗎？」

「或許吧，」一位士兵答：「如果你有馬鈴薯的話，會讓湯更好喝一點。」

於是，這個村民很快便拿來一些馬鈴薯，丟到正在燉著石頭的鍋子裡。

另一個人問：「我也能幫得上忙嗎？」

「嗯，拿幾條紅蘿蔔來，能讓這鍋湯更美味。」

於是，這個人也貢獻了一點紅蘿蔔。很快地，其他人也加了一點禽肉、大麥、大蒜和大蔥。過了一會兒，其中一位士兵大叫：「煮好了！」並和每個人分享這鍋湯。這些村民說：「石頭湯耶！喝起來超鮮美的。我以前都不知道。」

石頭湯的故事原本是民間傳說，後來變成童書。我在大學裡第一次聽到這個故事之後，就一直記在心裡。事實上，我始終認為「煮石頭湯」，是創業家成功的唯一方法。沒錯，「石頭」指的就是你大膽的宏大構想，而「村民的貢獻」就是投資人與策略夥伴提供的資本、資源與智力支持。每個在你的石頭湯裡加點小東西的人，都在幫助你美夢成真。

想熬成這碗湯，要靠熱情。人們樂見熱情，人們樂於為熱情貢獻。而且熱情假不了，它是測謊器，善於辨識不真心的東西。二手車銷售員、在嘉年華園遊會裡叫賣的攤販，以及虛偽的政治人物，總是能夠惹毛我們。

沒錯，我說的這些很可能你早就知道了。但熱情是一個非常微妙的主題，超乎多數人的預期。首先，有很多種熱情對創業家完全沒有幫助，德勤優勢創新中心共同創辦人海格三世說，這種無用的熱情稱為「信徒式的熱情」（passion of the true believer）：[17]「在矽谷，我們可以看到很多這種範例。他們都是極為出色的創業家，對某些特定的具體路線懷抱熱情，但無

法接受其他觀點與做法。他們的熱情很持久、很專注,但很盲目,使得這些創業家先入為主,排斥和自身觀點不同的重要參考意見。」

海格三世與同事深入研究熱情這個主題,[18] 他們定義出最能夠幫助個人與組織的熱情,稱為「探險家式的熱情」(passion of the explorer)。他說:「很多人看到的是領域,不是路徑。路徑還不清楚,這正是讓他們備感興奮、動機高昂的理由……,也讓他們保持警覺,注意各種資訊,幫助自己更了解這個領域,找出前景更光明的路徑……因此,他們會不斷地權衡必須前進的需求,以及暫停反思先前經驗的需求。」

能夠熬出石頭湯的,就是這種熱情。充滿熱情的人極富創造力,善於尋找、匯聚自己追求熱情時所需要的各種資源,而且還不只這樣。海格說:「追求熱情的人,一定會散發出一種光芒,吸引其他擁有共同願景的人。這種光芒很少是刻意營造出來的,而是他們追隨熱情的副產品。擁有熱情的人會大量分享自己的創作,留下具體足跡,讓其他人能夠找到他們。」

國際太空大學正是如此。1992 年,我們正努力創建長期的實體校園,提出一份建議書徵求說明書(request for proposals, RFP);基本上,我們是這麼說的:「各位好,我們是國際太空大學,我們想要創立一個長期性的校園。我們已經在五座不同城市,舉辦過五次暑期學程。本文是我們的願景,說明我們想要創造什麼,以及未來預期的發展方向。請讓我們知

道，您可以提供多少現金捐款、建築協助與營運資金，一同把我們的願景帶到您的城市裡。」

老實說，萬一石沉大海，我也不會訝異，但事實上並沒有。六個月內，我們收到七份建議書，提供 2 千萬到 5 千萬美元的融資、建築物、教職員及設備協助，甚至還有承諾要替我們進行認證的。簡單來說，我們需要的一切都到位了，可將國際太空大學推向下一個階段。

那麼，正確結合了超越「非常可信」的門檻、為目標構築舞台與熱情之後，能讓你們走多遠？以我們的案例來說，很遠。最後，法國的史特拉斯堡勝出，該市在新創園區（Parc d'innovation）替我們打造了一座價值 5 千萬美元的校園。如今，全球各大太空機構有許多主管都是國際太空大學的校友。雖然我們還沒有跨足到天體軌道上，但很確定一旦行星採礦變成稀鬆平常之事，一個坐落在太空中的校園也就指日可待了。

迪亞曼迪斯定律：心態才是關鍵

在國際太空大學發展的早期，我和霍利共用一間辦公室，他開玩笑地把「墨菲定律」（Murphy's Law）貼在牆上。這句讓人沮喪的忠告：「如果某件事可能出錯，就一定會出錯」（"If anything can go wrong, it will"），每天都盯著我瞧，也開始滲透到我的心裡。商業界也有一句老話：找出你花最多時間相處的五個人，互相比較之後，你會發現自己是排名中間的那一個。

這句話的道理套用在概念上也成立，就像前一章指出的，心態很重要，所以在我的心理飽受墨菲定律折磨一週後，我走到辦公桌後方的白板前寫上：「如果某件事可能出錯，把它弄對！（見你的大頭鬼，墨菲！）」，然後在這句話的上頭，寫下了「迪亞曼迪斯定律」。

在這之後的多年間，我開始蒐集更多的定律——那些在艱困時刻及機會敲門時引導我的原則與公理。其中大多數都是我的人生準則，幫助我度過所謂的「大難臨頭」之時。在本章後面的段落，我們要來看看這些原則，但在說明我的想法之前，要先處理一件更重要的事：你的想法。

後續列出的是對我有用的道理，但不保證對你有用。請找出屬於你自己的定律。你可以從任何你欽佩的人身上借鏡，重點不是創造塗滿勵志小語的美好畫面，而是要相信你自己的過去。深入探索那些過去，藉此勾畫你的未來。現在，請開始檢視你的人生，看看這一路上持續發揮作用的是哪些策略，然後把這些策略轉化成你的定律。

這件事為什麼這麼重要？因為恐懼是決策的罩門。隨著威脅度提高，大腦就會開始限制選項，最終極的選項只有「戰或逃」（fight-or-flight）。面對生死存亡的關頭，基本上，我們的選項只剩下這三種：戰鬥、逃避或停止不動。等到日後沒那麼多事好怕時，你卻已經養成一樣的反應。喬治亞州埃莫里大學（Emory University）神經經濟學家格雷戈里‧柏恩斯（Gregory

Berns），在為《紐約時報》撰寫的一篇文章中提到：[19]「恐懼助長退縮，是進步的抑制劑。」寫下你自己的定律之所以這麼重要，也是基於這個理由。這麼做基本上是在創造一股外部驅動力，當你的內部驅動力勢必崩解時適當給予你助力。

在本章的最後，各位會看到一份清單，完整列出我的座右銘。但接下來，我要先點出我自己最喜歡的其中幾條，與各位分享背後的故事，希望它們能因此對你產生更大的作用。你可以借用我的，或是其他人的隨意修改。但最重要的是，請務必採取行動，列出一份專屬於你的清單。

＃ 17 最能準確預測未來的方法，就是自己開創未來！

我看過這句話有各種不同的版本，傳說的原始作者從美國總統林肯（Abraham Lincoln）到管理大師彼得‧杜拉克（Peter Drucker）都有。有名人加持的原則更禁得起考驗，而且這條定律很有道理，未來並非命中注定，而是一連串行動的結果，從你所做的選擇與你承擔的風險而來。從最基本的層面來說，這句話正是創業的意義。對明天要有願景，並讓自己一步一步靠近。我想要的未來，包括民間的商業性太空之旅，因此我創辦了 X 大獎。我認為，行星採礦是可能實現的現實，所以我和別人一起創辦了行星資源公司。

10 沒有挑戰時，請自己創造！

人類天生就是要克服挑戰，所以心流（人類發揮最佳表現時的狀態）只會在我們跳出舒適區、挑戰極限，以及把技能運用到最極致時才會出現。需要證明嗎？來看看提早退休跟死亡率之間的關係吧。2005 年《英國醫學期刊》（British Medical Journal）一篇報導指出，比起 65 歲退休的人，55 歲退休的人在退休後十年內的死亡率高了 89％。要活就要動，就是這麼簡單。

11 如果對方說「不」，設法找到他的老闆

人們之所以說「不」，通常是因為他們沒有足夠的授權可以說「好」。在很多組織裡，能夠說「好」的人只有在食物鏈中最上層的那一個。就讀研究所時，我非常渴望能夠搭搭看美國航太總署的零重力（拋物線飛行）飛機。我竭盡所能設法登機，包括自願成為醫學實驗對象，但從來未能獲准。於是，我跨入更高的層次，和兩個朋友合夥開了一家提供同類服務的商業公司：零重力公司。

不過，要拿到開始提供服務的許可，我們也是花了好長一段時間；精確來說，有 11 年之久。在創辦該公司的第一個十年內，我們和一群美國聯邦航空總署（Federal Aviation Administration, FAA）的律師奮戰。他們堅持，即使美國航太總署過去三十年來早已在經營拋物線飛行，但聯邦航空法規規

定不得經營大規模商業性零重力業務。他們一直要求我證明法規允許飛機以拋物線飛行，我只有一句話：「告訴我哪條法律規定不行。」很簡單，這些中階官僚沒有人有權利說「好」。最後，也就是在十年之後，我的要求終於送到聯邦航空總署主管瑪麗安·布蕾克莉（Marion Blakey）的手上。這位出色的女性，給了一個正確的答案：「你當然應該可以從事這項業務，我們來想想辦法吧。」

#1 如果某件事可能出錯，把它弄對！（見你的大頭鬼，墨菲！）

回到 2007 年，我決定全世界最出色的重力專家，應該有機會感受一下無重力，因此我邀請史蒂芬·霍金（Stephen Hawking）搭一趟拋物線飛行。他接受了，於是我們發出新聞稿。就在此時，任職於航空總署的朋友們（他們的地下名言顯然是：「在你不開心之前，我們都不會開心」），提醒我們飛航許可僅允許搭載「有行動能力」的乘客，而完全癱瘓、需要靠輪椅行動的霍金，顯然不符合這項資格。

但，見你的大頭鬼，墨菲！我決定要把這個問題弄對。首先，我們要決定在航空總署這些人的心裡，是誰判斷一個人是否具有行動能力？其次，就算能夠找到人宣告霍金「具備行動能力」，我們還是必須減少射月行動的風險，確保霍金安全無虞。

在和律師們費心研究之後，我們判定，有決定權的人只有霍金的個人醫師，或許太空醫學專家也有資格。因此，在替這些人購買執業過失保險（malpractice insurance）之後，我們發出三封信，明白地告訴聯邦航空總署：毫無疑問，霍金可以飛行。

為了因應第二項挑戰，我們決定，必須有四位醫師與兩位護理師陪霍金飛這一趟，飛機上面還要設置一間飛行急診室，同時進行一次長途飛行演練，訓練醫療團隊準備好面對從心臟病發到骨折等一切意外。我們也決定，並且對公眾宣布，我們僅從事三十秒的拋物線飛行。如果一切順利的話，或許我們會再飛第二次。

至少原定計畫是這樣的。但這項計畫有個問題出在霍金，他不僅承受住第一次的拋物線飛行，而且告訴我他享受了這一生最棒的時光。於是，我們飛了一次又一次，他一直想再體驗；總計下來，我們載著他飛了八次拋物線飛行。之後，以這次的成功為基礎，我們獲得一個很棒的機會，載了六位坐輪椅的青少年從事無重力飛行。這些孩子一輩子都沒走過一步，但在這趟飛行裡，他們就像超人一樣遨遊天際。這整件事的寓意是：事情總是會出錯，要有預期，要從中學習，並且設法解決問題——驚人的成就，便是這樣來的。

#2 每當有人要你選擇，魚與熊掌兼得！

我們受到諄諄教誨，如果有人要你選擇，魚與熊掌不能兼得。但是，為什麼一定要選？在整個研究所期間，一直有人叫我要不就讀書、要不就創業，二選一、不然什麼都沒有。我才不要。以我來說，答案是兩者兼得，甚至更多。我在念研究所的期間創辦了三家公司，在四十歲之前創辦了另外八家。賈伯斯同時經營著蘋果和皮克斯，馬斯克則經營三家市值數十億美元的企業，包括特斯拉汽車、太空探索科技公司和供應太陽能的太陽城公司（SolarCity）。布蘭森也一樣，除了他的維珍管理集團（Virgin Management group）之外，他還創辦了超過五百家公司，包括八個不同產業的八家價值數十億美元的企業。如果妥善管理，這種複選的取向，可以創造出驚人的動能。因為異業概念會互相交流，網絡會持續擴張，一加一大於二。

#18 任何數值的比率跟零相比都是無限大

最能預測未來成就的指標就是過去的行動，不論這些行動多麼微不足道。每當在面試員工時，我總是更有興趣知道他們過去做了些什麼，比較沒那麼想知道他們未來會做些什麼。真正動手去做，不管做什麼，永遠都比空口說要怎麼做更為重要。不管拿什麼數值的比率跟零相比，都是無限大。因此，請做好計畫、設定子目標，讓你自己忙起來。就算道路不明確，你也會從踏出的第一步中學到一點東西，然後你會找到下一

步，一步接一步，成果自然而來。首位完成單人不著陸飛行橫跨大西洋的查爾斯‧林白（Charles Lindbergh）說得對：「重點是要開始，做個計畫，然後一步一步來。不管大步小步，一步會接著一步。」

#21 專家就是會告訴你這件事辦不到的人

我最初在構思 X 大獎時，去找了各大航太承包商請求金援。他們嗤之以鼻，等到我宣布設立這個獎項時，這批專家又冷嘲熱諷。但伯特‧魯坦只花了八年的時間，就證明他們都錯了。有一次，有人請汽車大亨亨利‧福特談一談他的員工，他的答案非常適切：「我們沒有半個『專家』。我們很遺憾發現，當某個員工自認是專家時，我們就必須請他離開。因為如果一個人真正了解自己的工作後，是不會自視為專家的。一個人若了解自己的工作，就會了解自己還有好多事要做，不是只有那些做過的事而已。他必須不斷地向前邁進，永遠不會在當下閃過自己的表現有多好、多有效率的念頭。他會永遠前瞻思考，想著要多做一點什麼；他會培養出一種什麼都有可能的心態。一旦養成了『專家』心態，反而有很多事都變成不可能了。」

迪亞曼迪斯定律™

堅毅不懈、有熱情的人所信奉的教條

1. 如果某件事可能出錯，把它弄對！（見你的大頭鬼，墨菲！）

2. 每當有人要你選擇，魚與熊掌兼得！

3. 多重計畫帶來多重成就。

4. 從最高等級開始，但由下往上做。

5. 照本宣科……但你得要當作者！

6. 當你被迫妥協時，多要求一點。

7. 要是贏不了，就改變遊戲規則。

8. 若是規則改不了，就視而不見。

9. 完美是必要的。

10. 沒有挑戰時，請自己創造！

11. 如果對方說「不」，設法找到他的老闆。

12. 能用跑的，就別用走的。

13. 如果有疑問：請思考！

14. 耐心是美德，但堅持不懈努力到成功，則是一種恩賜。

15. 發出怪聲的輪子會被淘汰。

16. 你移動得愈快，時間過得愈慢，你就活得愈久。

17. 最能準確預測未來的方法，就是自己開創未來！

18. 任何數值的比率跟零相比都是無限大。

19. 你鼓勵什麼，就會得到什麼。

20. 如果認為不可能，那「你」就不可能。

21.專家就是會告訴你這件事辦不到的人。

22.在事情獲得突破之前,都是瘋狂的點子。

23.如果很簡單,早就有人做過了。

24.如果沒有目標,你每一次都無法達標。

25.早點失敗、經常失敗,失敗後繼續向前走!

26.如果無法衡量,就無法改善。

27. 世界上最珍貴的資源,就是堅持不懈且充滿熱情的人心。

28.毅力和信心可以克服官僚體制的障礙,但若有必要也可以
使用推土機。

＊第12條及第15條是霍利的貢獻;第17條改編自美國計算機科學家艾倫・凱
伊(Alan Kay);第21條改編自美國科幻小說家羅伯特・海萊恩(Robert
Heinlein);第24條是拜倫・利希滕貝格的貢獻;第25條改編自領導學大師
約翰・麥斯威爾(John Maxwell)。

第 6 章
億萬富翁的智慧：從規模思考

　　在前面五章，我們檢視了許多可提升賽局規格、強化表現
的方法。指數型科技增加實質的槓桿助力，心理工具提供心態
上的優勢；兩相結合之後，能讓創業家得以成為真正的破壞力
量。本章是心理層面探索的終章，著眼四位出色人物的探討；
這四位成功的創業家善用指數型科技，打造出永遠改變世界、
價值數十億美元的企業，他們是：伊隆・馬斯克、理查・布蘭
森、傑夫・貝佐斯和賴瑞・佩吉。

　　我有幸和前述每一位有過不同程度的合作。馬斯克和佩吉
都是 X 大獎基金會的受託人和捐贈人；貝佐斯經營普林斯頓大
學的太空探索與開發學生社團，過去四十年來也對開啟太空疆
域懷抱熱情；布蘭森取得授權，使用獲得安薩利 X 大獎的科技
來打造維珍銀河公司。這四位曠世奇才體現了本書的中心概
念，例示了如何投入落實改變猛烈、具持久性、執行手法卓越
的大膽願景。

　　這四位創業奇才每一位都專精於一種少有人討論、但對追

求大膽概念及創辦指數型企業而言，非常重要的基本技能：從規模思考的能力。指數型科技能讓我們的規模擴大到前所未有的程度，現在小團體可以產生具大的影響力，一個由熱情創新者所組成的團隊，能在頃刻改變十億人的人生。說這種影響力深不可測，其實是輕描淡寫了。

人類很難實際感受到規模，我們的大腦演化成處理比較單純的世界，我們所遭遇的一切都是局部的、線性的。但本章要討論的這四位創業家，超越了線性思維的極限；若能了解他們從規模思考的策略，可以幫助我們做到這件事。

為了理解這些策略，除了多年來和這四位進行多次面對面訪談之外，我的研究團隊還從超過兩百個小時的影片中爬梳，將他們的想法加以分類、進行分析。最後，我們發現，以從規模思考這件事來說，這四位都很倚重前幾章談過的三項心理工具，但每個人的方法都各有變化，而且深富洞見，我們稍後就會看到。同樣重要的是，每一位也都仰賴其他五項心理策略，在後續段落我們也會再加以著墨，下列先提出一份完整清單：

1. 勇於冒險，減少風險。
2. 快速的往覆式流程，永無止境的實驗。
3. 熱情，具有使命感。
4. 長遠思考。
5. 以客為尊的思維。

6. 機率論的思維。

7. 理性樂觀的態度。

8. 仰賴基本原理，亦即根本事實。

　　接下來，我們來見見第一位創業家，了解這些策略如何施展出魔法。他還不到 30 歲，就發明出新的付款機制，自此全心投入創業這一行。

伊隆・馬斯克與火星上的生命

　　在籌劃《鋼鐵人》這部電影初期，導演強・法夫洛（Jon Favreau）有個問題，他不知道如何呈現真實感。他的主角是億萬富翁天才兼超級英雄東尼・史塔克，這人超凡入聖，和庸碌小民差很多。法夫洛對《時代》（*Time*）雜誌說：[1]「我不知道如何讓他看起來像真人，然後小勞勃・道尼（Robert Downey, Jr.）說：『我們需要和馬斯克坐下來談一談。』他說對了。」

　　馬斯克雖然並未打造出鋼鐵人的鎧甲裝，但他革新了產業界，創辦四家價值數十億美元的企業，包括 PayPal.com（銀行業）、太空探索科技公司（航太／國防）、特斯拉汽車公司（汽車）以及太陽城（發電）。你可能想到了，有這麼漂亮的資歷，他想必很早就對創業這件事懷抱熱情。[2]

　　生於南非豪登省普利托利亞（Pretoria）的馬斯克，不到 9 歲就會寫電腦程式，12 歲賣出了一套名為「爆星」（Blastar）

的電腦遊戲程式碼，賺了 500 美元。他 17 歲上大學，在加拿大多倫多皇后大學（Queen's University）念了兩年，之後轉到賓州大學華頓商學院攻讀商業與物理。接下來，馬斯克轉往史丹佛大學攻讀應用物理博士學位，但時間不長，兩天後他就離開了——他心癢難耐，毅然跳進網際網路大爆發的世界。

馬斯克說：[3]「我最初的目標並不是創業。我其實想在網景（Netscape）找一份工作，他們是當時唯一看起來有趣的網際網路公司。我投履歷給他們，甚至在公司大廳裡逛來逛去。但我太害羞，不敢跟任何人講話，他們也從來沒錄取我。最後我想，管他的！那就自己寫程式吧，並開了 Zip2 這家公司。」

Zip2 是一套應用程式，可讓企業在網路上張貼內容，例如地圖、目錄清單等。在當時來說，這是一套很巧妙的系統，因此康柏電腦（Compaq）以 3.07 億美元買下馬斯克的新創事業，這是當時網際網路公司的最高收購價，馬斯克賺到了他的第一桶金，拿到 2,800 萬美元。[4]

接下來是 X.com，這是一家線上財務公司，最後改名為 PayPal。不過三年，PayPal 便已賣給億貝公司（eBay），換得了 15 億美元的股票。馬斯克變成最大的股東，離開時賺到了第一個 1 億美元。[5] 現在的問題是，接下來要做什麼？

「2001 年初，我以前的大學室友阿迪歐·萊希（Adeo Ressi）問我，在 PayPal 之後，我要做什麼？我記得，我對他說，我認為有些事對人類來說很重要，那就是網際網路、永續

能源和太空。當時，在 PayPal 之後，我對太空很有興趣，我相信這顯然是政府機關主管的範疇。和萊希談完話之後，我開始在想，不知道美國航太總署打算何時把人類送上火星？所以，我開始找答案，但在他們的網站上找不到答案。一開始，我以為這只是因為航太總署的網站設計不良，否則還有什麼理由可以解釋你上了航太總署的官網，卻沒辦法在第一時間找到這項重大訊息？但最後我發現，其實他們根本就沒有登陸火星的打算。事實上，他們有一項瘋狂的內部政策，那就是甚至不准討論把人類送上火星這件事。我想，可能需要慈善機構資助前往火星的任務，這樣才能激起全世界的關注。因此，我和萊希合作，我們想出兩個構想，第一個是把一隻老鼠送到火星附近來一趟單程之旅。」

不過，把老鼠送到火星執行死亡任務又太過殘忍，於是他們改採第二個想法：改送一座溫室去，「火星綠洲」（Mars Oasis）的概念於焉誕生。這項計畫的目的是要激發公眾興趣，以幫助提高航太總署的火星探險預算。他們的計畫很簡單：打造一座小型溫室，裝滿了種子和脫水營養膠，然後送到紅色火星的表面。在降落之後，營養膠會讓種子再度飽含水分，種子就會發芽。當全世界的人看到生長出來的植物照片之後，就會受到刺激、採取行動。馬斯克說：「想想看，這些值錢的畫面：紅色的火星土地上長出了綠色植物。」

但是，當馬斯克開始設法購買飛到火星的航程時，赫然發

現發射技術自阿波羅計畫後已經一蹶不振（該計畫乃是他鴻鵠之志的起源。）馬斯克說：「這麼一來，計畫全盤改變。除非採取行動，扭轉發射技術的每況愈下；要不然的話，火星上有沒有綠洲，根本不重要。」

所以，何不就試著扭轉乾坤？沒錯，太空是大型政府擅場的領域，但銀行業過去也向來是歷史悠久的金融機構擅場的領域。因此，在 2002 年，馬斯克創辦了太空探索科技公司（SpaceX），首先開發出「獵鷹 1 號」（Falcon 1）載運火箭，之後又推出更強大的「獵鷹 9 號」火箭，以及可重複使用的「飛龍號」太空艙。[6] 2012 年 5 月，太空探索公司的「飛龍號」停在國際太空站，創下商業公司與國際太空站首度合作發射，並且停駐太空船的歷史紀錄。[7] 雖然溫室還暫時上不了火星，但馬斯克最近宣布，他相信在未來十五年內，他可以讓人類往返火星，每個人的費用大約是 50 萬美元。[8] 這也是我們首要從馬斯克身上學到的幾件事之一：他膽大無畏地追求宏大志向；更重要的是，規模並沒有令他膽怯。無法在網景覓得一職，他就自己創辦公司。當網路商務停滯不前，他就重新改造了銀行業。無法找到適當的發射服務，替他載運溫室到火星，他就一頭栽進火箭業務。還有，身為一個前瞻思維者，他一直都對能源問題很感興趣，因此他創辦了一家電動車公司和一家太陽能公司。值得一提的是，特斯拉是五十年來，第一家在美國創業成功的汽車公司，而太陽城則是美國最大的民用太陽能供應商

之一。[9] 整體來說，不到十二年，馬斯克因為膽大無畏、酷愛冒險，創造出一個價值 300 億美元的王國。[10]

他的祕訣是什麼？馬斯克有些絕招，但對他來說，最重要的莫過於熱情和使命感。「我之所以投身火箭業、汽車業或太陽能產業，並非因為我認為那是大好機會。我的想法是，要能創造出另一番局面，一定要做點什麼。我希望擁有影響力，我想要創造出明顯比過去更好的事物。」

馬斯克就像本章提到的每一位曠世創業奇才一樣，深受熱情與使命感的驅動。為何如此？因為熱情與使命感會讓格局不斷地擴大；過去如此，未來也一樣。人類歷史中的每一場運動、每一次革命，都證明了這件事。但是，要放大格局、大膽行事很難，有時你得天天加班到凌晨兩點，日日如此連續五天，當你必須不斷地往前進時，只有你才能從內心深處，為自己打氣加油。如果那是別人的使命，你是推不動的，一定得是你自己的。

然而，有熱情、有使命感，不過是第一步而已。馬斯克說：「一般創業的週期始於大量的樂觀與熱情，這大概會持續六個月。然後，現實面就浮現了。這個時候，你就會發現你的假設錯了，終點線也比你想得更遠。在這段時間，多數企業會倒閉，而不是壯大。」

在這方面，馬斯克也要求摯友給他直言不諱的反饋意見。「這件事不容易，但請朋友提供負面的反饋意見真的很重要，

尤其是能幫助你盡快辨識出自身錯誤並調整方向的反饋意見。一般人通常不會這麼做，所以他們調整方向、因應現狀的速度不夠快。」

為了適應現實規模，馬斯克也採取了多項其他策略。我們先從基本原理開始了解，這是他從物理學借來的心法。「物理學的訓練是很好的推理架構，先追根究柢到最根本的事實，之後用能讓你理解現實的方式把事實串聯起來。這能訓練你培養反直覺的想法，讓你看出沒那麼明顯的事物。當你試著打造新產品或服務時，我認為善用這套推理架構很重要。雖然這很費腦力，卻是一條正確的道路。」

2012 年，馬斯克接受凱文・羅斯（Kevin Rose）的網站「根基」（Foundation）的錄影專訪，[11] 暢談這一切如何運作。他談到，基本原理如何在他開發新電池時帶來絕大優勢，這項產品是特斯拉與太陽城兩家公司的關鍵元件。「說說基本原理吧……構成電池的物質是什麼？碳、鎳、鋁和一些用來隔離的聚合物，以及一個鐵罐。如果我們在倫敦金屬交易所購買這些原料，成本是多少？嗯……是每千瓦小時 80 美元。顯然，你需要用更聰明的方法，尋找這些材質組成電池，但又要比任何人想到的更便宜。」

這裡應該要點出，基本原理的思維之所以這麼有效，是因為這是一套經過千錘百鍊的化繁為簡的策略，能讓創業家把大眾潮流的意見放在一邊。馬斯克說：「人們看到別人做了某些

事，就會跟著一窩蜂去做。因為趨勢是這樣，他們看到大家都往同一個方向走，因此判斷這是最好的方向。這有時是對的，但有時也會帶你去跳崖。用基本原理的方式思考，可以保護你避開這些錯誤。」

　　談到規模，前述這些還不是唯一要防範的失誤。心理學家康納曼與阿莫斯・特沃斯基（Amos Tversky）共同研究人類的不理性，贏得了諾貝爾經濟學獎。當兩種最常見的認知偏差「損失厭惡」（loss aversion）與「視野狹隘」（narrow framing）開始重疊時，就會出現不理性的行為。「損失厭惡」指的是，與利得相比，人類對損失比較敏感，即使損失很小也一樣。「視野狹隘」指的是，人類傾向把自己遭遇的每一項風險視為獨立事件。這兩者相加，代表當我們在評估風險時，多半不會去看整體大局。康納曼在接受網路論壇「大思考」訪談時，是這麼說的：[12]

　　人類通常會用非常狹隘的架構來看事情，用狹隘的觀點來做決策。他們只看手邊的問題，並且把這當成唯一的問題處理。如果能用這些問題在你這輩子不斷重複出現的角度來看，並試著尋找能讓你應付這一整類問題的策略，顯然會是比較好的方法。但這件事做起來很難，雖然這樣做的確比較好。從這方面來看，人類是用很狹隘的架構來看事情。舉例來說，人會同時

存錢與借錢，但不是把整個資產投資組合當成一件事
來看。如果能以更宏觀的角度來看事情，一般而言，
就能做出更好的決策。

　　就像本章提到的所有傑出創業家一樣，馬斯克也不斷地對
抗這種人性的不理性面。他持續努力擴大自己的眼界，以機率
論思考。他說：「結果通常不是注定的，而是機率論，但我們
不會這麼想。一般對於『瘋狂』的定義是：不斷地做同一件
事，卻期待不同結果，這只有在高度注定論的情況下才可能發
生。如果你處於機率論的情況中，而多數情境都屬於這一類，
那麼期待同一件事做兩次會有不同結果，這是非常合理的。」

　　這種思維上的差異就是關鍵。以機率論（這家企業成功的
機率為六成），而不是決定論（如果我做了一和二，就一定會
出現三）來思考，不只能夠對抗過度簡化，還能保護我們免受
大腦天生的惰性影響。人類的大腦會大量消耗能量，雖然從重
量來說，大腦僅占人體的 2％，但消耗了 25％的能量，因此人
體的生理機制總是會努力保守能量。用非黑即白的方式來思
考，可以提升能量的效率，我們通常就是這麼做的。但事實
上，結果總是落在黑與白的區間內，「未來是不確定的，」馬
斯克說：「它實際上是一連串機率的組合。」

　　馬斯克如何選擇要探索哪些路線，取決於這些機率對他的
目標來說重不重要。「就算成功的機率很低，如果目標很重要，

也值得一試。反之，如果目標沒那麼重要，那麼成功的機率就要高一點。我決定要做哪些專案，靠的是機率乘以目標的重要性。」

太空探索科技和特斯拉兩家公司都是絕佳範例，當馬斯克創立這兩家公司時，他認為成功的機率不到 50％，可能還遠低於 50％。「但是，」他說：「我認為這些事要有人來做，就算賠本也值得一試。」

熱情、機率論的思維與基本原理，對馬斯克來說都不只是口號，更是身體力行的原則。「2007 年到 2009 年間，我的世界充滿傷害，什麼都不對勁。2008 年，我們的獵鷹 1 號火箭連續三度失敗，特斯拉則因為金融市場崩盤而無法增資，摩根士丹利（Morgan Stanley）不履行和太陽城敲定的交易，因為他們也沒有錢了。有一陣子，這三家公司看起來都要倒了。除此之外，我當時還在辦離婚，真是糟透了。2008 年，我把最後一分錢花在拯救特斯拉，實際上我已經負債累累，還得借錢支付房租。」

但在 2008 年末時，情況轉為對馬斯克有利。獵鷹 1 號在第四次發射時成功了，金融市場也重振了，太空探索科技拿到一紙價值 16 億美元的航太總署合約。這裡也有教訓嗎？馬斯克說：「我會想和其他人分享的心得就是，我建議所有創業家奉行一條守則：不要保留任何一分錢。你永遠都能夠餵飽自己，要懂得用錢滾錢。我把所有錢都花在創業上了。」你看到

結果了嗎？

TED 的首席策展人克里斯・安德森最近替《財星》雜誌撰文，[13] 在文中提到：「若檢視馬斯克的作為所跨越的廣大領域，在商業界裡尋找最近可與他相提並論的人，只有一個人會出線，那就是賈伯斯。多數的企業創新僅涉及累積性的改善，有幸實現重大構想的創業家，大部分固守在所屬產業內，尋求擴張與整合。賈伯斯和馬斯克自成一格，他們是連續性的破壞者。」

理查・布蘭森爵士

理查・布蘭森爵士所做的每一件事，大概都可以稱為膽大無畏，這算是他的招牌。因此，我在寫作本書時，當然會想訪問他。[14] 我們進行專訪的時間是 2013 年 9 月的一個晴朗早晨，我們約在日落侯爵（Sunset Marquis）共進早午餐，這是洛杉磯一家很熱門的飯店，可以看到很多名人。之後，我們前往凡耐斯機場（Van Nuys Airport），我帶布蘭森體驗他的第一次零重力飛行，這不過是這位全球偶像諸多冒險事蹟的其中一項。

布蘭森在幾本傳記及無數的訪談中都提過這些冒險事蹟，但有些基本資料還是值得在這裡重述一次。布蘭森在 1950 年 7 月 18 日生於英國瑟瑞（Surrey），苦於讀寫障礙，幾乎被退學。16 歲，他離開學校，創辦了一本鎖定年輕文化的雜誌《學子》（*Student*）。這份刊物由學生經營、以學生為對象，設計上

就像布蘭森說的：「為像我一樣反越戰、反體制的人發聲。」

布蘭森天生反骨，完全不畏懼規模給他的限制。他把這份雜誌拓展成全國性的刊物，然後開始尋找下一個機會。沒多久，他就找到了。當時，他住在倫敦一個小社群裡，周圍都是英國音樂界人士，因此他自然注意到唱片行的售價太高了。故而，他創辦一家郵購唱片公司，名為維京唱片（Virgin Records）。

這家公司的表現平平，但給了他足夠的資金創辦一家唱片行與一間錄音室。接下來，版圖擴大了。維京簽下了一群大明星，包括性手槍樂團（Sex Pistols）、文化俱樂部樂團（Culture Club）、滾石樂團（Rolling Stones），以及其他諸多難以一一點名的歌手，開創了黃金十年。最後，維京音樂（Virgin Music）成為全球最大的唱片公司之一。當然，到了這個時候，布蘭森也看到他的下一個機會。經營一家音樂公司需要到處飛來飛去，航空公司為人詬病的服務品質，早就讓布蘭森滿懷挫折。「我一直在想，我們為什麼不能有一家讓你搭機時覺得『哇，這好棒！』的航空公司？」讓維京音樂同仁大感驚慌的是，這股挫折竟然催生出維珍航空（Virgin Atlantic）。布蘭森說：「剛開始，我們只有一架二手的 747 客機和一家很成功的唱片公司。唱片公司裡的每個人，都被我做的事嚇壞了。」

當然，他做的事並不像講起來這麼輕鬆。布蘭森和英國航空（British Airways）間的纏鬥，已經成為當時很多人茶餘飯

後的閒談內容。有一度，為了拯救自家航空公司免於破產，布蘭森被迫出售維京音樂的多數股權，以換取 8 億美元的必要資金，保住他自己與航空公司的一線生機。[15]

即使阻礙重重，布蘭森仍以他的音樂事業和航空事業為基礎繼續壯大，不斷創辦、投資與打造超過五百家各式各樣的企業。他開創出一個全球性的王國，內容多樣、豐富，從行動通訊、火車到海底探勘、酒類經銷、健身房、醫療診所等什麼都有，另外就是從事商業性太空之旅的維珍銀河。根據 2012 年《富比士》（*Forbes*）億萬富翁名單，布蘭森的個人財富接近 46 億美元。[16] 從各方面來說，對一個為這個世界催生出《管鐘》（*Tubular Bells*）專輯的人而言，這個成績還不壞。

你有沒有想過布蘭森如何從《學子》到《管鐘》再到商業太空之旅？他說：「我們是一家非比尋常的公司，是一個『生活方式』的品牌；如果不是生活方式品牌，就不會到今天。我們的第一家公司是唱片公司，如今唱片行已死。但由於我們的重點在於生活方式，所以我們大膽做實驗，投身航空業、手機及許多其他領域。我們被迫出售唱片事業，我們得以存活至今，也拜它所賜。如果你回頭看看過去的新聞報導，當我們從一個產業邁入另一個時，媒體幾乎每次都會說：『這一步是否走得太遠了？布蘭森的氣球，這次會不會吹破？』」問題是，布蘭森的氣球為什麼不會破？

布蘭森是個愛找樂子上了癮的人。他在熱氣球界創下世界

紀錄，在快艇界創下世界紀錄，也在外太空界創下世界紀錄。
證據一：維珍航空的勁敵英國航空，決定贊助在倫敦市中心架
設高 440 英尺的摩天輪；當工程延宕時，布蘭森毫不遲疑讓飛
船高高地飛在工地上方，拉起巨型橫幅標語寫著：「英航立不
起摩天輪。」[17]

　　但大家在討論中通常不會提的，是找樂子的癮頭在兩個很
重要的面向上，幫助布蘭森一臂之力。首先，他深深沉醉在自
己所做的每一件事。當他最初昭告維京音樂集團旗下各執行
長，表示想用前一年三分之一的利潤來創辦維珍航空，他的理
由是因為這很「有趣」，所以很值得冒險。「但是，他們不大喜
歡『有趣』一詞，」布蘭森在《管他的，就去做吧！》（*Screw
It, Let's Do It*）一書中憶往時這麼說，這是一本融合商業／傳
記／哲學的書，書名恰如其人：[18]「對他們來說，經商很嚴肅。
是沒錯，但對我來說，有趣比較重要。」

　　樂趣為先，布蘭森把它當成從規模思考的策略。樂趣既是
燃料、是駕馭熱情的方法，也是基本原理。布蘭森假設，能讓
他覺得有趣的事，例如一家能讓你大叫「哇！」的航空公司，
也會讓別人覺得很有趣。為了確定自己是對的（也因為這很有
趣），布蘭森總是在做實驗。

　　這就是重點所在，布蘭森的氣球之所以不會破，是因為他
投入樂趣的全部心意，直接傳達給他的忠心顧客與狂熱追隨
者。這成為一種商業策略，核心基礎是多做實驗，並且以客為

尊。如果布蘭森覺得某項服務可能對顧客有益（亦即能夠帶來樂趣），他就會嘗試。正因如此，維珍航空才能成為處處創下第一的航空公司，包括提供免費的椅背後電視、機上簡訊、機上雞尾酒吧、在飛機地板上裝設透明玻璃等，還有最近則是提供單人脫口秀節目（目前僅限於英國國內線的航班。）

布蘭森說：「除非你以客為尊，否則你可能會有一些不錯的作品，但無法長久存活。重點在於，要把每一項小細節都做對。經營航空公司要像經營高檔餐廳，要做到像老闆每天都會出現一樣。維珍航空一開始只有一架飛機，我們面對的是英國航空的百架機隊。從表面上來看，我們根本活不下去，但因為我們以客為尊，顧客會特別來搭我們的飛機。我們活下來了，而且長達三十年，在這段期間內，我們的每一家競爭對手幾乎都垮了，例如泛美（Pan Am）、環球航空（Trans World Airlines）、佛羅里達航空（Air Florida）、人民快捷航空（People's Express）、湖人航空（Laker Airways）、英國金獅航空（British Caledonian），還有其他大約二十家航空。」

這套方法讓布蘭森能把規模做大。把顧客的需求擺在第一位，布蘭森就可以根據這些資料來定位他不熟悉的領域，找出身陷困境或破敗的產業，應用他的品牌與實驗精神一試身手。

布蘭森也和佩吉、貝佐斯一樣，把他的帝國經營成一套競爭力強的生態體系，讓某些公司活下來，其他的就任其自生自滅，而且永遠都在不停地做實驗。他反覆琢磨構想的速度很

快，終結失敗的速度更快；大家都知道布蘭森創辦了五百多家
公司，但他也關掉了其中兩百家失敗品。

此外，他也深知降低風險的重要性。「從表面上來看，我
是個高度容忍風險的創業家，但我說過，我人生中很重要的一
句話，就是要『保護不利面向』（protect the downside），這應
該也是每一位商業人士人生中最重要的一句話之一。沒錯，我
們跨足航空產業是很大膽的一步，但我們和波音公司達成重要
協商，有權在十二個月後退回飛機。這表示，我可以放膽去試
水溫，看看人們喜不喜歡這家航空公司。如果不成功，也不會
把一切都拖下水。我可以坦然面對唱片公司的主管們，我們仍
然是朋友，因為他們都還能保住飯碗。『保護不利面向』這件
事很重要，要大膽行動，但也要確定在事情出差錯時，你們仍
留有後路可退。」

閱讀到此，你可能注意到布蘭森和馬斯克採取不同的風險
管理策略。事實上，本章所提的四位創業家所採取的策略都大
相逕庭。我們在前面段落討論過，馬斯克主張如果構想的重要
性夠大的話，承擔巨大風險就有道理。布蘭森也下了大注，但
他拿來下注的是整個維珍集團的品牌；相對之下，馬斯克下注
的是一家公司（如特斯拉），所以布蘭森必須設法保證不能危
及到整個王國。

說到這點，維珍銀河是一個絕妙的範例。2004 年 10 月，
伯特・魯坦證明三人座的太空船一號已經成功，順利抱走了安

薩利 X 大獎。布蘭森與他的團隊，帶著數億美元的承諾而來，表示要擴大這項設計，變成八人座的太空船，而且一天要能夠來回飛個幾趟；換算下來，一年可以帶數千人飛上太空。布蘭森的風格再度出現，2009 年，他明智地把中東的投資基金阿巴公司（Aabar）拉進來減少風險，由該公司以 2.8 億美元買下 32％的維珍銀河股份。[19] 兩年後，阿巴公司又增購 6％的股權，承諾再挹注 1.1 億美元的資金，以利發射小型衛星。[20] 所以，布蘭森確實是在維珍銀河下注豪賭，但他也保護了自己的投資，多拉進 3.9 億美元的營運資本，設法確保公司能夠成功。布蘭森不只大膽承擔風險，也大膽降低風險，而這兩件事的目的其實是一致的。

幾年前，谷歌在愚人節時惡作劇，宣布要創辦一家新公司叫做「維歌」（Virgle）。這家公司將由谷歌和維珍攜手合作，在火星上建立永久性的人類居住地。[21] YouTube 上還有相關影片，由布蘭森、布林和佩吉暢談要到哪裡填寫移民申請書，以及他們最近如何尋覓物理、工程，還有最重要的電玩遊戲《吉他英雄 3》（Guitar Hero III）等領域專家。最好笑的是，很多人根本沒有發現這是個玩笑，還有很多人不確定這是不是玩笑。這代表，布蘭森找樂子的胃口很大，他過去從事大規模行動的紀錄很亮眼，所以對很多人來說，很難不去相信他要上火星。

傑夫・貝佐斯

　　貝佐斯很忙，大約五年前，我透過電子郵件邀他一起開個早餐會，他寄來的回覆是：「彼得，我真的很忙，連刷牙時間都得設法最優化。」他這麼忙的原因，與谷歌執行董事長艾瑞克・施密特將亞馬遜網路商店列為「科技界四騎士」（four horsemen of technology）之一的原因一樣，至於其他三家公司則是谷歌、蘋果和臉書。貝佐斯對小變動或政治風向沒興趣，他希望帶動大規模的變化，而這場革命背後的主要動力，是以客戶為尊的思維和注重長期的想法。

　　貝佐斯在 1964 年 1 月 12 日生於新墨西哥州阿布奎基市（Albuquerque, New Mexico）。[22] 他和馬斯克一樣，很早就對事物如何運作感興趣。在幼兒時期，他就用一把螺絲起子，拆了自己的小床。之後，他拼裝出各式各樣的精密電子警報器，讓手足不能走進他的房間。他在休士頓度過的童年，由一連串的科學作品、科學展覽與《星際爭霸戰》（Star Trek）影集所組成。他高中時住在邁阿密，也在這裡開始愛上電腦。他的繼兄弟馬克・貝佐斯（Mark Bezos）曾經這樣對記者說：[23]「他絕對被歸類為『電腦宅男』。」

　　這個稱號可謂實至名歸，貝佐斯後來進了普林斯頓大學，在 1986 年拿到電腦科學與電機工程的學士學位，並以最優等獎（summa cum laude）的學業成績畢業。畢業後，他進入投

資銀行，縱橫華爾街，成為德邵基金公司（D. E. Shaw）最年輕的副總裁。但他命定不屬於金融界，短短四年後，貝佐斯某天突然覺醒，辭去高薪工作搬到西雅圖，試著改變這個世界：透過一次一個電子商務交易來進行。

2001 年，貝佐斯接受美國成就協會（Academy of Achievement）之邀，到華府演說時提到：[24]「這記催生出亞馬遜網路商店的警鐘，是因為我發現在 1994 年春季時，網路的使用量每年以 2300％的速度成長。一般哪有什麼會成長這麼快呢？……而且，就算那時候沒有人在這方面做過詳細研究，你從一般的軼聞閒談中也可以感覺到，網路用量並不是件小事……那麼，問題就是，在這樣的成長脈絡下，什麼樣的營運計畫才有意義？我想過很多不同的東西，我列出二十種不同產品，設法找出第一種可在網路上專門銷售的產品。最後，我想到的是書籍，這基於好幾個理由，主要是因為書有一個特別之處……那就是書籍的品項，多過任何其他類別。紙本書講起來有幾百萬種，而電腦很善於組織這種品項很多的產品。你可以在網路上，打造出一套用其他方法做不出來的系統。實體書店或紙本目錄，根本不可能包含幾百萬種不同的書。」

早期，亞馬遜的成功，絕對不是從天上掉下來的。貝佐斯是一位迷人的傳教士，也是一位誠實的傳教士。當他的父母決定把他們這輩子大部分的積蓄投入這家公司時，貝佐斯告訴他們（他是機率論思維的絕佳範例）：「有70％的機會可能賠錢。」

他承認，這也是在分散他自己的風險。「我把自己的成功機率加到一般的三倍，如果你了解一下新創事業的整體成功率，大約只有 10％。但我自己設定，要做到 30％的成功機率。」

貝佐斯利用父母的資金，在後來聞名天下的西雅圖家中車庫創業。他的事業規模很快就擴大，搬進附近一棟兩房的房子內。1995 年 7 月 16 日，就在這裡，亞馬遜網路商店開始營業。貝佐斯和他的小團隊，規劃了一次小型發表會，邀請幾百位親友參觀公司，對於潛在的業務機會興奮不已。他們裝了一個電子鈴，每次交易完成就會響起鈴聲。貝佐斯說：「那時，我們會檢視每一張進來的訂單，每次下單的都是家裡人。但是，等到我們接到第一張陌生人下的訂單時，我記得，公司當時大約有十個人，電子鈴響後我們大家圍在一起，看著那張訂單的反應是：『那是你媽媽嗎？』『不是，不是我媽！』我們的業務就這樣開始了。」而且，一路大展鴻圖。

他們的電子鈴很快地就響個不停，迫使他們必須切掉。一個月內，亞馬遜在全球 45 國及全美 50 州都有了顧客。兩個月內，單週營業額來到 2 萬美元。接著，到了 1997 年 5 月，他們公開上市，市值為 5 億美元。又過了六個月，市值攀升為 12 億美元；在接下來的兩年內，市值增加到 230 億美元。當時 35 歲的貝佐斯，在短短五年內，就已經從「我有一個很棒的點子」，發展到「我經營一家價值數十億美元的公司。」[25]

貝佐斯的成就，建立在兩項關鍵策略上：著眼長期的考量

與以客為尊的思維。接下來，我們一個一個來看。其實，貝佐斯對賺快錢或追求短期報酬，從來都沒什麼興趣。打從一開始，亞馬遜打的就是長期戰。他 1997 年寫給股東的公開信，現在早已為人熟知，信件的內容大概是這樣的：[26]「我們相信，衡量成功的基本指標，將會是我們長期創造出來的股東價值……由於我們強調長期，所以在做決策與權衡取捨時，可能會與某些公司不同。」

　　這封公開信繼續解釋他的思考策略，其中提到幾個現在大家都很熟悉的重點：

• 我們將持續在長期成為市場領導者的考量下做出投資決策，不考慮短期獲利能力或華爾街的反應。

• 每當我們看到很有可能取得市場領導優勢的機會時，我們將會做出大膽的投資決策。有些投資將會帶來報酬，有些不會；不管是哪一種，我們都能學到寶貴的經驗。

• 每當我們做出大膽的選擇時（在競爭壓力許可的範圍內），我們將會和各位分享策略性思考的過程。因此，各位可以自行評估我們所做的投資，是否符合追求長期領導地位的目標。

• 我們會權衡公司的發展焦點，將重點放在長期的獲利能力，在追求成長與資本管理之間取得平衡。在現階段，我們選擇以成長為優先，因為我們相信，規模是實現本公司商業模式潛力的核心。

這封信通常被當成貝佐斯對於這個主題的發展藍圖，但我個人認為，他 2012 年在「亞馬遜網路服務現場直播」（Amazon Web Services Live）網路影片中給群眾的答案，更有說服力：[27]

「在未來十年內，什麼東西會改變？」這是一個很有趣的問題，也是一個很常見的問題。幾乎從來沒人問過我：「未來十年，有什麼東西不會變？」但這個問題其實更重要，因為你可以根據長期穩定的事物來打造商業策略……以我們的零售事業來說，我們知道顧客想要低價，也知道未來十年會持續如此。他們想要快速到貨，想要選擇繁多。我們不可能想像在十年後，會有顧客跑來告訴我：「傑夫，我好愛亞馬遜，我希望你們可以把價格訂高一點」，或是「我超愛亞馬遜的，我希望你們的送貨速度可以慢一點。」不可能。所以，我們在這些方面持續努力，繞著這些面向打轉。我們知道，今天付出的心力，十年後將會為顧客帶來益處。當你知道什麼事情必然為真，而且長期下來都不會改變，就值得你投注大量的心力。

在前述這段話中，貝佐斯也提到造就他今日成功的第二項祕訣：極度地以顧客為尊，而且他從創業以來便是如此。回到他在 1997 年寫給股東的公開信，我們可以看到，其中一個重

點就有這種想法：「我們將努力不懈聚焦在顧客身上」，在信件
末端他又再強調一次：

> 打從一開始，我們的重點就放在為顧客提供令人讚嘆
> 的價值上。我們知道，大家認為 WWW（World Wide
> Web，全球網際網路）根本是「World Wide Wait」（全
> 球等待網），服務效率低落。過去如此，現在仍是如
> 此。因此，我們聚焦在設法為顧客提供他們無法被其
> 他方法滿足的服務，從圖書銷售開始。我們提供更多
> 的選擇，超過任何實體書店的能耐（現在我們的網路
> 商店有六個美式足球場那麼大），並且以實用、容易
> 搜尋、容易瀏覽的形式，將全部書籍放在網路商店陳
> 列，而且 24 小時全年無休。我們很執著於一件事，
> 那就是不斷地強化購物體驗，並在 1997 年大幅提升
> 這家網路商店的各項功能與服務。現在，我們為客戶
> 提供禮券、一鍵購買（1-Click shopping）*，以及更
> 多的讀者評鑑、內容試閱、瀏覽選項與推薦功能。我
> 們大幅拉低了價格，但進一步為顧客提高價值。口碑
> 仍是我們爭取顧客的最強效工具，我們非常感謝顧客
> 對我們的信任。回頭客和口碑結合起來，使亞馬遜變

---

* 亞馬遜網路商店購物的一種特殊結帳設定，專供只買一件商品的人使用，可
加速處理流程。

成網路書店的市場領導者。

幫助亞馬遜將觸角跨出圖書市場以外的，則是長期性的發展取向，加上以客為尊的思維。貝佐斯勇闖音樂、電影、玩具、電子產品、汽車零件，嗯……幾乎是無所不包了。他們也持續圍繞著原始市場發展，從紙本書跨足電子書與電子書閱讀器 Kindle，近年還跨足出版業。在此同時，亞馬遜網路服務（這是他們的雲端業務），本身也成為一頭巨獸。根據 2013 年 11 月「商業內幕」（Business Insider）網站分析，其市值將近 30 億美元。[28]

摩根士丹利分析師史考特・戴維特（Scott Devitt）對《紐約時報》說：[29]「亞馬遜跟著不同的鼓聲前進，他們遵循的是長期性的發展方向。這麼做，是對的嗎？無庸置疑。亞馬遜的成長速度，比整體電子商務快了兩倍，而電子商務的成長率，又比整體零售業快了五倍。亞馬遜把毛利和獲利放在一邊，追求的是成長。」貝佐斯也了解，唯有透過實驗，才能真正藉由長期以客戶為尊締造成就。他知道，這種取向偶爾會導致重大失敗。

他最近在猶他科技協會名人堂（Utah Technology Council Hall of Fame）晚宴中，對群眾演說時提到：[30]「我認為，如果你想要從事發明，想做任何創新、任何新事物，都得經歷失敗，因為你必須做實驗。我認為，能做出多少有用的發明，和你每週、每個月及每年能做多少實驗成正比。如果你提高實驗

的數目，你也會提高失敗的數目。」

「而且，如果你要從事發明，就必須願意長期遭到誤解。任何全新的不同事物，一開始都會遭到誤解。善意的評論家會誤解，他們擔心新東西或許不堪用；只在乎自身利益的批評者會誤解，他們和舊方法有著利益糾葛。不管是哪一種，如果撐不過這類誤解和批評，那麼不管你做什麼，都做不出新玩意兒。」

而貝佐斯永遠都能做出新玩意兒，他的航太副業藍色起源公司，[31] 努力解決火箭領域長久以來垂直升空與著陸的問題。而且，透過「航太遇上亞馬遜」的異業結合，貝佐斯在 2013 年 12 月宣布，在未來五年內，無人機將會替亞馬遜交運貨物，[32] 可以達成半小時內送貨到府的願景，以及貝佐斯要跨足食品產業的大夢，最終得以把沃爾瑪趕下零售龍頭的寶座，讓亞馬遜成為史上最成功的「萬物之店」（Everything Store）。

貝佐斯在 2014 年的致股東公開信中談到無人機，[33] 再度切合了他的實驗精神與快速的往覆式流程做法：「失敗是創新中不可或缺的部分，這件事由不得你……我們了解這一點，也相信早點失敗是好事，同時會一直反覆嘗試，直到我們把事情做對了為止。一旦流程成功，便代表我們的失敗規模相對來說很小，而多數的實驗都可以從小規模做起。當我們找到對顧客來說真正有用的東西時，就會多加把勁，期望能夠轉換成更大的成就。」

　　在 2014 年的 TED 大會上，我請貝佐斯給指數型創業家一些忠告，他和馬斯克一樣，建議要聚焦在熱情上，而不是風潮俗流。貝佐斯說：「要追上大家早已耳熟能詳的熱門事物非常困難；反之，你要學會自我定位，等著潮流向你襲來。你可能會問，那我要把自己定位成什麼？請用能讓你感到好奇、讓你覺得肩負使命要去做的事情來自我定位。我都跟別人說，當我們收購公司時，一定會看一件事：領導這家公司的人，是個傳教士還是商人？傳教士型的人之所以打造這種商品、那種服務，是因為他們喜愛顧客、熱愛產品，也熱愛服務。商人之所以提供某種商品或服務，是因為這樣可以推動公司，從中賺錢。矛盾的是，傳教士型的人最後賺的錢總是比商人多。因此，請挑選自己具有熱情的項目，這就是我的首要忠告。」

賴瑞・佩吉

　　2004 年 11 月，也就是安薩利 X 大獎頒發後大約一個月，我來到了谷歌園區（Googleplex），對著數千位谷歌人針對太空旅行的未來做簡報。之後，一大群想要繼續討論的人把我淹沒了。排在最後的是一個三十歲出頭的年輕人，穿著一件黑色 T 恤，背著後背包。他說：「你好，我是賴瑞・佩吉。要一起吃午飯嗎？」

　　用餐期間，我們無所不談，從機器人談到太空電梯，再談到無人駕駛汽車。顯而易見的是佩吉對一切科技的強烈好奇

心，以及他永不滿足要超越極限的渴望。他最喜歡問的是：「為什麼不？」以及「為什麼不做大一點？」顯然，我正在跟一個不習慣有界限的人對談。這場對話大概發生在十年前，至今也少有改變，但有一件事例外，那就是所有事都變了。

佩吉在 1973 年 3 月 26 日生於密西根州東蘭辛市（East Lansing, Michigan），他對電腦有一股天生的狂熱。[34] 他母親葛羅莉亞·佩吉（Gloria Page）是密西根州立大學的電腦科學教授，父親卡爾·佩吉（Carl Page）是電腦科學與人工智慧兩個領域的先驅。所以，他在小學時，是全校第一個用文書處理器交作業的小孩，這當然就沒什麼好令人訝異的了。

佩吉後來就讀密西根大學取得電腦工程學位，他在此因為用樂高積木做出一部噴墨印表機而聲名大噪，之後去史丹佛大學攻讀電腦科學博士學位。在尋找博士論文題目時，佩吉對於網路的數學特質感到很好奇；具體來說，這個構想是以引用做為網路連結架構的基礎，然後用一個大型圖表來表示這些引用。這讓他和另一位史丹佛博士生塞吉·布林（Sergey Brin）合作，催生出一個暱稱為「搔背」（BackRub）的研究專案，後來導出最終變成谷歌的網頁連結運算法。並不令人意外的是，布林和佩吉都沒完成博士學位。

這兩人在 1998 年輟學創業，改寫了歷史。這套網頁連結演算法，把取得資訊變成人人都能做的事，或者就像《連線》雜誌最近一篇文章說的：「搜尋，是谷歌的核心產品，本身就

很讓人讚嘆。但是，和其他光鮮亮麗的新東西大不相同的是，
谷歌搜尋已成為網路世界人人預期會有的一環，變成必要。」[35]
在此同時，YouTube 成為網路獨霸一方的影音平台，Chrome
是最受歡迎的瀏覽器，安卓系統則是有史以來最廣為人使用的
手機作業系統。今天，肯亞中心地帶的馬賽族戰士（Masai），
只要有手機可以進入谷歌頁面，在滑指間能夠取得的資訊量，
和十八年前美國總統能取得的不分軒輊。

　　就是這股改變世界的影響力，讓佩吉特別感興趣。在奇點
大學創辦大會一場即席演講上，佩吉站在大約 150 位來賓的面
前說：「我用的是非常簡單的指標，你是不是在做能夠改變世
界的事？是，或不是？大約 99.99999％的人都會回答不是。我
認為，我們需要針對如何改變世界這件事，好好地訓練世人。」

　　佩吉想要實現這番承諾的渴望，如今已和谷歌的未來願景
密不可分，他的行動也把這家公司推向新的高度和廣度。佩吉
在 2011 年升任執行長，三年內，公司市值翻倍來到 3,500 億美
元（佩吉持有 16％的股份，價值約為 500 億美元），公司的現
金銀彈增至 750 億美元，年度研發預算則提高到 85 億美元。[36]
而深富遠見的執行長佩吉，可以把這筆錢花在幾乎是任何他高
興花的地方，例如無人駕駛汽車、擴增實境（augmented
reality, AR）、* 終結老化、網際網路全面普及；顯然，佩吉喜歡

---

* 這項科技透過螢幕結合虛擬世界與現實世界，讓使用者進行互動。

大規模又大膽的事物。

2012 年，我去谷歌熱搜排行榜發表大會（Google Zeitgeist）上演說，這是他們一年一度的顧客大會。主辦單位把我安排在第二天結束之前，要我利用《富足》一書的資訊，發表一篇激勵人心的演說。佩吉在我之後上台，發表閉幕演說。就在此時，我領悟到他對大膽的愛好從何而來。他說：「當我還在密西根大學讀書時，暑假去上了一次領袖課程，他們的口號是『要適度忽略不可能。』這麼多年了，我都還記得。我知道，那聽起來很像瘋子，但是當你真正雄心勃勃時，通常比較容易有進展。既然別人都不願意嘗試這些，你就沒有任何競爭對手，也會找到最好的人才，因為最好的人才都希望從事最有抱負的工作。基於這個理由，我相信你可能做到任何你想得到的事。你只需要想像，然後動手去做。」[37]

這種對理性樂觀主義（rational optimism）的堅定信念，幫助佩吉想像不可能。[38]「理性樂觀主義」一詞借用自英國作家麥特‧里德利（Matt Ridley），這和我們在《富足》一書大力倡導的樂觀主義是同一種。這說的並非不切實際的白日夢，而是一種清醒的現實觀，包括了解科技正在以指數型加速發展，並且把稀缺性轉化成富足。開創未來的工具，能夠讓我們借力使力，更快速解決問題。這個世界正以指數型的速度變得更美好（這從數十種指標來看，詳見《富足》一書附錄。）如今，一小群人也可以擁有更強大的力量，解決遠比過去更為困難的

重大挑戰。基於前述種種理由，理性樂觀主義對於從規模思考來說，是一項非常重要的策略。或者，就像佩吉在谷歌 2013 年 I／O 開發者大會（I/O 2013）上說過的名言：「否定並非創造進步的方法。」[39]

　　這句話並不是這位谷歌領導人的一時感觸，而是他的一種核心哲學。佩吉說：「我非常樂觀，我很確定無論面對任何挑戰，我們都能藉由同心協力，和某些很棒的科技來解決。谷歌是一個令人興奮的地方，我們的工作實際上是要讓這個世界變得更美好。我們需要更多人在這方面一起努力，我們需要更多有抱負的目標。這個世界有足夠的資源，給每一個人優質的生活。我們有足夠的原物料，我們需要做更好的安排，用更快的速度行動。」

　　對佩吉來說，速度是本質。所以，他熱愛適度冒險、大膽創新，這支持了他理性樂觀的未來觀。他向來以把別人推出舒適圈而聞名，當他邀請賽巴斯汀・瑟隆（Sebastian Thrun）負責開發無人駕駛汽車時，就昭告天下一個不可思議的目標值：10 萬英里，這是谷歌無人駕駛汽車應該達到的自主駕駛里程數，而目前這輛汽車行駛的里程數已經超過 50 萬英里。[40]

　　當谷歌想要涉足不同語言的同步翻譯時，他們找來了一些機器學習的研究人員。佩吉說：「我們問他們：『你認為，你可以弄出一套能夠翻譯任兩種語言，而且做得比真人譯者更好的演算法嗎？』他們笑說不可能，但願意嘗試⋯⋯如今，在六年

之後，我們能讓 64 種不同語言互相翻譯。在很多語言，我們的表現比一般真人譯者還好，我們可以馬上翻譯，而且免費翻譯。」[41]

　　或者，我們來看另一個更有意思的範例。在史蒂芬・李維（Steven Levy）替《連線》雜誌撰寫的一篇報導裡，射月隊長阿斯特羅・特勒提到，他開著一部想像中的時光機器，進入佩吉的辦公室，插上插頭，證明可用。特勒說：「佩吉沒有被嚇到，反而問我為什麼還需要插電，如果完全不用電，不是更好嗎？這種反應不是因為他對時光機器不感興趣，或是不高興我們做這件事，這是他個人的核心特質。天底下總是還有很多事情可做，他的焦點一向都是放在下一個 10 倍數出現的地方。」[42]

　　那麼，下一個 10 倍數，會出現在哪裡？就像馬斯克、布蘭森和貝佐斯一樣，對佩吉來說，答案永遠都在著重長期發展的考量和以客為尊的思維交會點上：

　　我們一向努力聚焦在長期。我們做的很多事，比方說 Chrome，在一開始推出時都被當成瘋子。我們如何決定要做什麼？我們如何決定什麼才是真正重要、該努力去做的事？我把這種決策機制稱為「牙刷測試法」（toothbrush test）。

　　　牙刷測試法很簡單：你使用這種東西的頻率，會不會像使用牙刷一樣頻繁？對多數人來說，我猜是一

天刷個兩次牙。我認為，我們真正想做的，就是這類東西。我們每天使用 Gmail 超過兩次，使用 YouTube 也是。

這些東西很棒，但是當我們相中 YouTube 時，大家都說：「喔，你們是絕對無法用這個賺到錢的，但你們卻花 14 億美元買下來，真是瘋了。」你知道的，我們是理性瘋狂，這是很划算的賭注。我們從 YouTube 賺到的營收，實際上連續四年每年都加倍。如果你能加倍，不管一開始的起點是在哪裡，很快地都會往上累積。我們的哲學是，人們常用的東西，對他們來說就是真正重要的東西。我們認為，長期下來，就可以從中賺到錢。[43]

基於相同的理由，佩吉在人工智慧投入可觀的資源。他說：「人工智慧將會是谷歌的終極版本，它會是終極的搜尋引擎，能夠了解網路上的一切，知道你想要什麼，而且能給你正確的東西。目前距離做到這種程度還差得遠，但我們會一點一點慢慢靠近，這就是我們現在正在做的事情。」

2014 年春季，佩吉在 GoogleX 招待一群 X 大獎的捐贈人，他反思大膽抱負的益處。「各位可能會認為，我們做的都是比較具有企圖心的事，所以失敗率會提高，實際上並非如此。至於理由，我相信是，就算你做極具抱負的事情失敗了，

但通常還是能夠完成一些重要的成就。我很喜歡用我們第一次嘗試創造人工智慧為例。

2000 年，剛啟動這個案子時，谷歌的員工還不到兩百人。我們並沒有成功創造出人工智慧，但我們做出 AdSense。在這套系統中，我們瞄準的搜尋標的是廣告而非網頁，後來它為我們帶來豐厚的營收。所以，我們在創造人工智慧這件事上面失敗了，但是走向另一件有用的事物，而事情大概都是這樣運作的。」

當然，他們目前正在努力鑽研的未來科技，不光是人工智慧而已。谷歌也是獎金高達 3 千萬美元的谷歌月球 X 大獎（Google Lunar XPRIZE）的冠名贊助商，這個獎項的目標，是要比看誰讓第一個機器人登陸月球，這是將人類的研究與經濟影響力拓展到地球之外的第一步；這也是說，一如貝佐斯、布蘭森和馬斯克等人，佩吉也有太空夢。而且，他的雄心不僅於此，佩吉和其他人不同的是，他的冒險腳步走得更遠。2013 年，他宣布創辦一家長壽公司：加州生命公司（Calico），[44] 跨足抗老領域。或者說，就像《時代》雜誌說的，這是「谷歌對上死神。」[45]

網路創業家兼部落客傑森‧卡拉卡尼斯（Jason Calacanis），寫過一篇流傳甚廣的文章〈谷歌贏得一切〉（"Google Wins Everything"），他在文中這麼說：「如果你在佩吉手下任職，但不用 10 倍數的概念思考，別期待能夠保住飯

碗。那個天生的瘋子，正在創造一種勝人一籌的風範，在人類歷史上前所未見。佩吉的行動如果成功了，將會使凱撒大帝、拿破崙、哥倫布、萊特兄弟、阿波羅 11 號任務、曼哈頓計畫，以及美國的開國先烈們，看起來格局很小。」[46]

第 3 部

大膽群眾

第 7 章
群眾外包：
竄起中的十億人所構築的市場

　　那是 2000 年秋季，網路上有超過 2 千萬個網站，[1] 美國線上 vs. 網景的瀏覽器之爭正打得火熱。由於網路泡沫剛剛破滅，有很多失業的平面設計師在網路上閒逛，想找點事做。傑克‧尼克爾（Jake Nickell）和雅各‧戴哈特（Jacob DeHart）也是其中之二。

　　尼克爾和戴哈特兩人當時都 19 歲，也都是失業的設計師。他們在一場設計 T 恤的網路競賽中相遇（當時開始偶爾會有這種活動），然後決定要更常舉辦這類比賽。他們不是選擇一年舉辦一次這種比賽，反而決定自己做一個網頁，一週一次辦這種競賽。任何人只要有出色的 T 恤設計就可以參加，社群裡每個人都可以投票，贏的人可以得到一百美元獎金，得獎的 T 恤會放在網站上銷售。他們把這份新事業命名為「天衣無縫」（Threadless.com），看起來似乎沒什麼大不了的。[2]

結果，原來大家很喜歡票選 T 恤，真心喜歡。在短短幾年內，天衣無縫變成一家年獲利超過 2 千萬美元的企業。幾乎在無意間，尼克爾和戴哈特成為美國第三大 T 恤製造商。但天衣無縫並非唯一找到途徑善用正在蓬勃發展的線上社群的企業，在同期間，一位名為菲利浦・羅斯戴爾（Philip Rosedale）的軟體設計師注意到，死忠玩家不僅愛玩遊戲而已，他們也希望花時間「自行設計」遊戲。於是，他創造了《第二人生》（Second Life）線上遊戲，這是一個讓你免費打造的虛擬世界，羅斯戴爾只是把軟體開發的工作外包給玩家族群，就像傑夫・豪威（Jeff Howe）在《連線》雜誌上所寫的，這群人：「根本是搶著做這件事。」[3]

事實上，《第二人生》的玩家們如此熱切，在 2000 年代初期，這個社群每天產出一萬個開發者小時價值的內容。整個遊戲產生了一個經濟體，大約就在天衣無縫的年獲利開始達到 2 千萬美元時，《商業世界》（*Business World*）雜誌挑選鍾安舍（Anshe Chung）做為他們的封面人物，他是第一位因為《第二人生》裡的事業，在真實人生成為百萬富翁的虛擬居民。[4]

豪威和《連線》雜誌的編輯馬克・羅賓斯（Mark Robinson），注意到世人喜愛天衣無縫與《第二人生》的這種趨勢，創造出「群眾外包」（crowdsourcing）一詞。豪威替這個詞所下的定義是：「企業或機構採取的一種行動，以公開呼籲的方式，將過去由內部員工執行的職務，外包給一個不特定

（而且規模通常很大）的人群網絡。形式可以是同儕生產（由一群人一起合力完成任務），但通常都由單一個人執行。關鍵條件是：運用公開徵求的形式，以及大批潛在的人力資源網絡。」[5]

隨著群眾外包積蓄動能，群眾募資（下一章的討論主題）也在逐步發展中。雖然這個構想可追溯到 1980 年代，但到 2005 年才成為主流現象，因為當時「基瓦網」（Kiva.org）成為第一個小額貸款網站，善用群眾的力量放出小額貸款（通常不到 100 美元）給開發中國家的創業家。在 2009 年之前，「基瓦網」已經放貸超過 1 億美元，償還率高達 98%，極為驚人。在 2013 年之前，貸款金額已經躍升至 5 億 2,646 萬 675 美元，基瓦的放款人則有 104 萬 7,653 人，償還率維持在 98.96%。[6]

也就在這個時候，Indiegogo.com 及 Kickstarter.com 等群眾募資網站也出現了，催生出一種新的募資方式，供創意專案使用。你想拍電影？想錄製 CD？想設計新款手錶？只要把簡介影片放上其中一個網站，邀請群眾拿錢投資，就可能募得你需要的資金。過沒多久，《紐約時報》就開始稱 Kickstarter 是「人民的國家藝術基金會（National Endowment for the Arts, NEA）」，嗯……他們說的沒錯。[7]

2010 年，Kickstarter 募得超過 2,700 萬美元的資金，資助了 3,910 項計畫。隔年，募資金額躍升到 9,900 萬美元，資助 1 萬 1,836 項計畫。2013 年，募得 4.8 億美元的資金，資助了

1 萬 9,911 項計畫。[8] 而且，Kickstarter 只是其中一例。Indiegogo 雖未公布成長數據，但在 2014 年年初，成就也非常驚人：他們有能力掌管一家 4 千萬美元的股權投資公司，這是群眾募資新創事業到目前為止規模最大的創投基金。總體來說，這整個產業已經推出了數百個群眾募資平台，讓創業家、組織或個人可以使用一個很大的資金庫，這個資金庫每年募得的資金很快就會超過數百億美元。

從發展動向來說，群眾募資和群眾外包兩者，很快就出現多元化的發展，各式各樣的商業應用開始浮出檯面。舉例來說，設計網站「99 設計」（99designs, 99designs.com）讓用戶提出設計需求與預算，例如設計一個新標誌要 299 美元，讓群眾競爭業務。翻譯網站 Gengo.com 提供群眾外包式的真人譯者，CastingWords.com 從事影音字幕的工作，提供專業知識的 Maven.co，則針對成千上百的學科提供專家服務。

大企業也參了一腳。美國最大啤酒釀造公司安海斯布希（Anheuser-Busch），現在也仰賴群眾釀製精品啤酒。跨國食品企業通用磨坊（General Mills）善用群眾做了很多事，從包裝設計的創新到新穎食材的推薦，都有他們的影子。科學研究也成為另一個成長領域，「多工數學計畫」（Polymath Project）讓群眾競相出手解決尚無解的數學問題，電子遊戲 Fold.it 讓群眾做摺疊蛋白質的實驗，公民科學網站「宇宙動物園」（Zooniverse）則讓任何人都可以替銀河系分類、發現新行星，

甚至搜尋外太空生物。

為什麼群眾外包這個領域，對指數型創業家如此重要？想一想，賴瑞‧佩吉的人工智慧之夢倘若真的實現，會是什麼模樣？這套系統會了解你的意圖和渴望，並且可以出手幫你實現。你對「賈維斯」提出要求，這個人工智慧機器人就會分析數據、撰寫程式，並且創造、設計、製造（可能是透過 3D 列印）你想要的東西，而且只要你需要就可以做到。從製作新產品的原型，到即時資料探勘取得整體市場的相關數據以獲致寶貴洞見，一切唾手可得。聽起來很令人興奮，對吧？這種卓越的能力至少還要十年左右才會出現，但在這之前，我們還有群眾。

本書的第三部，要檢視我們稱為「指數型群眾工具」（exponential crowd tools）的強大力量，這指的是現在每個人都可取得、由廣大群眾所提供的各種能力組合。這些工具都擁有指數型的威力，理由有三。第一，在未來十年內，群眾（指上網的人）預料將會加倍，從大約 20 億增加到 50 億，如果建置衛星軌道或高空通訊解決方案，可能會達 70 億。[9] 這意味著會有 30 億的新人加入全球性的對話——《富足》將這群人稱為「竄起中的十億人」（rising billion）。第二，由通訊科技支撐的群眾規模以指數型壯大，過去稀稀落落的數據連結，也變成了無所不在的寬頻。跨國性專業諮詢機構資誠（Pricewaterhouse Coopers）預估，行動（寬頻）上網服務的普及率，到 2017 年

2008 年到 2017 年全球固定寬頻與行動上網普及率

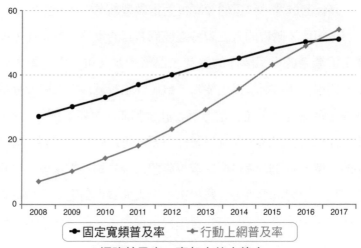

網路普及率：竄起中的十億人

資料來源：www.pwc.com

年底將達全球人口的 54％。[10] 也因此，全球群眾將會變得高度
連結，回應速度超快。第三，或許也是最重要的一點是，本書
第一部所討論的各種指數型科技都開始愈來愈親民、容易取
得，賦予這群連結性超強、回應速度超快的群眾更多力量。意
思是說，現在你可以尋求協助的人，他們本身的能力也更勝於
以往。

第三部要探討的內容

在開始詳述群眾外包的其他有趣案例和各項技巧之前，先

回到本書第三部的大架構，看看這些概念如何運用，這會很有幫助。在本章，我們稍後會更深入探討，了解在現今的環境下，你需要做的一切工作可以如何透過某些群眾協作平台完成。我們會了解群眾外包運作良好的原因，以及如何把這股力量運用到極致。此外，如果你想開始經營自己的群眾外包網站，我也會談談一些平台創辦人在創業期間遭遇的挑戰，以及他們這一路上的心路歷程。最後，如果你有意借重現有平台，我會介紹一些專為指數型創業家量身打造的最具威力服務。

　　在第八章，我會把檢視目標轉向群眾募資，以現今創業家能夠運用的籌資工具來說，這是最棒的方法之一。第八章也會提供深度的群眾募資產業綜覽，以及一套按部就班的方法，幫助你完整善用其潛力。之後，在第九章，我們要了解如何打造一個熱情、忠誠且能幹的「指數型社群」，以支持、推動你最大膽的構想。最後，第十章會討論誘因導向的獎項（incentive prize）替本書作結；這項指數型工具能夠幫助你駕馭人類的基本動機（即我們對競爭的渴望）以大幅加速創新，讓企業家在因應重大挑戰時，有極強大的槓桿力量可用。

　　在此值得暫停一下，詳細討論前述的最後一點。過去，因應重大挑戰是一般平民百姓力不能及的事，直到相當近期才改變。主要的問題是規模，因為大規模之事向來都是有錢人才玩得起的遊戲。就歷史發展而言，要把規模做大意味著要投入龐大資本、要等上好幾十年的時間，也意味著要在幾十個、甚至

　　幾百個國家花費高昂成本，以及需要多到驚人的人才，還有聘用、留住、隨科技變遷重新訓練這些人才的基礎建設。但是，憑藉現今企業家能夠運用的各種指數型群眾工具，整個競技場的態勢隨之改變。今天，很神奇的是，想要具備大規模的能力，點擊幾次滑鼠按鍵之後，或許就能夠找到。

　　為求最深入解析這些指數型群眾工具，在第三部通篇，我們將遵循類似討論 3D 列印時的模式。首先，我們要檢視過去、現在和未來，了解這些指數型群眾工具的發展史、目前的狀態，以及未來的可能性。接下來，在每一章，我們都會深入了解三個案例，看看其他創業家如何借重這些指數型工具，從事大規模的大膽行動。在每一章的結尾，都有詳盡的實務介紹，看完書的人可以馬上展開行動。

　　為了蒐集第三部的實務介紹，我們團隊做了大量的研究，採訪超過百位的頂尖平台供應商，也就是這些群眾協作平台背後的重要人物，我們也和重要的用戶暢談，他們是已經成功善用這些群眾工具大膽行事的指數型創業家。我們也從多元的網路實用文章及重點報告，蒐集相關資訊做了一份整合分析，提供各位一些最關鍵的技巧與心得分享。在蒐集、彙整這些資訊時，我有機會得以實踐相關建議，在我自己的公司裡測試。綜合來說，我希望這些行動指引可以變成一套全方位的發展藍圖，成為任何想要做大事、創造財富與影響世界的使用者手冊。我們開始吧！

案例研究 1　尋找威客：按小時聘雇專家[11]

　　事情的起源可以回溯到 2000 年代末期，麥特・貝瑞（Matt Barrie）氣炸了。他是具備資訊安全專業的創投專家兼創業家，當時正在編寫一個網站，想要請一些人（隨便誰都好）來做簡單的數據輸入工作。貝瑞給的報酬還不錯，願意付每行兩美元的價錢，請朋友的弟妹來打工。但是，他們一下子要練習足球、一下子要考試等問題不斷，整個工作流程拖了好幾個月，根本沒什麼進展。

　　貝瑞說：「沮喪之餘，我把這份工作張貼到一個名為『自由工作者網』（Get a Freelancer）的網站。三小時過後，我回到電腦前面，發現有 74 個人寄電子郵件給我，願意接這份工作，開價從 100 美元到 1,000 美元不等。結果，我聘用一支越南團隊，三天內就把工作做完了。簡直太棒了！我還可以等到一切都完成後才付錢，整個過程讓人很開心。」

　　自此之後，貝瑞開始收購現有的群眾外包公司，先買下「自由工作者網」，這是他使用過的第一個網站，然後轉向「腳本語言設計師網」（Scriptlance）和「V 型工作者網」（vWorker），很快又納入其他七家公司，最後把這九家公司整合成「尋找威客」（freelancer.com），迅速發展壯大。相關數據十分驚人，不到六年，這個網站的用戶增至 1 千萬人，是全球規模最大的自由工作者市集。網站上張貼的外包工作數目超過

540 萬個，總值為 13.9 億美元。網站會員分布在全球 234 個國家和地區，有 75％的工作者來自印度、巴基斯坦、孟加拉、菲律賓與中國等國家。貝瑞說：「分布非常不集中，尾部非常、非常長。張貼出來的工作只有大約 25％來自大公司，大部分都來自個人或小企業。」

細想之後，你會發現其實「尋找威客」從事的是建立連結的業務，把兩類企業家拉在一起。貝瑞說：「其中一邊是已開發世界裡資源不足的小企業主，他們沒有太多錢，也沒有太多時間，但是有很多構想。另一邊則是開發中世界的工作者，我們讓這些新興『創業家』擁有力量，他們能把構想化為現實。」

至於在「尋找威客」上面的專家有多麼多元？貝瑞說：「網站上很多人都是兼差，但我們說的不是水電工或除蟲這類的工作，而是任何你能想得到的工作。我們的網站上有博士，我看過有人把量子物理和航太等領域的工作做得很棒。從宏觀的角度來看，自由工作確實是橫掃開發中世界的經濟革命的先鋒；如今，開發中世界的人們在起床後可以說：『我想在某個非常小眾利基的科技領域找工作，本地雖然沒有這種工作，但現在我可以為全世界的客戶服務，同時賺到很好的收入。』」

除了外包工作之外，企業家還可以藉由「尋找威客」這類媒合平台完成很多其他工作；事實上，懂得妥善運用這類資源的話，可以據此建立新事業。就以貝瑞的事業夥伴賽門·克勞森（Simon Clausen）為例，他最早是澳洲頂尖的科技企業家之

一。他在創辦自己的防毒軟體公司個人電腦工具（PC Tools）時，一開始先把第一套防毒應用程式外包出去，支付一家印度公司一千美元買下這套程式。程式非常好用，在賣給賽門鐵克（Symantec）之前，個人電腦工具公司的年營收已達 1 億美元。

　　貝瑞簡要說出重點：「現在，你可以找到人來分析數據、彙整漂亮的數字和圖表、計算數據、建立數學模型，無論多麼複雜都有人可以提供協助。至於未來，唯一造成限制的，只有你的想像力。」《紐約時報》專欄作家湯瑪斯・佛里曼（Thomas Friedman）這麼說：「現在，只要你靈機一動、有個點子，你可以在台灣找到一個設計師做設計，在中國生產出原型，然後到越南量產。『尋找威客』可以變成你的後台辦公室、替你設計標誌，凡此種種。我的意思是，現在你獨自一人安坐家中，有數千美元的資金，還有一張信用卡，你也可以打造出一家價值數百萬美元的企業。」[12]

案例研究 2　通加爾：小成本做出大廣告 [13]

　　我（迪亞曼迪斯）住在加州洛杉磯，這裡就像是一座企業城，好萊塢就是那家企業。每家咖啡店、每處公車站，到處都是編劇、製作人和導演。這裡的人才密度高到驚人，若結合1080p 高畫質相機不斷下降的成本，以及所有 Mac 電腦都搭載強大的編輯軟體，引發製片革命的元素就到位了。

　　「通加爾網」（Tongal.com）最能夠善用這種優勢，為你帶

來好處;這是一個群眾外包平台,可以幫你製作出電視廣告品質的數位或電視廣告影片,不但價格便宜十倍、速度快上十倍,而且內容選項也比標準流程多了十倍。「通加爾網」就像「尋找威客」一樣,也是出於沮喪的產物,但這次感到挫折的人是詹姆士‧迪朱利歐(James DeJulio)。迪朱利歐的事業發展始於投資銀行,但他很快就發現金融世界並不適合自己,因此決定前進好萊塢。就像許多有天分且有專業的人一樣,迪朱利歐也從基層做起。他回憶道:「我不敢相信,想要找到那麼低薪的工作,還那麼困難。」

迪朱利歐最後在派拉蒙影業(Paramount)找到製片工作,在這裡晉升為副總裁,成為《絕配冤家》(*How to Lose a Guy in 10 Days*)和《光影流情》(*The Kid Stays in the Picture*)等電影的幕後推手。但很快地,他又失望了;他在好萊塢這座浮華城裡愈來愈灰心,一如往昔的金融世界。「我的挫折來自於很多好點子永遠不見天日,總是有一小撮人掌控所有的創意工作,許多有才華的人永遠沒辦法突破重圍進入體制。」

結果,《達文西密碼》(*The Da Vinci Code*)一片終於讓他忍無可忍。迪朱利歐的老闆在出版之前,拿到丹‧布朗(Dan Brown)這本即將大賣的小說,要迪朱利歐看一下。「我看了,深覺這本書一翻就停不下來。我把書還給老闆說:『這本書很棒,公司應該拍這部片。』」但他們卻把這個案子交給另一個人評估,而對方對這本書的評價是:「沒有實質的娛樂價值。」

那年夏天，當全美民眾都選讀這本驚悚小說時，迪朱利歐決定一定要找到更好的方法。

他也差不多就在此時遇見傑克・休斯（Jack Hughes），休斯是軟體解決方案外包公司「頂尖程式設計師網」（TopCoder, topcoder.com）的創辦人，他讓迪朱利歐了解到，頂尖程式設計師公司用分散式、群眾協作的方法幫企業滿足軟體需求，這一套也能用在好萊塢。迪朱利歐說：「我開始思考要如何從頭扭轉這個產業，用一種完全不同、以誘因為基礎的做法，來迎戰影片內容創作的問題。外面有很多人都有高畫質相機和 Mac 電腦，他們都很想做這類工作。」

迪朱利歐並未高估情勢，如今「通加爾網」的自由工作資料庫裡，有超過四萬名的創意人，主要是短片和廣告創作者，他們曾替很多大品牌做了很多作品，例如聯合利華（Unilever）、樂高、品客（Pringles）和體香膏公司美能（Speed Stick）。他們的做法也比傳統更快、更有創意，而且更具成本效益。

迪朱利歐說：「大品牌通常會把 10％到 20％的媒體預算花在創意上，所以他們的媒體預算如果是 5 億美元，大概會有 5 千萬到 1 億美元花在創造內容上。用這些錢，他們可以買到七到十種內容，但不是馬上就能看到。如果你要花 100 萬美元在一項內容上，整個做完要花很長的時間，可能是六個月、九個月、一年。以這樣的預算和時間來說，品牌根本沒有空間進行

創意性的冒險。」

反之,「通加爾網」的流程如下:如果一個品牌想要用群眾外包的方式完成一則廣告,第一步是先設定預算,可以是大約 5 萬美元到 20 萬美元之間。之後,「通加爾網」會把這項專案劃分成三個階段:概念發想、製作和傳播,讓各學有專精的創意人,包括寫作、執導、製作動畫、演戲、在社群媒體上推廣等,聚焦在他們做得最好的事情上。在第一階段概念發想的競爭中,由客戶簡述目標,「通加爾網」的會員都會讀到這篇短文,並以 500 個英文字(約為三則推文)的長短,提交自認為最棒的構想。之後,由客戶挑選幾個中意的想法,並且支付一小部分的預算給這些優勝者。

接著是製作,由導演們從優勝的概念中擇一,再提交他們拍好的片段。此時,會選出另一輪優勝者,這些人會有時間和預算快速完成他們的版本。這個階段不僅限於少數優勝的導演參加,「通加爾網」允許任何人外卡(wild card)敗部復活提交影片。最後,廠商會選出他們最愛的影片(不限一部),獲勝的導演會拿到錢,獲勝的影片則在全球各地播放。

傳統的流程是提供七到十支影片;相較之下,「通加爾網」的比賽在概念發想階段平均會有 422 個構想,在其後的影片製作階段平均完成 20 到 100 支的影片。以投資的金錢和時間來說,這是很豐厚的回報。

各品牌透過「通加爾網」能接觸到的人才也不斷增加。迪

朱利歐說：「一開始，在『通加爾網』社群工作的創意人都是業餘人士，他們從小到大都在創作網路內容，但隨著獎金穩定提高，我們也開始看到超有才華的專業人士選擇我們的平台，這些人本來都任職於傳統的廣告業。而隨著『通加爾網』創作的內容愈來愈優質，各大品牌也開始投入更多資金，這是非常正面的自我強化循環。因此，現在相當常見用 5、6 萬美元創作出好的作品，如果找傳統的廣告公司，通常要價數百萬美元。」

　　影片究竟多好？好到可以在美式足球聯盟的年度冠軍賽超級盃（Super Bowl）期間播出嗎？2012 年，「通加爾網」替高露潔—棕欖（Colgate Palmolive）的美能體香劑產品辦了一場 2 萬 7 千美元的比賽，針對數位（網路）管道製作一則 30 秒的廣告。最終的廣告成品非常出色，高露潔—棕欖公司決定放到廣告熱銷的超級盃時段。這支廣告在《今日美國》（USA Today）的廣告票選中名列第 24（有 60 則入選），勝過其他三十幾則用傳統手法製作、預算基本上多了 500 倍的廣告作品。超級盃的電視觀眾預估超過 1.1 億人，美能這則廣告在 YouTube 上的點閱率幾乎達 120 萬次，以一項 2 萬 7 千美元的投資來說，表現非常好。

案例研究 3
再驗證與多鄰國：群策群力流傳知識 [14]

　　卡內基美隆大學（Carnegie Mellon University）的電腦科學家路易斯・馮・安（Luis von Ahn）對自己還不是百分之百的滿意。時間回到 2000 年，當時馮・安隸屬於一個團隊，這個團隊發明了名為「驗證碼」（CAPTCHA）的問答驗證機制，你也曾看過的，就是必須辨別一些歪七扭八的字元，才可以登入網站。驗證碼機制的目的，是要幫忙確認是網路機器人或真人登入，但讓馮・安煩惱的，正是驗證碼的成功。

　　馮・安說：「總計下來，每天總共有 2 億個驗證碼被輸入電腦，每次輸入一個大約要花十秒。如果把這個數字乘以 2 億，表示全世界每天要浪費 50 萬個小時，來輸入這些討厭的驗證碼。」

　　於是，馮・安開始在想，有沒有更好的方法，可以善用這些時間和精力？有什麼方法可以把這些有點浪費時間的十秒鐘，變成有用的工作？馮・安說：「有什麼事是人類可以做、電腦做不到，而且能夠切割成十秒鐘完成的重要工作？」這就是「再驗證碼」（reCAPTCHA）機制的源起，這套系統的網站有雙重目的：既可協助辨識網路機器人和真人的登入活動，同時可協助數位化書本的內容。[15]

　　就一般流程來說，書籍的數位化是把頁面掃描進電腦，然

後用光學字元辨識程式檢視文本，試著把掃描後的圖像轉化成文字。有時候辨識很精準，有時候則不然；最大的問題在於老舊的書籍，頁面已經泛黃的書尤其難辨識。一般來說，超過五十年前印製的書，電腦僅能辨識約七成的內容，剩下的三成，就是再驗證碼系統可施力之處。當電腦辨識不出字詞時，就會發送出去變成一個驗證碼；這表示，下次當你把一組歪七扭八的字母輸入電腦時，你其實是在幫忙世界各地的圖書館做數位化的工作。而且，這件事很有效益，馮‧安雙重運用群眾外包平台，一天可數位化超過 1 億個字詞；換算下來，一年相當於 250 萬本書。

馮‧安不是這樣就算了。「我開始在想，我們要如何把網站翻譯成各主要語言。這是一個大問題，有五成以上的網站內容都是用英文撰寫的，但世界上說英語的人口不到五成。」但要如何翻譯所有網站？「請五十個或一百個譯者還是沒辦法，但如果我們能請來一億人幫忙把網站翻譯成各主要語言，這樣如何？這是一個很棒的概念，但要如何才能激勵人們免費翻譯？你不能付錢給一億人。就算可以，世界上也沒有這麼多雙語人才。」

就在此時，馮‧安和他的同事們，想到另一個雙重使用群眾外包力量的點子。他們想到，可以一邊教人們學習新的語言，同時讓人們翻譯網站。他說：「隨時隨地，都有 12 億人想要學習新的外語。我們有內容需要翻譯，那麼何不讓這些正在

學習外語的人，在做練習時替我們翻譯？」就這樣，「多鄰國」（Duolingo）誕生了。這是一個語言教學網站、學習型的應用程式，也是一個真正有用的翻譯遊戲。馮・安說：「這算是超級成功，大家在『多鄰國』學習外語時，也在翻譯其他語言。因為他們翻譯的是真實內容，例如《紐約時報》的文章，本身就很有趣，品質好的內容會激勵人們。由於每一句翻譯都有多個不同來源，因此得到的成果會和專業譯者做的一樣精準。」而且，便宜很多、很多。

舉例來說，目前維基百科的內容只有兩成是西班牙文。如果聘用譯者翻譯剩下的八成，成本預估約要 5 千萬美元。而且，要完成這項工作，需要花上一年、兩年、三年……不知道多久的時間。但「多鄰國」可以免費做，大約五週完工，動用約 10 萬名用戶參與。到目前為止，這個網站有 30 萬名用戶。

前述討論「尋找威客」和「通加爾網」兩個案例研究的重點，是了解這兩種能為現今創業家提供驚人槓桿作用的不同群眾外包網站，而這裡討論的「再驗證碼」與「多鄰國」的重點則剛好相反，這兩個範例是有積極抱負的大膽創業家有興趣打造的群眾外包平台，兩種都能賺錢，同時讓這個世界變得更美好。

如何使用群眾外包

從前述的三個案例研究中可以看到，群眾外包是一個非常

多元、快速成長的領域，每天都有人在想著更多新奇的應用。在分享經驗心得之前，我們要讓各位更了解目前的發展情形，所以在後續段落討論四種最常見的群眾外包使用方法，並且針對每一項做簡短說明。

1. 把任務外包給群眾

「任務」就是工作，把任務外包給群眾，就是讓別的地方的人替你完成工作。在大多數的情況下，只有當你接受成果時才付錢；有的時候，你可以具體說明每項任務你願意付出多少成本，或是讓群眾市集競標你的業務。從分類來說，任務有兩種類型：宏觀型與微觀型。

微觀型的是小規模、定義明確的工作，可能是獨立解決一個小問題，或者結合其他微觀型任務，一起解決較大的問題，例如前述討論過的「再確認碼」。這表示在尋求群眾外包的資源時，要回答一個很重要的問題：這項工作能否劃分成更小型、更簡單的部分？如果可以，你可以明確定義與分配的最簡單微觀型任務是什麼？舉例來說，我有一陣子曾經很想判定《時代》的封面報導，在過去六十年來是否變得愈來愈負面。所以，我請助理蒐集 1945 年以來的雜誌，然後把封面報導分成正面、中性和負面三類。但在忙了一天之後，她在這個問題上基本上沒什麼進展。因此，我決定轉向群眾，報價每分類一篇文章可得 0.05 美元，我總共有 65 年的資料，大約 3 千篇報

導，結果不到 200 美元就搞定了。我用亞馬遜的網站「土耳其
機器人」（Mechanical Turk, www.mturk.com）來分析這些雜誌
的封面報導。這個網站用來做複雜的任務不算好用，但可以迅
速完成簡單、快速的任務；其中，加總與分類是最普遍的用
法。比方說，加總有紅色卡車的照片、撰寫產品說明，或是針
對幾千條推文進行情緒分析等。下指令的人（也就是你），所
貼出的任務稱為「人類智能任務」（human intelligence task,
HIT），交由工作者（即服務供應商）瀏覽目前有哪些任務，在
有報償的前提下完成任務。[16]

　　我過去仰賴、而且效果很好的另一個微觀型任務網站，則
是「5 美元人力網」（Fiverr, www.fiverr.com），正如其名，這個
線上市集提供起價 5 美元的微觀型任務服務，包括錄製旁白、
製作動畫、做手工藝、宣傳影片，以及藝術領域。該網站提供
的服務千奇百怪，例如：「我可以替你印製 500 份傳單，在加
拿大多倫多地區發送，價格為 5 美元」，或「我用我的漫畫風
格替你畫人像，價格為 5 美元。」各位可以自行上這個網站瞧
一瞧，找到你有興趣的服務，或是提出你自己的需求。我把自
己畫的素描變成出色的數位藝術，價格為 5 美元。[17]

　　宏觀型任務和前述任務相反，指的是⑴無法分割的，⑵可
獨立完成的，⑶需要某些特定技能組合或思考流程，⑷附加或
仰賴於該任務中已完成的工作，以及⑸要用固定、但不必連續
的時間完成。有許多公司可承接你外包的宏觀型任務，前述的

「尋找威客」是其中規模最大的一個。請記得「尋找威客」的創辦人貝瑞對外包網站能做的工作有何說法：「我們說的不是水電工或除蟲這類的工作，而是任何你能想得到的工作。我們的網站上有博士，我看過有人把量子物理和航太等領域的工作做得很棒。」[18] 更棒的是，「尋找威客」只是從事各種宏觀型任務的外包網其中之一。

2. 透過群眾外包取得創意資產／營運資產

「資產」是任何能為你及你的企業提供價值的事物，包括應用程式、網站、影片、軟體、設計、演算法、行銷資料、實體商品、機器和技術計畫。要了解如何透過群眾外包取得資產，我把資產分成兩種類型：創意資產與營運資產。

創意資產包括各式各樣設計導向的資產，例如標誌、影片、網站設計、CAD 模型、行銷計畫、廣告計畫等。前文提過兩個我非常欣賞的創意資產開發網站，其中的「通加爾網」幾週就能幫你拍出電視或網路廣告，不再需要等上數個月，成本也只有業界平均值的十分之一；至於「99 設計網」，則提供圖像設計外包，包括標誌、應用程式、網頁、資訊圖表、部落格等。我經常使用「99 設計網」，我發現視預算多寡，一份工作可能有 25 個到 400 個不等的人來競爭。更好的是，如果你每一個都不喜歡，「99 設計網」可以全額退費。

營運資產指的是為求高效營運必備的事物。比方說，假設

你經營一家軟體公司，營運資產就包括讓軟體運作的演算法、資料庫架構與伺服器裝置、技術設計、模型、組織交易流程的架構與客戶策略等。有好幾家公司都承接打造營運資產的外包工作；事實上，要成為數據導向的指數型組織，外包營運資產是關鍵之一。

這方面的絕佳範例是「頂尖程式設計師網」，你可能聽過「黑客松」（hackathon），這些神祕的比賽讓程式設計師們使出渾身解數，在某個週末不眠不休，就像跑馬拉松一樣，比誰能夠駭進或創作出最出色的軟體系統。嗯……有了「頂尖程式設計師網」，現在你有超過 60 萬名開發人員、設計師與數據科學家，日以繼夜專門為你打造解決方案。在軟體與演算法開發的領域，解決問題的方法可能有很多，網站上的成員可以提交很多方案，你可以比較各種績效指標，選出最好的一個。

或者，我們也可以來看看「跑跑腿」（Gigwalk, www.gigwalk.com），這是一個外包式的資訊蒐集平台，支付小額金錢激勵群眾，亦即任何下載「跑跑腿」應用程式的人，在特定時間到特定地點執行簡單的任務。德勤管理顧問公司的合夥人馬可斯・辛格斯（Marcus Shingles）如此表示：

> 零售業與消費性產品業很快就接受群眾外包的平台，這兩個產業目前面臨重大挑戰：難以取得產品即時銷售、促銷及售價的相關資訊。產品有庫存嗎？價格符

合店內的促銷活動嗎？陳列位置和推廣立牌放對位置
了嗎？競爭對手在賣哪些產品？這些都是重要的因果
數據變數，可以帶來寶貴的資訊，提供零售業者與製
造商使用，把存貨、推廣與整體的銷售調整到最佳狀
態。

　　要求店內員工監督相關數據，不一定符合成本效
率；要製造商的業務代表到每家店去確認，效率也不
高。群眾外包平台反而可以善用尋常顧客，消費者可
以獲得一點小報酬，例如五美元，交換花五分鐘拍下
貨架照片，零售業者與製造商只需要針對蒐集特定資
料點的這五分鐘付錢。以我們在試行期間的成效來
說，平均而言，群眾能在不到一小時之內提供數據，
每項任務收費 5 到 8 美元，張貼出來的任務有千百
種。數據會回到零售商與製造商的各營運系統裡，運
用數據視覺化的工具，賦予這些蒐集到的資訊意義，
以利做出及時的決策。[19]

　　當然，在指數型科技的時代，人們創造出來的數據量，比
以往有過之而無不及。可惜的是，不是每個人都知道如何從這
些海量資料中撈出有意義的洞見。你可以到「卡格網」（Kaggle,
www.kaggle.com）與「頂尖程式設計師網」去看看，這兩個網
站都是提供群眾外包、數據探勘競賽的平台，你可以定義你的

目標／想找到的觀點，設定預算金額，上傳你的數據，然後看著一群數據科學家（準確來說，大約有幾萬人）想出最佳解方。由最佳演算法勝出，報酬水準不一，從免費、一句讚美，到大公司支付數十萬美元都有。

對指數型創業家來說，由不得你決定不要仰賴數據優勢。德勤管理顧問公司的創新長安德魯・瓦茲（Andrew Vaz）表示：「隨著大數據襲捲傳統電腦與分析工具，人工智慧加上大數據的組合，將會在解析洞見這方面引發『軍備賽』。能夠善用新興科技的個人和組織，將會掌握競爭優勢。」[20]

3. 透過群眾外包進行測試與尋找洞見

精闢的洞見是企業的無價寶，決定了整個企業的目標與營運，大幅強化與優化績效，並能帶來反直覺的構想或隱形數據，讓你具備勝過競爭對手的策略優勢。利用群眾外包可獲致的洞見，主要有兩種：測試與尋找。

測試型的洞見，通常出自檢視現有假設與目前的最佳實務，包括各種調查、A／B測試（A/B testing）、代表性抽樣、顧客反饋、案例研究摘要與焦點團體等。進行測試時，重點在於提出一個具體問題，並使用你可以處理的數據或資源適當設定問題架構。比方說，如果你身在軟體開發界，就了解測試完成作品非常麻煩、困難且耗時。系統沒有出錯的空間，因此你

必須盡可能找到最多人，在正式發表前找到錯誤。沒問題，「優測網」（uTest, www.utest.com）提供由「專業測試員」組成的龐大社群，他們可以針對你的程式碼執行功能性、可用性、在地化、負載量與安全性的測試。這個網站利用群眾和過去的測試數據，優化、簡化整套流程，降低測試成本，同時降低顧客流失率、提升功能性，並且縮短上市時間。

在獲致洞見的過程中，也能啟發創意。以「迴響國網」（ReverbNation, www.reverbnation.com）為例，這是一個供音樂作品傳播、發表，並且提供群眾外包測試的平台。假設你是一位充滿抱負的音樂家，創作過幾首曲子，但在花錢購買廣告或請人管理之前，你想先知道是不是真的有人喜歡你的音樂。如今，你可以在作品實際上市之前，就讓你的音樂接受評等、評鑑。

另一種獲致好點子的方法，就是請群眾幫忙尋找發現型洞見。這可能有好幾種層面與做法，你可以請群眾解讀特定問題，例如「天才網」（Genius.com）請群眾注解歌詞，「卡格網」則提出問題，由社群以原創的演算法解決。或者，更簡單一點，你可以自行打造一個平台，讓群眾發表構想、提出發明，就像巧趣公司利用其發明網絡、天衣無縫公司利用 T 恤設計比賽所做的一樣。

要獲致發現型洞見，可以簡單到像提問並請群眾給答案，把重點放在慢慢出現的最佳解方、設計與發明。以我個人的例

子來說，2014 年春季，我準備推出英文平裝版的《富足》時，就請群眾幫我找出新的「富足」證據，讓我可以納入附錄中。人們將數據、圖表和圖片寄到 evidence@diamandis.com 給我（歡迎大家寄新資料給我），反應非常熱烈，提供大量證據證明人類仍然持續進步。

到目前為止，你已經進一步了解群眾外包的領域。由於這個領域會隨著新進者的加入與新的人工智慧上線而快速變化，我想與各位分享幾個值得造訪的產業網站，這些網站會有最新、最跟得上發展腳步的類別。

- **「富足中心網」：AbundanceHub.com**。我會把自己的經驗張貼在這裡，提供我所得到的最新心得，不管是成功、實驗或失敗，並與有意在創造財富的同時，也把這個世界變成富足之地的創業家們合作。「富足 360」（Abundance360, www.abundance360summit.com）社群，負責發想、創作「富足中心網」的內容。這些人都是我的智庫，我答應要指導他們二十五年。

- **「群眾外包組織網」：Crowdsourcing.org**。這是業界數一數二的資源，適用於任何類型的群眾外包。這是眾所皆知群眾外包領域最有影響力且極為權威的組織之一，他們的組織架構井然有序，提供深入的產業分析、可靠的群眾外包平台索引，以及公正的引領思潮。他們肩負「成為完整資訊來源」的使命，供分析師、研究人員、

新聞從業人員、投資人、企業主、群眾外包專家，以及
群眾外包平台參與者使用。

- **「群眾集團網」：Crowdsortium**。「群眾集團網」借重群
  眾之力，以研究、組織、協力推動年輕、正在成長中的
  群眾外包產業，幫助各組織透過和線上群眾合作，以尋
  找、評估及執行新構想，並且提供各種活動、聚會、資
  源與指引。此網站的組成分子是群眾外包產業的內部人
  士，他們的使命是透過最佳實務、教育訓練、資料蒐集
  和公開對話來推動整個產業。

4. 群眾外包的最佳實務

群眾外包的平台百百種，難以一一仔細討論如何使用各種
平台，但我們在研究當中找出 12 種最佳實務，幾乎在所有的
情況都適用。

(1) 自己先做點功課。

如今，不管你想做什麼事，幾乎都可以在線上完成。光是
「尋找威客」，就有六百個學科的專家聽候差遣。[21] 重點是，不
管你何時想做什麼事，別預設常規的作業流程，嘗試借用群眾
的槓桿力量，用更快、更便宜、更好的方法做。定義你的群
眾，熟悉可用的平台，然後挑選一個適當的。貝瑞說：「如果
你要創業，現在是最簡單、最便宜的時候。今天，你創辦網路

公司需要用到的所有工具，基本上都是免費的。所有軟體都不用錢，例如 Linux、MySQL、網路電話服務、Gmail 等。我能提供的最好建議，就是瀏覽『尋找威客』上的各個專案，看看手機、網頁開發，或任何你有興趣的領域，了解別人在做什麼、如何描述自己的專案、支付多少錢。先從這件事開始。」[22]

(2) 保持忙碌，不斷去做。

在做研究的期間，我們最常得到的建議，或許也是最簡單的一項，就是保持忙碌、不斷去做。多數時候，註冊帳號和張貼專案都是免費的，世界各地的人會開始競標你的專案。一旦你開始和他們討論、檢視工作樣品時，群眾就會給你一些想法。他們會告訴你：「您好！我之前做過一些類似的專案，你何不這麼做或那麼做？」沒錯，就和創業中的一切事物一樣，真正的重點在於開始，並且在嘗試錯誤中繼續前進。

(3) 瀏覽訊息版面。

頭幾次要完成群眾外包專案，可能會很辛苦。每個平台都不同，其中都有一些令人困惑的地方。若想針對特定平台找到相關指引，請到該網站的社群論壇尋求協助。專家和論壇版主會跑出來給你一些很棒的祕訣與整套流程的指引，這些協助都是免費的。

(4) 具體設定背景條件。

不要期待群眾會了解你的企業有哪些核心哲學，最重要的

是，要讓他們理解專案的背景條件，如果他們想要知道更多背景資訊，你要提供資源讓人諮詢。把基本條件都設定好，群眾就可以少花點時間去猜你的渴望、多花點時間提供你想要的東西。

⑸ 準備好你的數據組。

以非設計性的任務來說，你通常必須傳送資料組供分析、分類等。如果沒有已經格式化好、可馬上使用的「.csv」類型檔案，你可以請求群眾協助。從事群眾外包工作的人，多半也曾經把自己的專案外包出去，因此很清楚在流程中要怎樣準備數據最好。

⑹ 篩選外包人力。

遺憾的是，群眾外包也可能做出你不樂見的成果。成果品質有時不合格，群眾外包同樣無法避免網路上會出現的詐騙者與機器人。如果可以確實篩選外包人力，設法與一組值得信賴的人固定合作，可以避免這種問題。你可以先提出幾項簡單、低成本的外包需求，看看對方能用多快的速度、多高的準確度完成工作。假設你要製作一百個圖像，有十二個外包工作者可以選擇，先不用急著選定其中一位，可以先分配數量，請幾位工作者同時試身手，看看他們的風格和速度，然後挑選最出色的一位，把整件外包工作交給對方完成。類似這樣的篩選機制，可避免你最後痛捶心肝，幫助你節省時間。

(7) 定義明確、簡單且具體的工作職務。

　　你愈能詳細說明自己期待群眾在專案裡扮演的角色，獲得的效果愈好。如果你想要創意解方，請告訴他們。如果你想要務實解方，請告訴他們。不清不楚的指令碰上群眾外包是完全沒用的，請確認你細想過自己需要的每一項要素，也準備好回答各種問題和令人困惑的評論，這些大概都免不了。

(8) 溝通清楚、細節完整、經常溝通。

　　「尋找威客」的創辦人貝瑞說：「要記住一件事，你的合作對象通常是世界另一端的人，如果你只寫一行字，例如「我需要一個網站」，意義可能有千百種。愈能詳述需求、沒有臆測空間，效果就愈好。」[23] 許多平台都允許你在專案期間和外包群眾溝通，請選擇這類平台、多加聯繫。協作式的策略，是創造最佳成果的關鍵。

(9) 別進行微管理，用開放心胸面對新思維。

　　若以之前兩點來看，這一點看來可能有點反直覺，但群眾外包的最佳結果，通常來自於意外的角度。當然，如果你處理的是微觀型任務，那麼創意就不重要了。但是，以大型專案來說，例如「通加爾網」拍攝的影片，給工作者必要的空間，以期待意外的驚喜，他們可能會讓你驚豔。迪朱利歐說：「別做大家都想得到的事，要嘗試新事物。讓群眾提出或許能和你的品牌特點相輔相成的大膽想法，請信任整套流程，不要重複你

一般會做的事。你的目標是要做出新奇的成果。」[24]

⑽ 花錢玩樂：先求品質，再講價錢。

　　群眾外包很便宜，沒錯，但你不應該是個廉價雇主。假設你在「99 設計網」上辦一個比賽，與 199 美元的費用相比，299 美元能夠得到的回應數量所造成的差別，遠遠大過這 100 美元的差價。貝瑞說：「先別受預算限制，這是一個自由市場，外包工作者會競標你的專案，告訴你他們想拿多少錢。如果合適的話，也可能是以時薪計，但也可能是一個固定價格。你可以先看看所有的競價，但最重要的是要先考慮品質，反正價格已經這麼低，你早就省下大量成本了。以你能用的創業資本來說，群眾外包是槓桿倍數很大的做法。」[25]

⑾ 準備好接受大量回應。

　　群眾外包也有問題，但和一般「好點子不夠多」的問題不同，剛好相反。好點子可能會多到把你給淹沒，所以請準備好接受大量湧入的回應。你務必了解自己的大目標是什麼，要以開放的態度評估新構想，它們可能是達成你的大目標的新途徑。這種大規模的回應，正是群眾外包的優勢。

⑿ 對新的工作方法永遠保持開放的態度。

　　貝瑞說：「那天，我人在倫敦，遇見一位在家工作的財務分析師，替各家退休基金做基礎建置專案的財務模型。他需要一位數學家幫他用 MATLAB 開發這些模型，讓他能夠做研

究、提出結論，所以他請了巴基斯坦一名博士生來做。他們講好了，要在通訊軟體 Skype 上討論。現在，和巴基斯坦等地連線的影片品質好到沒話說，就像對方在同一個房間跟他講話一樣。他早上起床，喝著咖啡，坐下來，把 iPad 拿出來，進行視訊，然後坐著談一整天，彷彿坐在同一個空間裡開會。人們愈來愈有能力和世界上任何人溝通，這表示我們和全球各地的人合作的能力，也高到令人讚嘆。」[26]

關於群眾外包，要注意的大概就是這些了。我們檢視了指數型大爆發的群眾外包世界，這也是現今還很簡陋的真人版人工智慧。更令人驚訝的是，如今指數型的世界正在超越群眾。最近，一家名為「代理人」（Vicarious）的新創公司宣布〔馬斯克、貝佐斯、臉書創辦人馬克‧祖克柏（Mark Zuckerberg）和 PayPal 另一位共同創辦人彼得‧提爾（Peter Thiel）等投資人，都是這家公司的後盾〕，他們的機器學習軟體可以成功辨識出谷歌、雅虎、PayPal、驗證碼網（Captcha.com），以及其他網站的驗證碼，準確度高達 90％。[27] 所以，請持續關注，最後連群眾都很可能被消滅，賺不到錢。

不過，全球群眾具備一種在近期內人工智慧尚難以破壞的功能，那就是讓全世界的人拿錢給你、認購你的好點子。想了解流進群眾募資領域的數十億美元資金，以及如何善用這些資金的最好方法，我們趕快進入下一章。

第 8 章
群眾募資：沒錢，就沒有太空人

我開始撰寫這本書時，我的研究團隊和奇點大學的同仁做了一項調查，以創業時遭遇到的最大障礙為題，請一千名未來創業家和一千名已有成就的創業家投票，幾乎每個人的第一項都是籌資。這沒什麼好意外的，對吧？

雖然數字每年有高有低，但美國隨時都有近 2,700 萬家企業需要資金。[1] 根據美國小型企業管理局（US Small Business Administration）的資料，缺乏資金是近五成新創企業在營運前五年倒閉的主要原因。資金需求很明確，募資的低成功率卻讓 23％的企業膽寒、甚至不敢嘗試，另有 51％的企業在融資時遭拒。[2] 但這一切，已經開始改變。

過去，籌資想要成功，受限於我們認識哪些人。找親友是多數創業家起步的方法，但這顯然是個非常有限的群體，財力可能也相當有限。接下來，則是去找傳統的投資人，包括天使投資人、超級天使投資人與創投業者。但是，以我的經驗來說，這些專業人士很多焦點都太過狹隘，以短視近利的眼光來

看大膽創業。幸好，在現今這個高度連結的世界，創業家已經可以快速找到數百萬名潛在支持者，以及數十億個潛在顧客。

群眾募資是一種指數型的群眾工具，幫助你善用前述這項新資源，讓你向廣大世界徵詢志同道合者，發掘運轉超快速又充滿熱情的專案計畫。最早一批的群眾募資平台，出現在五年前。早期，這種來來回回的募資流程，主要是電影界與音樂界人士使用的工具，他們設法在沒有大型唱片公司或製片廠的支持下替自己的案子募資。但是，沒過多久，就有來自各方的創業者加入，然後就一直留在裡面。

短短不到七年，群眾募資已經成為重要的經濟引擎。目前，總共有超過 700 個群眾募資網站，大方資助各式各樣的專案，[3] 預料未來幾年內就會倍增。以全球來說，從中籌得的資金則呈現指數型曲線分布，從 2009 年的 5.3 億美元、2011 年的 15 億美元，到 2012 年的 27 億美元。[4] 專家預估，到了 2015 年，群眾募資的市場將達 150 億美元。考慮到美國通過《新創企業啟動法案》（Jumpstart our Business Startups Act, JOBS Act），以及股權性質群眾募資（equity crowdfunding）的加入，未來這很可能成為一處規模極大的市集，資金流量高達驚人的 3 千億美元。[5]

同樣節節攀高的，是人們對這套流程的信心。在群眾募資的早期發展期間，群眾願意自掏腰包贊助一部電影開拍，就是一個明確的信號，代表這些人很想看到這部電影完成。相同道

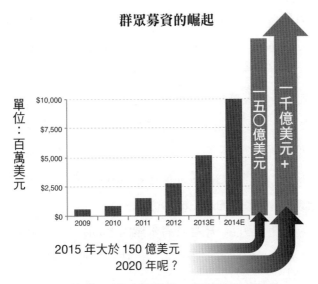

群眾募資的崛起

單位：百萬美元

2015 年大於 150 億美元
2020 年呢？

年分的「E」代表預估值，為預估市場規模。

資料來源：www.forbes.com, www.entrepreneur.com, www.gsvtomorrow.com

理也適用於一項產品或服務，以 +Pool 公司為例，他們在 Kickstarter.com 上面募得超過 27 萬美元。[6] 該公司提供什麼服務？他們打算在紐約市東河上打造一座漂浮式的過濾游泳池，只要贊助一筆資金，你就可以在泳池的一塊長型磁磚上刻字留名。誰知道紐約客這麼愛游泳？其實，就連 +Pool 的人自己也很懷疑，但他們在 Kickstarter.com 上的募資活動確認了這點，這便是群眾募資獨有的力量。

對創業家來說，這種社會證據是無價之寶，而且能夠帶來豐厚獲利。群眾募資專家坎蒂絲‧克萊（Candace Klein）相

信，不論是誰，在每個人的社群網絡中，通常都有 10 萬美元的資金可供運用。「我認為，不論你來自哪個社會階層，這句話都成立。我自己就是一個絕佳範例，我在拖車園區＊長大，第一次向身邊的人募資時，那簡直是個大笑話。我認識的每個人都沒有錢，很多朋友連按時支付帳單都沒辦法。我花了兩年的時間，募到了 20 萬美元，而且是在沒有群眾募資幫忙下的成果。如今，這些平台能讓你加速募資流程、擴大募資對象，還能讓你對完全不同的金主群眾行銷。」[7]

群眾募資不但能終結募資者永無休止的困境，也能給創業家一個重要的心理助力：藉由開始行動，證明你有能力行動。重點是動能，不管任何專案，最危險的期間就在「我有一個很棒的點子」和「我現在開始動手實現這個點子」之間，此時熱情會慢慢耗盡。以我為例，我花了將近十年的時間，才用傳統方法籌到必要的數百萬美元，替第一次的 X 大獎找到資金。但是，群眾募資讓我和行星資源的團隊，只用 34 天就募到 150 萬美元，贊助發射阿基德（ARKYD）太空天文望遠鏡，稍後的案例研究 3 會講這個故事。[8]換言之，群眾募資是這場極度累人挑戰的有效解方，能讓指數型創業家馬上投入賽局。接下來，先說明群眾募資的類型與功效。

＊ 可供拖車停放的集中地，為許多無屋者的長期居所。

群眾募資的類型

根據贊助人資助創業活動後能夠獲得哪些報酬來分類，群眾募資活動主要有四種類型：捐助、借貸、股權與獎酬。

1. **捐助**。這是傳統慈善活動的數位版本，除了獲得對方滿滿的感謝、可抵稅之外，捐助人少有其他報酬。範例如「捐助人精選網」（DonorsChoose, www.donorschoose.org）、「全球施予網」（GlobalGiving, www.globalgiving.org），以及「志業網」（Causes, www.causes.com）。

2. **借貸**。有時也稱為「微型貸款」（microlending）或「個人對個人借貸」（peer-to-peer lending）。這類群眾募資是創業家請群眾提供貸款，之後償付本息，範例如「基瓦網」及「借貸俱樂部」（LendingClub, www.lendingclub.com）。

3. **股權**。這是最新型的群眾募資，近來由於美國證券交易委員會（US Securities and Exchange Commission, SEC）改革法規，才得以發展。9 股權性質的群眾募資，創業家得以在線上出售公司股權，請投資人以現金購買股權。範例如「群眾金主網」（Crowdfunder, www.crowdfunder.com）、「新創企業群眾募資網」（Startup Crowdfunding, www.startupcrowdfunding.com），以及「天使名單網」（AngelList, angel.co），最後這個平台比較適合已先行籌到第一個 10 萬美元的企業使用。

4. **獎勵或誘因**。由贊助金主提供資金，支持創作者發揮靈感、創作產品或服務，然後收取獎勵，就這麼簡單。例如，只要贊助 25 美元，就可以得到一件 T 恤；贊助 100 美元，得到一份正式銷售前的產品（技術上來說，這叫「預售」。）獎勵型的募資能夠籌到的金額不一，但一般來說，獎勵型的群眾募資效率比直接贊助能籌到的資金高了六成。這類募資網站包括 Indiegogo.com、Kickstarter.com，以及「火箭中心網」（RocketHub, www.rockethub.com）。

你們的專案適合進行哪種群眾募資？嗯，在這四種當中，捐助募資適合社會性志業與政治活動，對創業通常不合用。借貸型的募資最適合對社群有益的在地專案，例如幫助別人開新餐廳、理髮店或零售店，但對大一點的創業冒險來說效果不好。如果你的企業尋求的是在本地擴張，這類平台適合你；不是的話，請轉向其他方向。

股權性質的群眾募資是最新型態的群眾募資，在 2012 年《新創企業啟動法案》通過之後才有；該法案放寬標準，容許新企業在早期階段以股權為基礎透過群眾募資籌措資金。股權募資平台「群眾金主網」的執行長錢斯·巴內特（Chance Barnett）表示：「近八十年來，這是私人性質的新創事業與小企業首次可以公開籌募資本，利用臉書或推特這類平台把話傳開，透過股權性質的群眾募資網站從網路上取得資金。這類網站透明、公開、具協作性質，讓投資流程更有效益。」[10]

股權性質的群眾募資潛力極為誘人，估計未來市場將達到 3 千億美元的規模。但即便是現在，股權性質的群眾募資才剛起步，涉及的資金金額卻已非常龐大。到 2014 年 7 月，「群眾金主網」已經經手超過 1 億 520 萬美元的資金，和網站上列出的逾 1 萬 1 千家公司和 6 萬 2 千名註冊投資人打過交道。[11]

「天使名單網」是另一個獲得眾多關注的股權性質群眾募資平台，有這麼多人關心自有其道理。[12] 2010 年，由巴巴克·尼韋（Babak Nivi）及納瓦爾·拉維坎特（Naval Ravikant）創立的這個網站，讓新創事業可以與天使投資人相會，也讓天使投資人可以找到有潛力的新創事業。雙方都能在網站上設定檔案、列出投資項目，互相聯繫。

參與者都是業界的佼佼者，之前討論過的汽車共享服務平台優步公司，不僅在這個網站上募得最初的 130 萬美元，也聯繫上投資客謝爾文·皮西瓦（Shervin Pishevar），他後來在孟羅創投（Menlo Ventures）替優步找到 3 千 2 百萬美元的 B 輪融資——皮西瓦是「天使名單網」上出資最高的幾位投資人之一。最棒的消息是，你不用投資數百萬美元，也可以參與這些交易。2012 年，「天使名單網」和「第二市場網」（SecondMarket, www.secondmarket.com）合作，讓小額投資人也有機會成為頂尖科技新創事業的投資人，門檻是 1,000 美元。[13]

雖然股權性質的群眾募資潛力極大，但本章要把主要焦點放在第四類：以獎勵為基礎的群眾募資。之所以選定這類群眾

募資活動，是因為股權性質的群眾募資目前仍相當新穎，少有必要的扎實數據，難以提供準確的策略建議。而借貸型的群眾募資，基本上仍屬於在地性的機制，不適合膽大無畏的創業計畫。最重要的是，以獎酬為基礎的群眾募資，早已經累積出許多創業成功的實際紀錄，證明這是高效的募資方式，很適合創意性計畫如拍電影、做音樂、寫書，以及製造實體產品如手錶、望遠鏡，甚至是基因工程改造植物。我們會在接下來的三個案例研究中看到，這種指數型的群眾工具可以不斷地擴大你能觸及的領域。

為了驗證前述論點，我們會了解三個獎酬型的群眾募資活動如何運作。第一個是 Pebble 智慧手錶（Pebble Watch），這是有史以來最成功的群眾募資活動之一，也是說明一小群創業家如何向群眾募資推出新產品的最佳例證。[14] 第二個案例是「來蓋一座超級棒的特斯拉博物館」（Let's Build a Goddamn Tesla Museum）專案，說明如何結合強烈的熱情、找到適當的夥伴，以成就不同的局面。最後一個範例是阿基德太空望遠鏡，這是我的公司行星資源所推動的專案，這項計畫幫助我們發起並打造出一個熱情洋溢的太空愛好者社群，給我們這種放眼未來專案絕對需要的支持。[15]

在此，必須先說明一件事，我會先簡述這些研究案例，之後在實務部分再詳細描述，後面才是本章最重要的部分。在後文，我會詳細說明展開行動時必須了解的每件事，提供基於四

個來源的資訊：針對過去幾年出現的所有主要群眾募資指引進行整合分析，提出 26 條經驗法則；和主要群眾募資企業創辦人與執行長的深度訪談，包括 Indiegogo、「火箭中心網」和「群眾金主網」；和曾經推動大為成功群眾募資活動創業家的深度訪談，包括提出 Pebble 智慧手錶募資活動的艾瑞克・米基科瓦斯基（Eric Migicovsky）；最後，則是我個人透過群眾募資募到 150 萬美元的經驗，以 Kickstarter 截至當時的成功專案來說，此案排行第 25 名。總之，本章會教你如何設計出以獎勵為基礎的群眾募資活動，這是每位指數型創業家都應該規劃的實驗，很多人會因此發現自己的核心任務與價值。

案例研究 1　Pebble 智慧手錶

你要如何一邊騎單車、一邊講手機？米基科瓦斯基 2008 年就試著回答這個問題。他是加拿大安大略省滑鐵盧大學（University of Waterloo）工程系大學部的學生，之後他遠赴海外，在荷蘭的台特夫科技大學（Delft University of Technology）研讀一年的工業設計。他去哪裡都騎單車，在荷蘭，大家都騎單車，米基科瓦斯基很快就習慣了兩輪的交通模式。

但他的適應中有很多挫折。每當米基科瓦斯基一邊騎車、一邊聽到手機鈴響，或是簡訊、電子郵件傳來時，他就面臨了很為難的決定：要停下來回應，還是忽略這些訊息？不停下來

回應會錯失訊息，而有些訊息很重要。最好的方法就是能讓他
瞄一眼，就知道打電話來（或是發送電子郵件、簡訊）的人是
誰，值不值得停在路邊接電話或撰寫回覆。有幾種裝置可以做
到這一點，例如化石牌（Fossil）的智慧型腕錶，但這類產品
的價格都高到驚人。米基科瓦斯基想要平價商品；白話來說，
就是一般人都買得起的智慧手錶。就是這個時候，他決定自己
來做一支。

回到加拿大，在大學的最後一年，米基科瓦斯基把自己的
積蓄、從商業計畫推銷競賽贏得的獎金，以及爸媽借給他的 1
萬 5 千美元湊一湊，組成一支小型團隊來創作原型產品。
inPulse 就這麼誕生了，這是一款智慧手錶，可以用來看時間，
可與行動裝置同步。最重要的是，這套提醒系統只要瞄一眼即
可，手錶螢幕會通知你手機有哪些訊息進來。

inPulse 培養出一群核心追隨者，但第一代的產品只能搭配
黑莓機（當時是 2008 年，而米基科瓦斯基熱愛黑莓機，他是
加拿大人），因此規模無法做大。不過，早期已經讓很多人感
興趣，米基科瓦斯基決定把這個案子推到矽谷的 YC 創業育成
中心（Y Combinator），他在這裡找到種子資金，開始生產新版
的 inPulse。但也就在此時，他碰到撞牆期了。

有些顧客提供的使用反饋很棒，導引產品設計一輪一輪不
斷改善，創造出一款全新的手錶，名為「Pebble 智慧手錶」。
這款手錶很聰明，可和 iPhone 及安卓系統同步，可使用應用

程式，還可讓使用者檢查行事曆。米基科瓦斯基之後對《企業》（*Inc.*）雜誌說：「基本上，這是有史以來最聰明的手錶。」[16]

可惜的是，要完成這款最聰明的手錶，還需要 20 萬美元的資金，但米基科瓦斯基團隊在融資時遭遇到問題。他們找了一家又一家創投公司（其中多家都曾為他們提供資金），但總是無法拍板定案，沒人想承擔風險。由於剩下的現金只夠再撐兩個月，因此米基科瓦斯基團隊找上 Kickstarter.com，設法做最後一搏。

米基科瓦斯基開始打電話求助，求教位於德州奧斯丁的超級機械公司（Supermechanical）團隊，他們「意外」募得超過 50 萬美元（原定目標是 3 萬 5 千美元），得以繼續開發 Twine 無線萬用感應器，它可以將日常用品連結網際網路。米基科瓦斯基把募資活動簡化到只剩基本面：如何拍攝影片、訊息要寫什麼、期待什麼結果。然後，他的團隊展開額外研究，分析數百個成功的募資活動及其策略。最後，Pebble 團隊選擇的行銷推廣影片技術成分很低，比較像是 1970 年代的放克族（funk）*在逗弄科技怪傑（「我們用手機零件做出產品原型」），而他們的獎酬設計以客戶反饋為核心。從頭到尾，整個募資活動的規劃只花了六週時間，不得不這樣，因為他們已經沒錢了。

群眾募資專案在推出後頭幾個小時的表現非常重要，因此

---

* 一種美國音樂類型，將靈魂樂、靈魂爵士樂和節奏藍調融合成韻律感強、適合跳舞的音樂新形式。

Pebble 團隊請科技部落格網站「Engadget」（www.engadget.
com）做為獨家媒體、發表訊息。早上七點，活動對企業界開
放，「Engadget」也在網路上刊登相關文章，Pebble 團隊屏息
以待。

　　米基科瓦斯基說：「我們設定的募資目標是 10 萬美元，但
這不盡然符合現實，我們其實需要 20 萬美元，才能製造這些
手錶推出市場。我和團隊約定好，我們把 10 萬美元當作群眾
募資的目標，但如果真的沒辦法募到 20 萬美元，就把錢退給
大家，因為沒辦法做下去。」

　　接下來的情況，讓每個人大吃一驚。米基科瓦斯基回憶
道：「『Engadget』文章發布後的兩個小時，我們就募到 10 萬
美元。又過了兩個小時，我們募到需要的 20 萬美元。在最初
的 28 個小時內，我們募到 100 萬美元。活動的第一天，我們
全都對自己啟動的案子心存敬畏。到了活動結束時，也就是
2012 年 5 月 18 日當天，我們已經募到超過 1,000 萬美元。金
主來自四面八方，這個成果連我們自己都沒想到。」

　　同樣讓人想不到的是，他們最後募得的金額總數。Pebble
團隊在 37 天內，總共從 68,929 個金主募得 1,026 萬 6,845 美
元，在當時創下世界紀錄。但此後，這番成績不過是小事一
樁。一年前遭人拒絕、籌不到 20 萬美元的米基科瓦斯基，在
成功的群眾募資活動的撐腰下，又順利向創投業者再募得
1,500 萬美元。更棒的是，Pebble 團隊在前十二個月就銷售超

過 40 萬隻手錶，打破 iPod 第一年的銷量紀錄 39 萬 4 千台。

案例研究 2
來蓋一座超級棒的特斯拉博物館

以「燕麥」（Oatmeal）為筆名的人氣網路漫畫家馬修・英曼（Matthew Inman），很早就是發明家尼古拉・特斯拉（Nikola Tesla）的崇拜者。有何不可呢？這位偶像特斯拉，發明了交流電流〔雖然這項榮耀歸於發明大王愛迪生（Thomas Edison）〕、無線電〔雖然諾貝爾獎是頒給義大利工程師古列爾莫・馬可尼（Guglielmo Marconi）〕，還有 X 光、雷達、水力發電，以及多種各式各樣的電晶體（同樣地，每一種的功勞都不是落在他頭上。）

特斯拉利用低溫學（cryogenics）做實驗——在其後五十年，此領域才獲得正式命名。因此，當英曼得知特斯拉最後的實驗室「沃登克里夫塔」（Wardenclyffe Tower）要出售〔該實驗室位於紐約州雪爾翰（Shoreham），特斯拉曾在這裡嘗試建造發電站，為全世界供應免費電力〕，雖然檯面上已經有人提議要買下這座島，拆除實驗室、開設多家零售店，他決定要做點什麼。

英曼和非營利組織特斯拉科學中心（Tesla Science Center）結盟（該中心十八年來一直設法要買下這座島），他們找上了群眾募資平台 Indiegogo.com。英曼畫了一部關於特斯拉的長

篇趣味漫畫，介紹他是誰、為什麼重要，以及這個世界為什麼必須買下這片物業成立博物館，以彰顯他留給世人的寶貴資產。英曼替這項募資活動取了一個很有趣的標題：「來蓋一座超級棒的特斯拉博物館」，在 2012 年 8 月推出。[17]

短短一天內，消息如火如荼傳了出去。在活動的第一週，每天平均募得 14 萬 5 千美元、一小時 6 千美元、一分鐘 100 美元。整個發展變得很有趣，在募資期間，有一度捐贈者一分鐘捐出的金額超過 1 千美元。到了當月月底，他們已經突破了 85 萬美元的目標，從 102 國 3 萬 3 千位支持者的手中，募得超過 130 萬美元。

一如 Pebble 智慧手錶的募資活動，特斯拉博物館一案也代表群眾募資領域的轉折點。它之所以獨特，是因為這是一項非營利性質的活動；一般而言，非營利組織在群眾募資平台上的表現沒那麼好。而且，他們並不提供任何實質產品，支持者並不會收到寄來的紀念品。因此，這項募資活動算是有所突破，成為 Indiegogo 上最成功的活動，並為大型、概念性的專案開啟群眾募資的大門。當然，「燕麥」把新的結局畫在他的漫畫裡記念這件事，他寫道：「特斯拉先生……很抱歉，人們有一陣子把您給忘了。但我們仍舊敬愛您，會蓋一座超級棒的博物館獻給您。」

案例研究 3
阿基德太空望遠鏡：你也可以「上太空」

當我和安德森、萊維茨基推出行星採礦公司行星資源時，我們知道需要一個強大的社群在背後相挺。如果你要做的是像行星採礦這麼前衛的事，絕對需要一群熱情的支持者。問題是，要如何積極、真實地讓大眾參與我們探索太空的使命？畢竟，探索太空很昂貴、很困難，而且就我們目前所知，非常不親民。此外，人們最關心的是他們可以立即產生影響的事物，但從人類開始探索太空以來，人類在太空中所做的一切，都由一小群專家負責執行，而且要花好幾十年才有成果。我們希望現在就激發人們的興趣，而且是藉由他們可以親身參與的方式進行。就在此時，我們想出了一個群眾募資的好點子：打造第一個由群眾掌控的太空望遠鏡：阿基德望遠鏡。

因此，我們踏上一段長達四個月的旅程，開始研究、規劃、發展要在 Kickstarter.com 上推出的活動。我們指派團隊中的法蘭克・麥克佛特（Frank Mycroft）主導整個活動，集結一個由各聯盟夥伴組成的推動小組，包括太空和科學界的知名人物比爾・奈伊（Bill Nye）、漢克・格林（Hank Green）與布蘭特・史賓納（Brent Spiner）等。最後，我們想出一個點子，把一群超級積極的人士集結起來，稱為「行星先鋒」（Planetary Vanguards），幫助我們落實與推廣這項活動。我們的媒體團隊

忙著拍攝、編輯與測試推廣行銷影片，科技團隊確認阿基德太空望遠鏡最後的原型設計、繪圖與原型樣品，讓大家都能看到最終產品會是什麼模樣。

但是，我們還有另一個問題，大多數成功的「產品」募資活動，基本上都會提供實際的產品，但我們沒有。我們不賣酷炫新奇手錶，我們的產品是設計用來探勘行星的太空望遠鏡。當然，我們也可以贈送支持者用太空望遠鏡拍攝的各種照片，例如小行星、銀河系或月球的照片，但是我們請現有社群給我們建議時，發現這些並無法點燃熱情，難以讓人瘋狂地傳播我們的行動。之後，在推出活動的前一個月，團隊裡有一位成員建議提供「太空自拍」，讓每個人上傳一張自己的照片到我們的太空船，照片會秀在太空船裡的螢幕上，然後以地球為背景拍攝照片，再把照片回傳給大家（稍後會詳述這件事。）這份禮物的價格是 25 美元，我們認為這是完美的解決方案，當我們進行測試時，社群也很認同。

2013 年 5 月 29 日，我們舉行記者會，推出這個群眾募資的活動。我們的目標是要募得 100 萬美金，這筆錢足以將太空望遠鏡發射到軌道上，至於製造太空望遠鏡的實體成本則由行星資源公司支付。在前兩天，我們募得的資金已經接近 50 萬美元。行星先鋒非常重要，他們努力把消息擴散出去，推廣活動順利進行。三十二天後，我們從 17,614 位支持者身上募得 150 萬 5,366 美元。[18] 這是到當時為止，規模最大的太空領域

群眾募資活動，但更重要的是，我們建立出來的社群。當一家公司要從事全新的大無畏任務時，未來若要尋求群眾外包的支持與解方，有一群熱情支持者乃是無價寶。

如何解決錢的問題？群眾募資實務

接下來，各位將會看到一些我的心得分享，出於我的研究與實際的執行經驗。我會先條列出重點，再提出詳盡的分析。藉由分享這些知識，我期望幫助更多創新者與具有破壞力道的創業家，能夠成功推出專屬自己的群眾募資活動。

誰應該發動群眾募資？

群眾募資雖然是極為寶貴的募資方法與壯大社群的工具，但不見得適合每個人。我的研究顯示，最成功的群眾募資活動，具有下列五個共同特點：

- 產品通常已經發展到製作原型階段的後期，足以向潛在支持者展現他們到底要支持什麼。
- 團隊的組成夠正確，具備執行能力。
- 產品聚焦在社群，直接面對顧客。
- 團隊可接觸到廣大的追隨者社群，這些人會直接宣傳、推廣活動；或者，團隊有能力整合重要的公關／媒體資源，以吸引大眾的關注目光。
- 產品旨在解決問題、改善現有產品，或是述說新的故事。

考慮群眾募資的七大理由

　　群眾募資活動具有各項益處，不只是籌錢而已，下面列出最重要的幾項。請記住，你的募資活動大部分取決於你最想得到哪些益處。

1. **可獲得市場驗證並衡量實際需求。**群眾募資最寶貴的好處，或許是你能夠從中獲得顧客的真實反饋，知道他們喜歡哪些功能、什麼顏色、何種配件等。同樣重要的是，你也可以藉此找出他們不想要什麼。和進行調查與焦點團體不同的是，群眾募資的顧客實際上是用錢在投票。當然，你還能獲得很多可幫你建構策略的非一般性具體數據，包括地區資訊、價格敏感度等。

2. **籌措重要資本。**有趣的是，有些創投業者在挹注資金之前，會要求新創事業先推動群眾募資活動，藉此驗證市場的興趣。在這種情況下，成功的群眾募資活動有兩大優勢：提供非稀釋性的資本支應企業早期成長之需，並讓新創企業在進入各創投融資回合時，具有更高的估值。我們來看看Pebble 智慧手錶團隊的成績：他們在群眾募資活動十二個月後的創投募資階段，籌到 1,500 萬美元的資金。更令人刮目相看的是，虛擬實境頭戴式顯示器 Oculus Rift，在短短十八個月內，從在 Kickstarter.com 上募得 240 萬美元，到被臉書用 20 億美元收購。[19]

3. **培養付費顧客社群。**培養付費顧客社群，和他們保持接觸，

這件事非常有價值。但在一般的市集中很難做到，幾乎也不可能在你正式推出產品前完成。

4. **以低廉的人均成本爭取顧客。**透過其他方法爭取顧客的成本通常更為昂貴；此外，如果做得對的話，你不僅可以獲得免費廣告，顧客還會花錢加入你的行列，並向親朋好友推銷你的商品。

5. **你會對自己的產品懷抱高昂熱情。**如果你熱愛自己的構想、希望趕快落實，可能沒有其他更好的方法比群眾募資更能幫助你趕快實現夢想，而且很可能獲利。

6. **公關益處。**成就會帶來更多成就。群眾募資活動的成功，會連帶產生正面的品牌形象，讓你們獲得媒體的關注。這些效益很有價值，可讓你的企業獲得知名度，讓你們在未來更容易推出產品，獲利更為豐厚。

7. **正向現金流。**沒錯！還有這項解決近期資金需求的好處。在成本與獲利之前取得正確平衡，能讓你們在銀行留有可支應產品開發的現金。

向群眾募資之前，你最好知道的 12 件事

如果前述七大理由中，有一項或多項讓你心有戚戚焉，你也準備好推出屬於你的群眾募資活動，請參考下列 12 項必要的執行步驟。

1. 決定你的群眾募資構想，是一項產品、專案或服務？

2. 需要多少錢？設定你的募資目標。

3. 要進行多久？規劃你的募資活動時程。

4. 設定你的獎酬／誘因機制與延伸目標。

5. 打造一支完美的團隊。

6. 磨利你的工具：規劃、資料和資源。

7. 說個有意義的故事（遣詞用字要正確）。

8. 製作病毒式影片，要包含三個使用範例、具分享性，而且展現出人性。

9. 培養群眾：3A 原則。

10. 推出活動時，要超越「非常可信」的門檻，及早讓出資者參與，並要接觸媒體。

11. 想好每一週的執行計畫：參與、參與、參與。

12. 以數據導向做決策及終極心法。

接下來，就一步步加以說明。

1. 決定你的群眾募資構想，是一項產品、專案或服務？

這是最基本的問題，你應該選擇什麼做為群眾募資的標的？兩股主要驅動力的交會，可以幫助你快速找到答案。首先，找到你有熱情、想去創造的事物。其次，選擇群眾急於看到成果的事物。快速瀏覽 Indiegogo.com、Kickstarter.com 和「火箭中心」等網站，你會發現現在各式各樣的事物都可以向群眾募資，如下所列。重點是，不管你對什麼有熱情，要有心

理預期，已經有人利用群眾募資做過這件事了。

藝術／娛樂

⑴ 拍攝影片

⑵ 寫作、出書

⑶ 推出新劇作

⑷ 開設藝廊、辦展覽

⑸ 錄製 CD 或音樂影片

⑹ 舉辦音樂會或節慶活動

⑺ 製作電玩

慈善

⑻ 一次性的慈善專案，例如救災計畫

⑼ 創辦或擴大非政府組織

⑽ 贊助青少年體育團隊

⑾ 贊助支持學校

⑿ 動物保護行動

⒀ 支持值得贊助的個人

新創公司與既有企業

⒁ 產品原型市場測試

⒂ 新硬體

⒃ 具備新能力的軟體

⒄ 推出新服務

⒅ 服飾時尚公司

(19) 創辦數位雜誌

(20) 新食物／零食／飲料產品

　　如果你正在考慮幾種可能性，不大確定哪一種最好，請徵詢你的社群。把你的想法貼在網路上，例如 Google+ 或臉書等，蒐集大家的意見。你會希望過濾掉人們認為你不可能辦到的構想，如果你的產品或專案還在開發當中，大家會質疑你是否有能力實現，你也就不大可能獲得必要支持。另一方面，如果你的產品已經非常成熟，例如接近完成或準備出貨，那為何還要其他人的背書？

2. 需要多少錢？設定你的募資目標

　　決定好群眾募資的構想後，接下來的問題是，你想募集到多少資本？同樣地，你也必須考量到一個心理策略：群眾募資的重點在於誘因。募資活動的成敗，完全取決於能否在早期引發人群的興奮感，並且提出迫切、具獨特性且能增添價值的誘因。

　　門檻。很多群眾募資平台都僅允許你從事定額募資活動（fixed-funding campaign），意思是說，你只能在達到聲明的募資目標後才能拿到錢。所以，最重要的是，你要把目標金額訂成多少？但要預估這個數值有點難度。舉例來說，2012 年，Indiegogo.com 發現，平均來說，募資活動設定的目標如果是 5 萬美元到 7 萬 5 千美元之間，會比目標設在 10 萬美元的活動

拿到更多資金。[20]

在定額募資活動中，如果你把金額設得太高，代表即使你成功募到數百萬美元、讓幾千名支持者響應，無法達標也留不住半毛錢。舉例來說，作業系統公司烏班圖（Ubuntu）為了一支新手機在 Indiegogo.com 上募資，目標是 3,200 萬美元，雖然他們最後募得超過 1,280 萬美元，但遠低於設定目標，結果這筆錢通通都退還給金主。

如何設定正確的目標金額？你要記得的第一件事，就是群眾募資並非讓你靠專案獲利的管道，而是讓你支應部分費用的平台。請注意我說的是：「部分」費用。在多數的情況下，你無法靠群眾募資籌得全部的開發成本，但應能支應大部分的費用；這些費用若不靠群眾募資取得，就得從投資資本或你自己的口袋裡去找。

第二個重點就是，大家都愛贏家。如果人們相信你的群眾募資活動成功率很高，那你就會成功。換言之，如果你顯然很可靠，看起來能夠達成目標，那麼群眾就比較可能會挺你。相反地，如果大家不相信你，就不會刷卡支持你。事實上，研究證明，當活動達成總金額的30％時，就有90％的機率會成功，募到想要的資金。以 Pebble 智慧手錶為例，米基科瓦斯基需要20 萬美元才能繼續下去，但他設定的目標是 10 萬美元。以阿基德太空望遠鏡的募資活動為例，打造與發射太空望遠鏡的成本接近 300 萬美元，但行星資源公司設定的目標為 100 萬美

如何計算群眾募資的目標金額

你要募到多少錢才能繼續做下去？　　　　＿＿＿＿＿＿＿

+10%，以支付所有平台和信用卡費用　　　＿＿＿＿＿＿＿

+ 你要兌現所有獎勵承諾的成本　　　　　　＿＿＿＿＿＿＿

總計：募資活動的目標金額　　　　　　　　＿＿＿＿＿＿＿

元，希望大眾的資金至少能夠幫忙支應發射成本。

　　這裡的目標是：找出能讓你繼續前進的絕對最低金額，但前提是能夠順利向群眾募到資金。當你計算這個數字時，請記住，群眾募資活動本身也有成本：（1）交易成本，包括4％到5％的信用卡成本，以及4％到5％的平台費用；還有，（2）兌現你承諾要提供獎勵的成本。我們稍後會針對這個部分再做說明。

　　延伸目標。一旦你達到原定的募資目標，還有哪些因素可以激勵群眾繼續行動？「延伸目標」就可在此派上用場。以阿基德太空望遠鏡為例，在達成100萬美元的活動目標後，我們設定成130萬美元、然後是140萬美元，最後是150萬美元。基本上，每設定一個延伸目標，都要保證投資者可獲得更多方式參與專案。

阿基德望遠鏡的每日募資情形

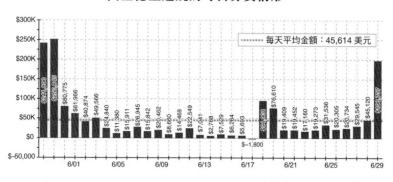

資料來源：www.planetaryresources.com

3. 要進行多久？規劃你的募資活動時程

　　一般的群眾募資活動歷時 30 天到 120 天不等，但 Indiegogo.com 的數據指出，短期活動（平均為 33 天到 40 天）的表現優於長期活動。[21] 我們可以比較一下，Pebble 智慧手錶的募資活動為期 37 天，阿基德望遠鏡是 32 天，特斯拉博物館則是 45 天。從下列圖表（資金與時間的對應圖）中可以看出，阿基德望遠鏡的募資活動一開始就衝上高點，中間還有一個小高點（當活動超過 100 萬美元的目標時），然後在尾聲也出現另一個高點。在募資活動的中期，常見類似的下滑走向，所以延長活動時間並無幫助。

　　何時啟動募資活動由你決定，但你要努力讓媒體有理由跟著亢奮。試著在大型發表會或紀念日上推出活動，以期順利登上新聞版面，這個方法很有用。

募資活動準備期的時間估算

基本時間	+30 天
你有沒有團隊？沒有？	+30 天
你有沒有社群？沒有？	+30 天
你的募資目標低於 5 萬美元？是？	+30 天
你的募資目標超過 25 萬美元？是？	+30 天
你的募資目標超過 100 萬美元？是？	+30 天
總共需要的準備作業時間	＿＿ 天

至於你需要多少時間準備？小型的募資活動（目標為 1 千美元到 5 萬美元），大概一個月就能準備完成。但如果你想要募集數十萬美元，甚至是數百萬美元，拉長時間來做準備就格外重要。下列是我建議的準備時間長短，提供各位參考。

以阿基德太空望遠鏡的募資活動為例，我們大約花了四個月（120 天）的時間做準備。請注意：如果你設定的募資金額很高，活動啟動日期可能會延遲個一、兩次，這沒什麼好奇怪的。我誠心建議，準備好了再啟動，不要訂一個根本做不到的日期。

4. 設定你的獎酬／誘因機制與延伸目標

支持者可能是為了你提供的獎酬才出資，以我們的研究來說，低價的獎酬可以吸引到的金主人數最多，高價的獎酬募到

依獎酬金額區分的募資總額

阿基德望遠鏡

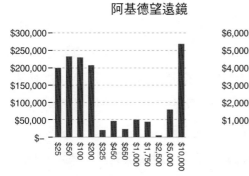

Pebble 智慧手錶

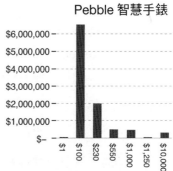

資料來源：www.planetaryresources.com

的資金比例比較高。雖然每一項活動都不同，但多數網站平台都建議要提供夠吸引人的獎酬方案，贊助金額分別訂在 25 美元、50 美元、100 美元、500 美元和 1,000 美元。他們表示，25 美元的獎酬是最多人想要的，幾乎占了所有贊助的 40%。[22]

最好的獎酬配套方案，是提供贊助者在任何情況下都無法購買到的內容，只有你的活動才有，既獨特又正統。行星資源公司的「太空自拍照」，就是在其他地方都買不到、過去也沒有人試過的獎酬，因此很獨特，而且最棒的是，這是數位照片，兌現承諾的成本趨近於零。我們還有其他獎酬項目，例如把「太空自拍照」結合行星學會（Planetary Society）的會員資格，或是進入各級學校的獎學金等。我們設定的最低贊助金額是 10 美元，意在鼓勵追隨者參與、加入我們的電子郵件名單，

對社群有所貢獻。重點是：你提供的獎酬對贊助者來說，要簡單、有意義、有價值。

Kickstarter.com 的獎酬價值可從最低 1 美元到最高 1 萬美元，Indiegogo.com 則容許更高金額的獎酬設定。重點是要掌握到，在低階部分，要有低價、全數位化、你們可以不用動腦筋的獎酬；這主要是要在不花成本的前提下，把大家帶進你的社群。此外，把這件事做好，還有兩項優點。其一，62％的成功募資活動都會有重複性的贊助者，設法讓更多人參與，把他們領入門之後，可以讓他們掏出更多錢。其二，如果你的目標是經營社群，想要找到一群在募資活動結束後，可以長久合作、互動的群眾，那麼你會不計代價希望他們能夠參與。

如果你的募資目標超過 25 萬美元，同樣重要的一點是，你必須訂出極誘人的 1 萬美元高額獎酬。我們稍後還會討論到這點，首先要知道的是，1 萬美元的獎酬算是一塊跳板，而且在推出活動時有助於營造「非常可信」的氛圍。

最後一項建議的用意比較明顯，但也值得強調，那就是記得要徵詢你的社群。你想要什麼並不重要，重要的是他們想要什麼。所以，你要問他們想要什麼樣的獎酬，不管是透過電子郵件、Google+ 或臉書，什麼方式都可以。在阿基德望遠鏡專案的早期，我們成立了一個粉絲專頁，和現有社群互動、提出獎酬方案，請他們評論、投票，選出最喜歡的方案內容。

稀有性很管用。稍微觀察一下各種不同的群眾募資活動，

你會發現多數的獎酬數量都有限制，例如 100 美元的獎酬有
1,000 份，或是 1 萬美元的獎酬只有 20 份。「限量」可以營造
出稀缺性與迫切感，讓贊助者希望現在就出資，不是等到之
後。當然，事實是你在活動進行的期間，隨時都可以增加獎酬
的份數；如果某個金額的獎酬被認購完畢，你可以用相同價格
推出類似的獎酬。

增加獎酬與延伸目標。在募資活動的期間，你可以增加不
同水準的獎酬，你有幾個理由這麼做。第一，如果某個金額的
獎酬被認購完畢，你可以再推出類似金額的獎酬。第二，也許
你會發現，大家並不喜歡你現下提供的選項，所以可以快速實
驗、改善內容。第三，當你達成原定目標之後，你會需要設定
一個延伸目標，它會需要另一套新的獎酬機制。62％的成功募
資活動都有重複出資的金主，20％的重複出資都是來自活動啟
動後新增的獎酬項目。

5. 打造一支完美的團隊

現在，幾乎每個矽谷人都會告訴你，要打造出色的產品或
創辦企業，建立出色的團隊是最重要的一步。同樣的道理也適
用在群眾募資活動上，但這類團隊的特質很獨特。在 Pebble 智
慧手錶第一輪的開發往覆式流程中，創辦人米基科瓦斯基和三
位朋友一起合作，他們全部都是工程師。隨著 Pebble 智慧手錶
在 Kickstarter.com 上的頁面一傳十、十傳百之後，很快地，米

基科瓦斯基必須聘用一整組外部公關團隊，才能管理如潮水般
湧來的關注。而且，不只 Pebble 智慧手錶團隊如此，整體而言
都是這樣，即使你要募資的金額不大也一樣。這類活動的勞力
密集度很高，規劃與執行很花時間與精力，出色的團隊能讓一
切大不同。

我們的研究證明，團隊裡必須要有人扮演七大要角（五個
是必要的，兩個是隨意選項），才能創造出最大的成功率。如
果募資金額是 5 千美元到 2 萬 5 千美元，一個人或幾個人或許
就能成事；但如果你想要成功募到六、七位數美元的資金，就
需要更大型的團隊，下列是我的建議。

(1) 名人（門面）。此人是群眾募資活動的門面，要出現在
主要的推廣影片裡，他也是發布團隊最新消息的發言人，同時
要主導其他面對群眾的事務，以利爭取大眾支持。而且，此人
要在專案上投入感情，要夠聰明、辯才無礙、謙虛，而且為人
真誠，風趣則是加分項目。這個名人應該是相關領域的專家，
熟悉你提供的產品或服務，在活動的規劃、推出、執行與收尾
階段都要奮力不懈積蓄動能。如果用標準的組織語言來說，這
個名人可能是貴公司的執行長，或是創辦團隊其中一位極具魅
力與熱情的成員。或者，引進外部人士來率領公關活動可能也
值回票價，特斯拉博物館專案便是這麼做的。特斯拉科學中心
花了十八年努力募資，想要留下實驗室，但在英曼插上一腳後
才得以順利推動。

(2) **活動經理與策略師**。活動經理可能是群眾募資活動中最重要的角色，在規劃活動的最早期，就要負責主導一切事務。在完成大部分的市場研究之後，他要帶領一切的發展，從募資活動的水準與獎酬方案，到經銷管道與合夥，無所不管。活動經理要規劃、安排與管理活動的日常後勤支援以維持完整度，他必須確認每件事都運作順暢。

(3) **專業人士**。如果你選定的名人不是產品或服務背後的技術魔法師，請務必確定旁邊有人擔任這個角色。如果你的募資構想是一項產品，團隊裡頭最好要有專家，能夠回答關於如何落實構想的各種棘手問題。這個人必須了解在面對金主時，能夠承諾什麼、不能承諾什麼，並且要能提出產品規格、時程與技術面的說明，賦予整體運作高可信度。一旦真正要開發產品時，專業人士就要接手。

(4) **設計總監**。我強烈建議在團隊裡，要有一位全職的圖像設計師或設計總監。這位設計師必須主導所有標誌、資訊圖表、視覺效果搶眼的新聞稿、動畫、內容更新、卡通、電子郵件、T 恤設計、贈品、文宣、貼紙與小冊子的開發製作。這些要素都可以（也應該）透過群眾外包，可利用前一章討論過的群眾外包網站協助完成，但你的設計總監要負責協調安排內容。當我反思阿基德望遠鏡專案時，有兩件事特別明顯。第一，整體的一致性很重要。我們的設計、外觀與感覺，在整個活動期間都很類似，有助於快速擴大規模。第二，要善用小東

西。筆名「燕麥」的人氣網路漫畫家英曼，後來成為行星資源公司最重要的聯盟夥伴。他自掏腰包贊助了 1 萬美元，為活動帶來龐大的流量，只因他在西雅圖市中心的路燈桿上，看到一張阿基德望遠鏡的小貼紙。你永遠不知道誰會剛好看到你的資料、受到啟發，並且自願加入你的團隊。

(5) 技術經理。 群眾募資活動需要一點數位技能，技術經理必須身兼資訊科技人員、網站開發人員與影片製作人，他應熟悉科技管理領域的最佳實務。以阿基德望遠鏡專案為例，技術經理就負責建置我們在 Kickstarter.com 上的網頁、剪輯影片、設定現場串流直播與谷歌的視訊工具 Google Hangouts、調整現場活動的影音設備，並且協助整合不同平台的解決方案。

(6) 公關經理（隨意選項）。 前面提過，當 Pebble 智慧手錶的募資活動開始延燒、媒體詢問絡繹不絕時，米基科瓦斯基必須聘用一整組外部公關團隊。[23] 有些專案聚焦在小型利基市場，壓力沒有那麼大，但如果你想要籌募高額資本，就必須向外接觸很多人，若能讓網路鄉民討論你的活動則大有助益，尤其是透過可連回活動網頁的數位媒體。公關經理有助於聚焦人氣，同樣重要的是，他也能幫助你們打破創業迷思，比方說，每個打造出酷炫產品的人，都自以為能夠登上《連線》雜誌。聘請專業人士可讓你免於打高空，把焦點放在務實的推廣活動上。

(7) 超級連結者（隨意選項）。超級連結者是極有影響力的個人，擁有廣大的人脈網絡，裡面有重要人物、資金和構想。他們本身通常就有很多追隨者，很了解概念如何傳播、怎麼做才會成功。他們有助於腦力激盪，構思活動的行銷策略，同時在內部激勵團隊，執行某些更有抱負的目標，引導整個幕後行動，讓活動真正釋放出動能。如果你認識這麼一位超級連結者，或是能想出方法激勵某個人來幫忙（通常是因為你的活動目標契合他們的目標），那麼與沒有這項資源的活動相比，你將擁有絕大優勢。

6. 磨利你的工具：規劃、資料和資源

美國前總統林肯（Abraham Lincoln）說過一句名言：「若要我在六個小時內砍倒一棵大樹，我會把前四個小時花在磨利斧頭。」[24] 這句話的道理也非常適用於群眾募資這件事，準備工作代表了一切。

規劃與協調。群眾募資活動通常會有很多變動的部分，因此事前的嚴謹計畫非常重要。請以極詳盡的策略及後勤配套展開活動，活動經理應有所有會議、傳單、事件、查核、訪問會談的總行事曆。團隊成員應能看到這份行事曆，這樣每個人才能掌握共同的資訊。安排每兩、三週，就與你的團隊成員、結盟夥伴、協力廠商和顧客確認一次，這樣可確保各項工作順暢，讓大家知道將達到哪個里程碑，還有哪些工作要再加把

勁。

　　材料。雖然活動各有不同，但群眾募資活動仍有共同要項，包括展示產品原型或設計繪圖、製作宣傳影片、募資平台的介紹網頁、公司或產品的網頁、預先寫好的電子郵件或各項聲明、實體文宣及傳單、標誌和內容設計、資訊圖表，以及各式各樣的誘因與獎酬，例如 T 恤和海報等。這當中有很多材料必須在公司內部製作，或是透過像「尋找威客」、「通加爾網」或「99 設計網」這類群眾外包平台的工作者協助。一項基本的共通原則是：在正式啟動活動之前，你們完成的項目愈多，成果就愈出色。

　　資源。我們時常低估從事群眾募資活動的相關成本，在時間與金錢兩方面皆然。以行星資源公司為例，當我們決定要從事群眾募資活動之後，花了整整四個月的時間做大量規劃、籌備與策略分析。在群眾募資活動期間會發生的成本，包括廣告費用（谷歌、臉書與 Kicktraq 等）、供應商費用（行銷、創意製作費用、公關、法務等）、Kickstarter.com 的平台費用（由亞馬遜代管主機、Kickstarter 抽成）、兌現募資獎酬的費用（製作 T 恤、貼紙、模型、卡片等）、網路應用與教育訓練，以及約聘人員和團隊成員的薪資。只要是推出數位化商品，你就必須考量付款錯誤、退款與處理費用的成本有時極高。

7. 說個有意義的故事（遣詞用字要正確）

　　傳統的募資活動是一場小型利基賽局，目標是說服某些特定個人，例如創投業者或銀行放款主管。群眾募資則恰恰相反，焦點極廣，不能狹隘。群眾募資活動中的每項元素，都必須打動一般大眾。最好的方法是什麼？很簡單，就是運用最精采的書籍、最好看的電影、最好聽的歌曲所運用的相同技巧：說一個動聽的好故事。

　　最好的群眾募資活動，會以強大、有說服力的說法吸引金主。以「來蓋一座超級棒的特斯拉博物館」募資專案為例，這場活動的目標，是要買下特斯拉的舊實驗室改造成博物館，但活動的意義不在於買下物業或製作展示品；反之，「燕麥」用漫畫說出特斯拉的生平，細數他出色的發明與對世人的大量貢獻，並且揭露了他這一生絕少獲得應有聲譽的事實。「燕麥」是個說故事的高手，他的漫畫廣為流傳，在臉書上獲得 82 萬個「讚」，在推特上被提及 4 萬 3 千次，群眾對特斯拉的故事心有所感，希望幫忙把實驗室保留下來。

　　那麼，說個動人故事的祕訣是什麼？有下列這五點。

　　(1) 故事具有一致性。最好的故事發展合情合理，有起承轉合，而且只有幾個主角。太多資訊，包括太多事實、數字與發言角色，會讓潛在的支持者迷惑，無法讓活動像病毒式行銷傳開。

　　(2) 滿足需求或渴望。說故事時，千萬別低估情緒的力量。

就算構想聽起來有點傻，例如「太空自拍照」，只要能夠深刻打動人心，滿足某一項基本需求，群眾就會傾聽。人們喜歡酷炫事物、重要事件，以及能夠激勵人心的人物。人們在做購買決定時，多半都是根據情緒上的衝動。

(3) 聚焦為什麼，而不是細節內容。以產品或服務來說，最簡單的說故事方法，就是把重點放在說明為什麼，別太擔心要解釋內容是什麼、如何發揮功用等。請記住：每個人的內心觀點都不同，如果你多年來負責開發某項產品或服務，細節對你來說當然很迷人，但群眾可能就不大買單。反之，多數人想要聽的是你的產品／服務／構想為何能夠改變他們的人生，這對他們與全世界來說為何重要、酷炫、應該支持？請設想解方與改善機制，別把重點放在解說細節與規格。

(4) 整合你的上下游。針對你的聽眾說故事，如果你的聽眾是技術性的，就以技術取向；如果你的聽眾是人文性的，就強調專案中改變世界的特質。但就像前文提過的，即便是技術成分最強的構想，也需要在更大的對話格局中建構。要是你想不出來怎麼說，就說說你如何與為何創作這項產品，因為真相永遠是最好的故事。

(5) 遣詞用字要正確。2014 年，喬治亞理工學院（Georgia Tech）的研究人員發表一項研究，他們檢驗超過 900 萬個 Kickstarter.com 上使用的詞彙與片語，想要判定哪種說法最能夠成功。[25] 結果，最重要的心得是：和互惠與真實相關的詞彙

與片語，最能夠創造最佳的回應，至於太強調募資需求的用詞則沒有幫助。最容易成功的詞彙，可分成下列各類：

- 具互惠性或展現投桃報李精神的詞彙，例如「也會收到兩個……」、「募得資金將會……」，以及「創造共同的善業和……。」

- 顯示稀缺性或和罕見有關的詞彙，例如「其他的選項是……」，以及「若有機會……。」

- 具社會證明性的詞彙，這可讓人知道別人的行動，以據此做為參考，例如「已經募得……。」

- 具社會認同性或能對特定社群團體產生歸屬感的詞彙，例如「共同建立……」或「專為……提供。」

- 表達喜歡的詞彙，這些用詞反映的事實是，人們會追隨能夠打動自己的人物或產品。

- 展現權威的詞彙，人們喜歡求助專家意見，以做出快又有效的決策，例如「我們保證提供……」，以及「專案將會是……。」

8.製作病毒式影片，要包含三個使用範例、具分享性，而且展現出人性

　　多數群眾募資平台都允許你張貼宣傳影片，讓潛在支持者了解你的募資構想及重要性。這聽起來好像可有可無，但如果你認真看待募資活動，就不一樣了。有宣傳影片的定額募資活

動，比沒有的多募得239%的資金。下列簡單分享製作宣傳影片的五項重點。

(1) **介紹三個使用範例。**最好的群眾募資活動宣傳影片會瞄準一到三個市場，例如米基科瓦斯基的影片就拍攝單車騎士、慢跑者，以及公開原始碼的程式開發人員，展示他們如何完美使用 Pebble 智慧手錶。當然，這種手錶有很多其他用途，但他著眼的是其中三個最大的上下游群體，讓整件事情簡單明瞭。

(2) **將構想與臉孔連結在一起。**募資宣傳影片是介紹團隊的絕佳辦法，雖然讓最多成員亮相這件事很重要，但最好的影片還是以一個人為主角，即扮演名人角色的那個人，由他來描述整個故事、說明產品。觀眾需要產品與臉孔連結在一起，但太多臉孔會讓人記不住，無所適從。

(3) **用演的，不要用說的。**眼見為憑，親眼見證才會掏錢出來。如果募資活動的標的是一項新產品，那麼產品的原型或設計繪圖，必須是宣傳影片的重點，而且不是秀出來就算了。你要向潛在支持者傳達構想的價值，而最簡單的方法就是示範如何運用。好消息是，現在有了 3D 列印和電腦動畫，很容易就能做出動人的宣傳影片。

(4) **簡單扼要。**Indiegogo.com 發現，宣傳影片長度少於 25 分鐘的募資活動，比拍攝宣傳長片的募資活動達標率高了 25％。他們 2012 年的活動影片平均長度為 3 分 27 秒，而達標

的募資活動影片平均長度短了 16 秒，為 3 分 11 秒。[26]

　　(5) 先徵詢意見。米基科瓦斯基說：「在我們推出 Pebble 智慧手錶的募資活動之前，已經有超過一百個人看過我們的影片和網頁，給我們意見。」[27] 這不只能讓宣傳影片做得更好，也能提前驗證募資構想，而且有助於找到活動焦點。

9. 培養群眾：3A 原則

　　在推出募資活動之前，若能培養出一個由支持者與夥伴構成的可靠社群，極有幫助。這些人能夠帶給你最初的動能，如果管理得當，他們會把你的資訊帶進自己的人脈網絡，幫你把活動變得非常可信，讓募資活動一開始就打出好成績。我們簡單地把這個社群分成三種成員，即所謂的「3A」：聯盟夥伴（affiliate）、擁護者（advocate）與活動分子（activist）。在推出募資活動之前的幾個月內，就要把主動培養、支持這些團體當成首要任務來做。

　　聯盟夥伴。聯盟行銷（affiliate marketing）是和有影響力的個人、公司或社群領導人合作，一起推出產品或服務。聯盟行銷有兩大關鍵：挑選適當的聯盟夥伴；設計適當的誘因，後者的功能是要讓成本最小化、價值最大化，並且把參與變成一件令人興奮的事。就這兩方面來說，祕訣都是要彼此契合。

　　• 挑選適當的聯盟夥伴。理想的聯盟夥伴和你擁有共同願景與客戶基礎，對方擁有的群眾必須是願意情義相挺的結合；

所謂情義相挺，是指當這個聯盟夥伴要求他們去做某件事時，他們會去做。行星資源公司開始規劃推出阿基德望遠鏡專案時，我們認為科學博物館會是最好的夥伴，因此和五家頂尖的科學中心組成聯盟。但我們錯了，後來發現科學博物館的群眾，不是年紀很大、就是很小，對網路都不是特別在行，也不熟悉群眾募資怎麼運作。最後，我們結盟的對象改成比爾‧奈伊（科學界人士、也是行星學會的會長）、布蘭特‧史賓納（因主演《星際爭霸戰》而享有名氣）、漢克‧格林、網路連載漫畫「PHD 漫畫」（PHD Comics, phdcomics.com）作者豪爾赫‧陳（Jorge Cham）、演員雷恩‧威爾森（Rainn Wilson）和「燕麥」馬修‧英曼。這些人都擁有我們都想共享的死忠支持群眾。

‧ **設計適當的誘因**。以一般的產品發表來說，聯盟夥伴通常會收取一定成數的銷售額，當作幫忙銷售和宣傳產品的報酬。但以群眾募資而言，這樣做太複雜、也太昂貴，難有成效。反之，我們想出能讓夥伴深感興奮的創意解方；舉例來說，我們同意如果「PHD 漫畫」的漫畫迷在自己的社群中分享我們的活動，我們會抽出其中一位，把他的博士論文傳送到外太空。結果，他們好喜歡。基本原則是：你設計用來宣傳募資活動的方案，要能夠向夥伴自我推銷。

擁護者。擁護者就是支持你的募資動機的粉絲和援助者，他們會在社群網站上追蹤你，自動把自己的電子郵件輸入你的

郵寄名單中，並主動和親朋好友談論你推出的活動。在推出活動的前幾個月，就要建立郵寄名單、培養一群社群網站的追蹤者，這件事非常重要。以行星資源公司為例，我們在網站上架設一個過渡時期的頁面，請大家加入我們的任務，留下姓名與電子郵件。

米基科瓦斯基在之前就培養出 inPulse 的粉絲，仰賴他們的反饋意見來幫忙設計 Pebble 智慧手錶，之後把他們變成第一批的群眾募資活動支持者。透過在推出募資活動的期間分享 Kickstarter.com 的網頁，這些粉絲幫忙讓他們的募資活動如病毒式行銷般傳開。

如果沒有積極的追隨者該怎麼辦？首先，花點時間正確評估可能性，確定你知道哪些人會對你提供的內容有興趣、為什麼。然後，找到他們在網路上的聚集地，主動接觸他們，邀請他們進來你的網站。在你的網站上設一個攔截頁面，邀請他們加入你的社群。要讓人留下電子郵件最好的方法之一，就是進行「合乎道德的賄賂」：交易。你可以提供什麼東西給潛在顧客，讓他們願意留下電子郵件、加入你的社群？最簡單的答案，通常也是最好的答案：發出邀請，讓他們能夠進入你每個月的部落格、未來能夠拿到產品折扣、提早取得限量產品，以及各種活動的邀請函等；在某些罕見的情況下，你甚至可以發錢（像 PayPal 過去的做法）。重點是：要有創意。

活動分子。活動分子指的是活躍的支持者，這群人希望為

活動做一些實質又重要的事。以行星資源公司來說，我們培養出一群名為「行星先鋒」的核心支持者。為了推動這個社群，我們在活動展開前的好幾個月，就發出電子郵件給名單上的 2 萬 5 千人，內容很誘人：

大家好：

行星資源團隊裡的每個人，都知道「關鍵一刻」是什麼；「關鍵一刻」就是我們明白自己的天命就是要開疆闢土、把人類送上星空的那一刻！對我們很多人來說，是某位人生導師、志工或學校老師啓發我們明白這件事，發生的地點通常在科學中心或博物館。

正因如此，教育與啓發下一代，向來都是引導我們的力量。在這個月，我們和一家大型的科學機構結盟，要創造出一種革命性的方法，讓太空變得與你我更近、不但可以互動，而且充滿樂趣。但是，要落實這一切，我們需要各位的協助。我們正在打造一支團隊，而且是精銳部隊。我們想要先問問各位，我們的支持者，我們預定招集數百位成員，但只能選擇其中一小部分的人選，將此團體命名爲「行星先鋒」。我們目前還無法透露所有細節，但我們保證，行星先鋒必是一股重要的驅動力量，讓太空更加可親！有意加入「行星先鋒」嗎？下列是您需要先完成的任務：

1. 填妥申請表。這能幫助我們縮小範圍，找到適當

人選加入行星先鋒。

2. 我們會和您聯絡以確認您的意願，並且核對您的
聯絡方式。請注意，某些人可能必須簽署保密協
定。

3. 我們會邀請您加入專屬於這支團隊的 Google
Hangouts 互動，由我們的共同董事長兼共同創辦
人迪亞曼迪斯帶領您入門，為您提供機密簡報。

行星傳輸完畢。

總裁兼小行星採礦長
克里斯·萊維茨基

你可以看到，我們對活動細節、名稱與各項日期都保密。
數千人的回函湧入資料庫，我們請大家填寫一份問卷，評估他
們每週有多少時間可以從事志工活動、電子郵件通訊錄上有多
少人，以及 Google+、臉書和推特上有多少位追蹤者。我們過
濾到大約剩下五百人，然後邀請每一位加入專屬的 Google
Hangouts，為他們做一次「機密簡報」。這項活動的部分用意，
是要和我們的知音同好互動，但同樣重要的是，我們也要透過
他們檢驗用群眾募資方式推出太空望遠鏡的構想。

在啟動募資活動的前幾個月，我們出作業給這些先鋒、舉
辦私密會議，並把他們當成測試對象，考量其中的幾項策略。
之後，當我、萊維茨基和安德森在西雅圖以現場活動的形式，

正式啟動這項群眾募資專案時，有超過五十位行星先鋒親臨現場，有些甚至從歐洲飛過來，他們都摩拳擦掌，準備幫忙。而且，這些人都是無給職，用自己的錢付旅費，只為了參與一場重要盛會。

這些核心支持者有多重要？我們的活動網頁第一天大約有 1 萬次不重複點擊，其中約有 50％出於行星先鋒。從中可以學到什麼？找到你最熱情的粉絲，讓他們發揮作用。他們不但樂於幫忙，他們的貢獻更是無價。

10. 推出活動時，要超越「非常可信」的門檻，及早讓出資者參與，並要接觸媒體

宣布募資活動的方法也極為重要，在正式啟動募資活動的頭幾天，是你們會得到最多關注與募到最多資金的時候。想要一開始就沸沸揚揚，請記住三大關鍵。

推出活動時，要超越「非常可信」的門檻。 第五章討論過，啟動時若能超越「非常可信」的門檻，大家馬上就會接受你的構想，打從心裡相信可以成事。關鍵是要把最多可信來源匯集在一起，讓他們做的事契合你的目標。可信度來自於宣傳影片的品質、影片裡面出現的人物、你在群眾募資網站上獲得的背書，以及若安排記者會哪些人會出席。

非常高的可信度，也來自於活動的早期成就。大家都喜歡支持贏家，一開始的表現愈好，你的支持者就會愈多。而這也

是下一項關鍵要素的著力點：及早讓出資者參與。

及早讓出資者參與。我在前面段落中提過，5 千美元和 1 萬美元的獎酬，和低價的選項一樣重要，理由如下。在推出阿基德望遠鏡專案的前幾週，我、安德森和萊維茨基都去找自己的人脈尋求協助。在募資活動展開的前一天，我們各自發出數十封電子郵件，內容如下：

嗨，賴瑞：

明天，5 月 29 日（週三），我要推出我這輩子最重大、也是最讓人興奮的網路專案之一。我說的一點都不誇張，我希望能夠獲得你的支持，專案名稱是「阿基德太空望遠鏡：你也可以『上太空』」。我們正在透過群眾募資的方式，打造一座在天體軌道上的望遠鏡（阿基德望遠鏡）。我們善用群眾募資活動，設法引起全球關注，增加可以免費捐贈給科學中心及中小學使用的太空望遠鏡觀測時間。本專案的用意在於：讓太空與你我更親近。

群眾募資活動前幾個小時的表現（以募得資金為衡量標準），大致決定了整體的成敗。所以，我以個人名義聯絡了許多親近摯友，請大家考慮出資，並且把消息再傳給其他朋友。

你可以考慮兩種不同金額（1 萬美元和 5 千美

元），這兩種出資方案都能讓你捐贈大量的太空望遠
鏡觀測時間，給任何你喜歡的中小學、博物館或大
學。你可以在募資活動正式啟動時，閱讀網頁上的所
有詳細資訊；可以說，我們把最好的福利（內容很豐
富），都放在這兩個金額最高的層級……我們甚至還
可以你的名字替我們發現的小行星命名！

請參考下列這個活動網頁，但不要傳給其他人：
www.kickstarter.com/projects/1458134548/1966069095?
token=2ab031d1。

一旦募資活動頁面啟用之後，我馬上會把連結傳
給你。

請讓我知道你有什麼想法，感激不盡！

彼得

在募資活動正式啟動時，我們在前四個小時，就募得20
萬美元的資金。這股龐大的動能，幫我們在早期累積出可信度
並創造出足夠的能見度，讓募資活動飛快地傳播出去。有了穩
固的募資基礎，我們無疑可達成目標。唯一的問題是，何時可
達標、可超標多少？

大力宣傳。宣傳活動必須要有意義，人們需要動人的理由
才會加入活動的行列，尤其是在推出之時。以阿基德望遠鏡為
例，我們在推出的前幾週就開始誘惑社群，藉由暗示「大事就

要發生了！」來激發出興奮感。之後，我們利用資源及聯盟夥伴，大力宣傳在西雅圖飛行博物館（Seattle's Museum of Flight）舉辦的現場直播記者會。我們事前做好安排，確認西雅圖地區會有四百位熱情支持者親臨現場。至於透過現場串流直播參與的人，我們也在發表活動聲明的同時（歷時約一小時），提供出資贊助者專屬獎酬：一件 T 恤。

在幕後，我們大量運用了自己的人脈。關於群眾募資，最常見的誤解是支持者多半是陌生人；事實上，群眾募資通常綜合了一般募資策略（從你自己的人脈找資本）與群眾募資策略（尋求不特定公眾出資者的協助。）

與媒體互動。多數人在群眾募資時犯下的一個大錯，就是假設只要在 Indiegogo.com 與 Kickstarter.com 上貼出活動就夠了，但其實不然。要把流量帶到募資活動網頁的主要負責人是你，不是募資平台。你替網頁帶來更多人潮，就能募到更多資本，就是這麼簡單。

除了透過社群媒體、電子郵件、聯盟夥伴和直接接觸擁護者之外，另一項能夠創造流量的重要管道是數位媒體。網路文章和部落格網站都能分享連結，把群眾帶到你的募資頁面。下列是一些點子，提供各位參考。

•**去找認識你的人。**如果你或你們公司之前曾經上過媒體，請先編輯好一份清單，列出知道你過去實績的媒體管道，主動聯絡他們，事先對他們做個簡報。替他們準備媒體專用的

工具包，讓他們輕鬆就能分享你們的連結及圖片。

　　•**編輯一份相關部落客與記者的媒體資源清單**。哪些部落客會在乎你這個領域發生什麼事？Pebble 智慧手錶募資活動在這方面做得很好，米基科瓦斯基說：「我們檢視裝置相關領域裡的每一位部落客，畫圖顯示他們有多常提到 Kickstarter 上面的專案，然後列了一份大約有八十個人的名單。接下來，我們做了一份試算表，找出當我們正式啟動 Kickstarter.com 的募資專案時，想要聯繫的前六、七十位媒體記者。」

　　Pebble 智慧手錶團隊選擇部落格「Engadget」做為獨家宣傳夥伴，該網站對 Pebble 智慧手錶做了深入的報導，以交換第一個發布這項消息的權利。結盟奏效了！一個又一個媒體管道都參照「Engadget」的報導，整個募資活動也熱烈展開。

11. 想好每一週的執行計畫：參與、參與、參與

　　在整個群眾募資活動的期間，和支持者與潛在支持者保持密切聯繫，這件事非常重要。在你們正式啟動活動之前就要開始做，之後更要延續不輟。根據 Indiegogo 在 2012 年所做的研究指出，定期更新資訊，包括部落格貼文、影片等的募資活動，能募到的資金比不這麼做的活動多了 218％。[28] 更棒的是，由於現在有太多宣傳管道，使用起來也很簡單，要和社群互動比過去更為容易。

　　為什麼互動這麼重要？首先，贊助者在乎他們的錢，希望

知道專案的最新消息。這些人是你的第一批顧客，讓他們的熱情不減，是你們的首要任務。這點在定額募資活動中尤其重要，因為這類募資活動只有達成目標，才能真正動用募到的金額。在募資活動期間，不滿的支持者可能會減少金額、甚至撤回出資，所以讓支持者保持參與極為重要。

第二，已投入的支持者可能會邀請朋友共襄盛舉。經由群眾募資募到的資本，有一大部分都來自於推介。最好的推介者，是已經在活動中出資，而且對活動的可能性深感興奮的人。

第三，以我們的阿基德望遠鏡專案來說，募得的資金有10%以上來自於向上銷售（upsell）。意思是說，在募資活動期間，已經出資過的人實際上會決定要再多出一點，以換取更高價值的獎酬。帶動這些向上銷售的方法，多半是互動性高的活動，下列檢視其中兩項。

推廣與競賽。人們喜歡玩樂，我們在阿基德專案中使用的最成功策略之一，就是在「尋找威客」上舉辦一場設計比賽。我們和麥特・貝瑞結盟，提供 7 千美元的獎金給最出色的 T 恤設計，前提是要融入阿基德太空望遠鏡這項元素。我們期待有幾百個人會遞交作品，貝瑞把郵件發給他的通訊錄名單，總共是八百萬人。在我們釐清頭緒之前，已經收到超過 2,500 件優質設計，參與互動的程度更是不在話下。勝出的 T 恤設計變成一項活動獎酬，最後引來更多資金。

我的提醒如下：在設計推廣活動時，切記要讓競賽契合募資活動的最終使命。我們在不熟悉群眾募資與網路的社群中也辦過幾次比賽，但是都失敗了。

現場串流直播。在推出阿基德望遠鏡專案時，我們偕同名人夥伴舉辦了一系列的現場串流直播問答，由我訪問威爾森、奈伊和史賓納等人。現場直播有助於讓活動更透明，助長更深入的互動，帶領人們造訪我們的活動網頁，最後大幅提高我們募到的資金。

12. 以數據導向做決策及終極心法

細節就在數據裡，隨著群眾募資活動釋放出動能，小趨勢和大模式會開始浮現。知道如何善用這些資訊，可以有效幫助你的募資活動進行得更順利，下列是你應該注意的幾件事。

時機。時機決定群眾募資活動的一切，你要注意兩個不同的時機點：上市時機與推出時機。

上市時機指的是市場的接受度，這個世界必須準備好接受你的解決方案。Pebble 智慧手錶為何如此成功？因為大眾非常渴望擁有平價的智慧型手錶。你要關注最新發展趨勢，密切留意類似商品的銷售量是否節節上升，做好你的功課。測試市場最好的方法之一，就是徵詢百位親友同事與陌生人，陌生人的意見尤其重要。聽聽看他們對你的產品／服務／構想有何想法，而且要在推出產品和活動之前，就做好這件事。

推出時機代表你要掌握一般人的日常行程，例如夏季和週末少有人會守在電腦旁。在選擇你的募資活動啟動日期時，要考慮到學校的放假日、宗教活動的日期，甚至體育活動的時程。在每一週的前幾天，網路流量會高一點；從媒體的觀點來看，在週五、週六或週日推出活動都很可怕。因此，如果你趕不及在週一到週四之間啟動活動，那就延遲幾天，千萬別冒因為時機不當而錯失早期動能的風險。大多數的群眾募資活動，都在頭尾兩端達到募資高峰，中間則比較安靜一點，請據此規劃你的活動。

趁勢而起。你會希望在潮流正盛時啟動活動，趨勢很重要，關鍵詞的流行度也很重要。請查閱谷歌的「趨勢搜尋」（Google.com/trends），你必須搭上熱門關鍵字的順風車，因為這些概念正在快速傳播。定位足夠正確，你就能順著浪頭來到高峰；學會利用熱門的關鍵字，把流量帶進你的活動網頁。我們在推出阿基德望遠鏡專案時，「太空自拍照」背後的概念就是這樣來的。我們的團隊成員在谷歌的趨勢搜尋找到「自拍」（selfie）之前，我們並不看好這個構想。但根據全球搜尋的數字，我們發現這個詞正在快速流行之中，所以便決定試試看。這一試，就試出了好結果。

向上銷售。在募資活動期間釋放出新動能的最好方法之一，就是邀請支持者再加碼。在高流量期間使用這種策略，可大幅提高募資金額。不過，你不能哀求支持者多掏一點錢出

來;反之,你要讓每種獎酬都有再參與的價值,讓支持者在不斷增資的過程中,也在整個募資活動裡占有更大分量。

放眼全球。網際網路讓群眾募資活動不再局限在本地,以阿基德望遠鏡專案為例,我們必須把活動網頁翻成多種語言,以服務國際群眾。我們的資金有超過 20% 來自歐洲國家,3% 來自中國。在 Pebble 智慧手錶的募資專案中,6 萬 8 千位出資者都是來自全球各地的網民。米基科瓦斯基說:「我們的消息從北美傳到加拿大、歐洲、比利時、荷蘭、中東、新加坡、印尼、中國、日本。整體來說,統計資料顯示,我們的支持者有近五成來自北美,另外五成來自世界各地,還不只是英語系國家而已。」[29] 換言之,你要做研究,了解全球市場,然後據此為你的募資活動做準備。

提問並聆聽社群。群眾募資的活動不是靜態的,不是推出之後看著辦就算了,推出之後更要繼續忙碌,而且要利用數據保持忙碌。你們要不斷地衡量顧客的意見,根據蒐集到的資訊,執行互動式的強化改善。在整個募資活動的期間,做決策時若能以數據為導向,可大幅提高成功的機會。下列是一些重點,與各位分享。

聆聽社群的心聲不僅有助於募資,更可蒐集到寶貴意見,更了解你們的產品或服務,知道哪些誘因可能有效。在蒐集數據時,請試著理解兩件事:大家想要什麼?他們願意為此付出多少錢?做點調查會有幫助,有時只要簡單問問顧客和社群你

想要知道的事，通常就能夠幫你找到答案。所以，請記住：

(1) **區隔群眾。** 主動接觸社群裡的某些特定群眾，你可以得出更好的結論。

(2) **只問一個問題。** 大家都很忙，單一問題比較簡單，不用花太多時間。重點是：要問對的問題。

(3) **預期可能會出現誇張說法。** 要知道，人們在調查中時常會選擇極端的答案，但真正要他們出資時，只有一小部分的人會真的拿出在接受調查時說的金額。

在正式啟動群眾募資之前，要知道的 12 件事就是這些了。網路上有更多資訊，請上 www.AbundanceHub.com。我最後的建議，就是 Nike 的廣告金句：「做就對了！」（"Just do it."）群眾募資的浪潮現在來襲，在未來七年將會成長十倍，不要錯過了。挑選一個計畫、一種產品、一項服務，開始動手規劃你的群眾募資活動吧。

等等！還有最後這幾項建議

在我把這本書的英文書稿交給出版商之後，過沒多久，有一位以波特蘭為總部的產品開發奇才萊恩・葛瑞波（Ryan Grepper），刷新了之前所有群眾募資的紀錄，超越 Pebble 智慧手錶與烏班圖，讓 62,642 人掏出 1,328 萬 5,226 美元支持他的「超酷冰桶」（Coolest Cooler）專案。他們贊助的是什麼？是 21 世紀的攜帶型冰桶，內建果汁機、手機充電器、藍芽喇叭，

當然還有一套防水發光系統，在天黑後也能順利挑出你想喝的飲料。我的密友行銷天才布蘭登・伯查德（Brendon Burchard）幫忙做這個案子，所以我去找他，了解他們為何這麼成功。後來我發現，在活動期間，伯查德和葛瑞波找出四個在之前的案例中都沒有討論到的重點，非常重要，所以在最後補上算是完美結尾。我們來看看，他們這一路上到底學到了什麼。

1. **失敗後繼續前進。** 雖然他們最後很成功，但「超酷冰桶」並非一步登天。他們雖然成功募到一千多萬美元，但這是葛瑞波第二次在群眾募資平台上募資；他第一次無法達成目標，只募到 12 萬 5 千美元，整件事差點就此打住。

   故事說來話長，葛瑞波告訴我：「十多年前，我把舊割草機改造成攜帶式果汁機，主要是為了在家庭旅遊時增添美妙經驗。隔年，我拔出舊汽車音響裝進冰桶裡；這樣一來，旅行時就有音樂可聽。那些年，這些小玩意兒很好用，但後來我們搬家，我把這些東西丟進儲藏室，也沒怎麼去想了。但就在去年，我把冰桶和果汁機挖出來，了解到一件事，從我做這些東西到現在，科技早就已經有很大的進步。如今，我可以把更多科技組合，放入一個更小、更方便攜帶的冰桶裡。就在此時，我有了靈感：這可以成為一個很棒的群眾募資專案。」

   不過，事情的發展可沒這麼順利。事實上，葛瑞波第一次嘗試向群眾募資打造超酷冰桶，計畫失敗了。他在 2013 年

年底啟動的那次募資活動，最後只募到 10 萬美元，但募資目標是 12 萬 5 千美元。他很失望，但並未退卻，加上第一次活動支持者的敦促，他帶著冰桶重新來過——改造、反覆琢磨，最後終於成功。這個過程教我們第一課：失敗後繼續往前走。葛瑞波說：「第一次向群眾募資失敗，不代表你不能重來一次。一般來說，群眾募資對任何擁有創意的人而言，都是很好的實驗方法。它能讓你把構想攤在所有潛在顧客面前，得到最真實、最坦誠的回應：掏錢支持。如果你成功募到資金，很棒；如果你失敗了，或許會知道這不如想像中那麼容易，但有沒有哪些是可以改進、強化和反覆琢磨之處？換句話說，就是『早點失敗、經常失敗，失敗後繼續往前走。』」

2. **從一群人開始**。葛瑞波學到的第二課，就是擁有一個在乎你的產品的社群非常重要。在前文我提過這件事的重要性，以超酷冰桶來說，葛瑞波第一次募資活動的支持者，就是這個社群的最佳人選。他說：「在第一次募資活動的期間，我們向外接觸了很多人，參加後車廂派對、經營人脈，並且保持聯絡。就是這群人鼓勵我再試一次，等我捲土重來；在第二次活動期間，這些夥伴一路相挺。他們是我們丟進池塘裡的大石頭，激出很大的漣漪，效果很好。」

3. **產品模型很重要**。網際網路是視覺性的媒體，人們如此在意螢幕尺寸，原因就在這裡。也正因為如此，我們才會提

及募資活動的宣傳影片很重要。至於葛瑞波體悟到的心得是：打造出產品模型在宣傳影片中展示，這件事同等重要。他說：「在兩次募資活動之間的空檔，我們順利做出優質模型，這讓結局大不相同。重點不在於產品的外表，而在於爭取群眾對你們的信心。向群眾募資是要求陌生人在意、相信你和你的構想，要求他們對你有信心。如果能讓他們了解你和實際成果（而且是很棒的成果）距離有多近，將會很有幫助。」

4. **善用人群定向廣告**。做好市場區隔，這件事很重要。葛瑞波解釋：「關鍵是你要針對特定群眾提供訊息。在經歷第一次的失敗之後，我們獲得一些關於支持者的資訊，知道他們是誰、提供哪些東西會讓他們感興趣。據此，我們花錢購買臉書廣告，接觸到原本就熱衷於划船、後車廂派對、露營、野餐或傳奇歌手吉米‧巴菲特（Jimmy Buffet）等事物的人。要是知道會購買的群眾是誰，某些廣告平台的宣傳力道就非常驚人。」所以，我們學到的第四課是：透過臉書、YouTube 和領英等平台發送的付費人群定向廣告，確實有其價值。想成為一家數據導向的企業，如果廣告能夠幫你賺到的錢比花的錢多，那就花錢買廣告吧！

最後，我要加上我覺得很棒的一點：超酷冰桶的大成功，還帶來了另一項完全不同的益處。葛瑞波說：「有一個人跑來說：『你們需要 2 千萬美元的資金嗎？我有一個團隊，我們可

以把這家公司變成另一家價值 2 億美元的公司。』此外，我們
還收到來自各主要零件製造商的眾多結盟提案，從電池、果汁
機到喇叭都有，連潛在經銷商都來打聽。」

第9章
打造社群：聲譽經濟學

　　「全球人口花在做自己關注事務的空閒時間，高達了數兆個小時」，這是紐約大學新聞系教授克雷・薛爾基（Clay Shirky）對「認知剩餘」（cognitive surplus）所下的定義。[1] 本書的第三部在探索有哪些策略可以善用這項過剩的資源，也要討論最重要的課題之一：如何打造一個你可以善用、合作的社群，幫助你完成膽大無畏的事業。

　　讓我們先從何謂「社群」（community）談起。首先，社群並不是群眾。群眾是網路上的每一個人，社群則是群眾當中的某一群人。你可以和社群裡的人建立合作關係，有很多不同類型的社群，本章要聚焦在其中兩種：DIY 社群（DIY communities）與指數型社群（exponential communities）。DIY 社群團體的核心是「扭轉乾坤的使命」（massively transformative purpose, MTP），[2] 這群熱情人士願意耗費時間與心智，投入他們真心相信的專案。他們的工作無償、工時很長，但全心奉獻。他們之所以這麼做，是因為相信這些工作有

意義，而且非常重要。在此同時，指數型社群則是極熱衷於特定指數型科技的人，可能是機器學習、3D 列印或合成生物學，他們結合是因為想要分享科技與體驗。

從某個角度來說，這了無新意。只要群居，人類就會結合在一起以分享熱情、應付問題。但由於地區、規模和架構出現差異，現今的 DIY 社群與指數型社群，面貌不同以往。在本章接下來的部分，我會把這兩個社群統稱為「社群」，就讓我們更貼近檢視。

地區是最明顯的變化。過去，如果你要建造一艘船，而最好的桅桿師傅住在山區的另一頭，呃……那只能算你運氣不好了。但網際網路撤除了藩籬，這點意義重大，軟體天才比爾・喬伊（Bill Joy）有句名言，他說世界上最聰明的人，通常都是為了別人工作。³ 如今的科技能讓你善用這些聰明人才的腦力，他們人在何方已不是問題，也不會有諸多的傳統偏見。在網路上，沒有人會知道你的皮膚是什麼顏色、崇拜什麼神祇、髮型剪成什麼樣子、抽不抽菸、有沒有體臭、是不是太愛笑了。由於網路匿名性的特徵，使得平常不會碰頭的人能夠聚在一起，深度分享有意義而且可能獲利豐厚的經驗。

解放了距離與偏見的限制之後，讓人們更能接觸到新的構想。創意是一種元素重組的結合，當新構想撞見老思維、迸出新火花之時，就出現重大突破；能夠接觸到更多想法，將可擴大社群中的創新機會。事實上，更高的創新率，再加上善用世

界各地任何專家的新能力，以及 3D 列印和雲端運算等科技的
強大威力，還有近年興起的群眾募資創業等力量，這種種的元
素結合構成現今社群的第二項關鍵差異：他們現在能從事的計
畫規模，已經呈現指數型成長。

　　社群現在得到強大力量，可從事的任務在範疇上和規模
上，都遠大於以往。比方說，網路業餘嗜好玩家社群「DIY 無
人機」（DIY Drones），就有能力做出軍用等級的無人駕駛飛
機；而另一個範例是，在地汽車公司正在打造可完全客製化的
汽車。[4] 十年前，這種等級的挑戰是大企業與政府的專屬領
域，但今天已對任何能夠連上網際網路的人開放。

　　從架構上來看，變化也同樣明顯。比方說，上個世紀主導
資訊傳播的重要組織，例如電台、電視、平面媒體等，都是單
向的。不但溝通由上而下，而且用現代標準來看，溝通數量可
說很少。如今，網際網路允許我們從事由上而下、由下而上，
以及橫向往來的溝通。在社群裡，新的溝通機會不僅讓領導者
得以領導，也讓其他領導者得以脫穎而出；新的溝通管道可培
養出十年前想像不到的協作式架構。

　　更棒的是，在很多時候，這類架構都是自發組成的。如果
社群組織得當，就會像有機生命體般自然成長，無須太多直接
干涉，也不用耗費密集資本。舉例來說，在臉書營運長雪柔‧
桑德伯格（Sheryl Sandberg）出版《挺身而進》（Lean In）一書
之後，這本暢銷書為女性帶來力量，讓她們勇於追逐自己的抱

負。桑德伯格決定要運用這本書創造出來的能量,在網路上打造一個女性社群。該社群的成長策略構想之一,是要創造「挺身而進圈圈」:由 8 到 10 名女性組成在地團體,聚在一起分享經驗、提供支持。

網路社群平台 Mightybell 公司的執行長吉娜·畢安琪妮(Gina Bianchini)說:「這些圈圈幾乎都是自發組成的」,該公司提供線上社群經營工具,正是「挺身而進圈圈」社群的骨幹,稍後我們在實務部分會介紹更多類似平台。「她們做的事,就是把構想推進社群,列出一套寬鬆的指引,說明應該如何組成與運作這些圈圈。『挺身而進』這個組織,沒有人負責建立新圈圈,或管理現有圈圈。然而,過了一年多,大約成立了 1 萬 3 千個圈圈,而且每週都有新的圈圈出現。」[5]

無論是不是自發組成,帶動這些新式協作架構的力量,是一個全新的價值主張,科技專家兼作家約書亞·克來殷(Joshua Klein)稱為「聲譽經濟學」(reputation economics)。[6] 這個概念有兩層涵義,首先,目前約有二十億人在網路上都有名聲。不論是賣家在拍賣網站上給你的評價、你在臉書頁面上寫的內容,還是你的「影響力」(Klout)分數〔「影響力」網站(klout.com)分析社群媒體,根據網路社群影響力替用戶排名〕,人們都比過去更了解彼此。

而且,這些名聲很重要。在部落格貼出一連串引發迴響的文章,可以讓你大有斬獲,在週五晚上獲得不少邀約,或是受

邀到研討會裡演講。有人因為「堆疊溢位網」（StackOverflow.
com）上的資歷（該網站讓技術人員評論其他人提出的問題，
然後票選出最好的答案），以及「頂尖程式設計師網」的積分
（他們舉辦網路電腦程式設計比賽）而得到工作。也就是說，
我們的網路名聲會在真實世界中造成實質影響。

　　這些名聲還會帶來各式各樣的益處，而且重點不見得是金
錢的交換。克來殷說：「我們現在可以看到世上每個人在特定
背景脈絡下的相關資訊，所以可以從動態和個人的角度出發，
判斷要如何以雙贏的條件彼此互動、交流。基本上，這一點是
主幹，支撐起任何具備網路元素的社群得以運作，而現在多半
的社群都具備網路成分。」[7]

　　有意思的是，現在我們還可以更進一步。假設有一個本地
性質的烘焙社團，要把二氧化碳打到鮮奶油杯子蛋糕裡。有一
天，社團一位成員判定，他們需要更強大的工業用打氣機。幾
分鐘之後，她可能就在瀏覽某個人的網站，而對方跟她相距大
半個美國，宣稱他正在打造一種裝置，剛好適合該社團使用；
不過，他只有幾個產品原型，似乎也無意分享。

　　克來殷繼續說道：「過去，你會試著從他可能寫過的文章
或新聞報導中，了解他在做什麼。或者，你也可能寫封信，懇
求他分享更多資訊。但現在你可以自己去研究這個人，結果發
現，他很喜歡巴伐利亞民謠。什麼？巴伐利亞民謠？這麼巧？
烘焙社團領導人的岳母，有個阿姨就來自巴伐利亞。後來你才

知道，阿姨的姪子在家鄉可是民謠界的大人物。這位製造杯子蛋糕需要的工業用打氣機的人，會不會希望認識這位民謠界的大人物？或許可以藉此交換試用他的裝置？十年前，這種事不大可能發生，如今就像呼吸一般稀鬆平常。」

　　聲譽經濟學從本質改變了價值主張，同時加速 DIY 社群及指數型社群的創新率。這表示，就算資金還沒到位，這些社群也不用喊停。事實上，剛好相反。與傳統的金錢交易相比，互惠式的非金錢交換，對參與者來說甚至更為有利——我指的是，能夠增添更高的價值。摩擦變小了，人們通常會更有動機從事交易。因此，本來就因為地區藩籬消除而加快的創新速度，又會自動再加速，讓創業家能比從前更快一步步前進。

　　或者，就像畢安琪妮說的：「我的整個職涯都圍繞著 DIY 社群打轉，這些社群不斷地讓我感到驚喜與訝異。社群一旦啟動，就會開始自動生出令人興奮的想法，那是你從來不曾考慮過，甚至連想都沒想到的方向。這種事經常發生，因此很可靠。我認為，正是基於這個理由，才使得 DIY 社群成為因應大膽挑戰的強力工具。你可以成大事，因為你並不需要在事前就知道如何把各項要素組合起來。社群會開闢出蹊徑，加速整個過程，這是非常大的槓桿作用力。」[8]

案例研究 1　星系動物園：DIY 社群

　　2007 年初，凱文·史瓦溫斯基（Kevin Schawinski）正在

牛津攻讀天文物理學的博士學位，他在「史隆數位巡天計畫」
（Sloan Digital Sky Survey）的資料中尋找藍色橢圓星系。藍色
橢圓星系是過渡性的星系，很可能是活躍恆星誕生與已死亡星
星之間失落的銀河系連結。

　　在此同時，史隆計畫是天文史上最雄心萬丈的作為。請想
一想，史隆巡天計畫涵蓋幾乎四分之一的天空，與過去的其他
計畫相比，涵蓋的數據多了十倍；其目的，是要讓我們能有廣
闊的宇宙視野（《紐約時報》說這叫「宇宙普查」），[9] 希望能揭
露宇宙的結構性框架。因此，與史隆計畫問世前的天文學家相
比，史瓦溫斯基要處理的不只是幾千張照片，而是接近一百萬
張。遺憾的是，在當時，最好的電腦演算法也沒辦法識別藍色
橢圓星系，只有肉眼可辨。意思是說，這份工作根本是為他
「量身訂做」。

　　一天工作十小時、連續上工五天，他可以解析 5 萬張照
片，但這是極限了。史瓦溫斯基說：「這是我願意做的極限了。
我們淬鍊出一些真正有趣的科學，並利用我分析的資料出版了
一些論文，但每當我們談到還能夠做些什麼時，就回到『如果
我們可以分析完那全部 100 萬張照片，不是很棒嗎？』」[10]

　　後來，史瓦溫斯基和牛津的天文學家同事克里斯・林托特
（Chris Lintott）出去喝啤酒，他們一起想出了一個辦法：把所
有照片放到網站上。史瓦溫斯基說：「我們覺得會有人願意幫
忙，比方說，或許是兩、三個真的很投入的業餘天文學家。粗

略計算一下，用這個方法，我們認為大約花五年的時間，就可以完成這百萬個星系的分類工作。」

在幾個朋友的協助之下，就在他們一起喝完啤酒的兩週之後，這個構想變成了「星系動物園」（Galaxy Zoo）計畫，這是最早出現在網際網路上的公民科學網站之一（www.galaxyzoo.org）。[11] 至於該怎麼和大家談論這個網站？嗯⋯⋯他們的方法就是在網站問世時，發一則短篇新聞稿，其他就沒了。然後他們等待，沒多久就有結果了。

在幾小時之內，群眾分類好的星系，超過史瓦溫斯基一週完成的數量。在二十四個小時內，他們一小時分類出將近 7 萬個星系。「我們很快就明白一件事，那就是人們非常渴望參與。一開始，我們有點困惑，不知道為什麼會有這麼多人想要上網替星系分類。後來才領悟到，原來是我們剛好撞上了一個未被滿足的需求：大家就是想做這件事，因為他們想要有所貢獻。事實上，我們和幾位社會科學家組成團隊，發現人們想要加入『星系動物園』的最重要理由，是他們渴望對真正的科學進展有所貢獻，他們想要做點有用的事。」

很多人都有這種渴望。史瓦溫斯基和同事們，碰上了一個「扭轉乾坤的使命」。第一輪的星系動物園（現在已經到了第五版）引來 15 萬名參與者，幫忙分類了 5 千萬個星系。後續的版本吸引到超過 25 萬人參與，把分類總數推到超過 6 千萬。之後，星系動物園變成了各種公民科學專案的大雜燴，現在由

「宇宙動物園」網站（zooniverse.org）代管。想要探索月球表面嗎？想要和行星資源公司與美國航太總署合作，尋找地球附近可能得以採礦的小行星嗎？想要利用歷史航海日誌，模擬幾世紀以來的氣候變遷嗎？想協助研究人員了解鯨魚如何溝通嗎？這些選項如今都在提供當中。

史瓦溫斯基和他的團隊意外地碰上了我所謂的「利基法則」（Law of Niches）簡單概念：不管多麼小眾，你都不是唯一。這也是網際網路最明顯的特質之一，不管你潛心熱衷的概念有多稀奇古怪，總是有很多人跟你一樣，而這件事讓人不得不謙卑。克來殷說：「創業家可以快速找到、服務小型利基興趣的能力，以及創造平台讓小眾一起滿足自我需求的能力，都比以往更好。過去，新創事業必須對抗既有的產業上下游，比方說，汽車零件。但我有一個朋友，他以想要改造電子系統以強化能源效率的普瑞斯（Prius）車主為核心，打造他的整個業務。這是非常小的次文化，但已經有能力撐起一種業務了。」

案例研究 2　在地汽車公司：DIY 社群

傑‧羅傑斯從小到大愛汽車，也喜歡機車，這是家族特色。他的祖父勞夫‧羅傑斯（Ralph Rogers）是傳奇的印地安重機（Indian Motorcycle）公司最後一任老闆，也是康明斯引擎（Cummins Engine）在美國東岸的第一家經銷商。在成長過程中，小羅傑斯一向假設他會走上汽車設計一途，但等到讀大

學時他發現，傳統大學體系根本容不下汽車設計師，因此他把童年的熱情放在一旁，在普林斯頓大學取得國際事務與公共政策學位，副修藝術。

羅傑斯在一家醫學新創公司找到工作，在中國待了三年，之後轉換跑道成為財務分析師。這份職務還供他上商學院，史丹佛大學接受了他的入學申請。在一場慶祝晚宴中，一位同事問羅傑斯，他這輩子真正想做的是什麼事？羅傑斯說：「我對他們說，我想做一點實體的東西，好能真正領導人們。我的朋友問我，知不知道如何領導？有沒有任何實際的領導經驗？當我說沒有時，他建議我加入軍隊。」[12] 羅傑斯真的這麼做了。

26 歲時，他放棄史丹佛的入學許可，成為美國海軍陸戰隊的一員。他在 1999 年入伍，服役六年半，其中包括一次前往太平洋的任務，另一次則是到伊拉克。2004 年，羅傑斯出第二趟任務，隨身帶了一本《石油終局致勝》（*Winning the Oil Endgame*）；深富遠見的環保人士艾莫里・洛文斯（Amory Lovins）寫的這本書，旨在探討人類社會如何戒斷對石化燃料的依賴。這本書是一個轉捩點，羅傑斯讀到這本書時，正好有兩位密友死於戰爭。兩件事綜合起來，讓他明白自己這一生想要做的事，是確保不會再有人因為石油而死。美國進口的石化燃料有 71％成為石油，做為汽車與輕型卡車的動力；羅傑斯認為，要完成自己的人生目標，最好的辦法就是打造出一種對環境友善的全新汽車。

羅傑斯知道，他需要更多商業智慧才能實現夢想，因此他離開軍隊重返校園，到哈佛大學攻讀企管碩士。就在這裡，他聽到了一場以天衣無縫公司（就是我們之前提過的公開資源 T 恤設計公司）為主題的簡報。群眾外包的力量讓他深感震撼，沒錯，製造汽車比設計 T 恤困難多了，但羅傑斯知道，他需要的人才已經備妥了。在另一個「利基法則」的範例裡，羅傑斯發現自己不是唯一從小到大著迷於設計汽車，但長大後才發現這類工作機會很少的小孩。他說：「只有 12% 到 20% 專攻交通運輸的工業設計師最後在這個領域工作，而且這個數字還不包括想要做汽車，但最後沒有或不能成為工業設計師的人。人們想要製造汽車，這是一股非常龐大的未獲滿足需求，也是一股令人深感挫折的熱情。」

這項「扭轉乾坤的使命」，後來變成了在地汽車公司，這是全世界第一家能達到生產階段的公開資源汽車公司。[13] 在地汽車公司設計和製造汽車的速度，比傳統汽車製造廠快了五倍，而資本僅需百分之一，堪稱現代奇蹟。他們不只找到方法加快汽車製造、消滅傳統汽車製造業的營收，而且他們參與的時機點也正好：美國汽車業正慢慢衰亡，當時底特律的失業率，盤旋在 23% 的高點。[14]

花點時間想想這件事。本書通篇談的是小團隊如今如何完成過去僅有大企業或政府能夠辦到的事，嗯……如果排除馬斯克的特斯拉汽車，美國近三十多年沒有任何新車廠成功。過去

七年，美國政府花了幾千億美元援助三大車廠；換言之，在地起車公司不僅做到大企業和政府能做的事，更做到他們做不到的事：幫忙拯救汽車業。

　　他們做了什麼？很簡單，透過非常穩固的 DIY 社群，找到協作方法設計、製造汽車。今天，他們在網站上舉辦設計比賽，瞄準每一個非常特定的地區市場，例如行駛在亞利桑那州索諾蘭沙漠（Sonoran Desert）的越野車，或是最適合加州交通流量大高速公路的高效能燃油汽車。這些競賽整合了全球設計師、工程師與熱情玩家的汽車概念，之後由社群票選出最愛，再由在地汽車公司幫忙把勝出的汽車設計做出來。

　　非常重要的是，在地汽車公司每一個步驟都讓社群參與。一開始的設計比賽結束後，在地汽車公司會針對排氣管、內裝及其他重要功能，舉辦更多的設計／製造比賽。他們也善用量產，請社群投票選出最喜歡的現成零件，以納入汽車的製作中。舉例來說，在地汽車公司推出的第一部汽車是 2009 年的「拉力戰士」（Rally Fighter），這部可合法開上街道的沙漠越野車，就有馬自達迷他（Mazda Miata）的門把和本田喜美（Honda Civic）的尾燈。在地汽車公司之後會根據「創意公用授權條款」（Creative Commons license）釋出最終設計，讓社群成員都可以持續改善作品；至於想創業的人，則可開發專用零件賣給社群。最後，若要擁有一部車，顧客必須真正參與裝配流程，於在地汽車公司某一處製造廠（微型工廠）內，共同

打造出最終產品。

當然，我們在這裡談的是「參與」，但這個詞常常被賦予錯誤的意義。畢安琪妮說：「要知道，參與不是在臉書上按個讚。按讚是單向溝通，不會帶你到任何地方。你必須想想社群的實際意義為何？社群是要與其他人對話，參與的重點永遠都在於推動對話，並且持續對話。」[15]

在地汽車公司的做法，就是提供有益的管道，在每個步驟上都讓汽車愛好者發揮尚未找到出口的創意。他們不只讓成員在汽車設計的幕後窺探，更幫助成員成為高手。結果是，由於他們從根本釋放出大量的熱情，他們甚至不需要成為大型社群，就能變成克里斯・安德森在《連線》雜誌上寫的：「美國製造業的未來。」[16]

安德森可不是隨便說說。2013 年，羅傑斯和奇異公司執行長傑夫・伊梅特（Jeff Immelt）合作，共同打造很有在地汽車公司風格的微型工廠，專精於加快奇異家電產品從概念到上市的速度。工廠於 2014 年開幕，剪綵時，這家工廠已經生產過兩種奇異的家電。在第一家工廠成功之後，在地汽車公司另外開了五十家微型工廠，帶動其他產業的創新。[17]

要透過 DIY 社群真正去因應一項大膽的挑戰，社群一定要夠大才能對應任務規模，這是一個錯誤的印象，因為不見得如此。雖然目前在地汽車公司的社群遠遠超過 13 萬人，另外還有大約 100 萬名潛水客，還在觀望、尚未正式加入，但一起

打造出第一部拉力戰士的社群,只有少少的 500 人。重點是:
如果你的社群可以提供適當的管道,讓人宣洩挫折、發揮熱
情,就能釋放出一股史上最強大的力量。

案例研究 3
頂尖程式設計師網:指數型社群

故事要從 1990 年代末期說起,傑克·休斯當時正在康乃
狄克州經營一家軟體開發公司。在各項專案之間的空檔,休斯
舉辦內部的程式設計比賽,讓他的員工保持忙碌。幾年後,當
休斯把公司賣掉、尋找接下來要做什麼時,他發現這些比賽可
以變成基礎,加以發揚壯大。

休斯說:「我和我的兄弟坐在野餐桌旁,討論一個基本的
企業問題:如何找到合適的人才?出色的程式開發人員、出色
的創意人才,都很難找。但因為我們舉辦過內部的程式設計比
賽,我知道開發人員喜歡比賽,這些比賽是辨識頂尖人才的好
方法。由於大部分的開發工作都已經變成網路工作,我開始在
想,如果我們在網路上舉辦這些比賽,那會怎麼樣?」[18]

2002 年,休斯不再只是想,他和兄弟聯手架設「頂尖程
式設計師網」,開始舉辦比賽。「一開始,我們拿點小錢當獎
金,目的是要讓整件事有趣,但大部分的比賽都是為了榮譽。」
最後發現,榮譽才是祕方。

休斯向來是運動迷,他喜歡美國國家大學體育協會

（National Collegiate Athletic Association, NCAA）在「3 月瘋」
（March Madness）*賽季的淘汰賽制，也喜歡棒球分析師開始
仰賴更多統計數字，不再只是用全壘打數和打點。因此，休斯
仿照國家大學體育協會的淘汰賽制，替「頂尖程式設計師網」
設計一個領先計分板。他也開始發行每一位程式設計師的電子
「棒球卡」，分數欄位顯示所有的統計數據，說明這位程式設計
師參加過幾場比賽，以及在這些比賽的最高分及最低分。[19]評
等系統設計成讓工程師們可以看到某場比賽中有哪些選手與評
等，然後判斷自己有沒有機會贏，以及這場比賽值不值得參
加，而這很快又變成另一個榮譽的象徵。

休斯說：「說真的，我們把程式開發變成一場大規模的多
人競賽。我們會張貼問題說明，只要有一位工程師點開，就開
始計時了。計分方式包括送出解決方案的速度，以及程式碼的
精準度。評等的高低是一種榮譽的勳章，大家不會為了錢而比
賽，他們想要的是評等。」但是，有獎金也沒什麼不好的，因
此休斯不只舉辦競賽讓社群解決問題，還找來外部的業務。

藉由把大型專案拆成小塊，再以每一個小塊為主題舉辦比
賽，「頂尖程式設計師網」的社群專家可以提交解方，一次解
決一個問題。有些人善於找出程式碼中的錯誤，有些人則善於
除錯，諸如此類。所有個別競賽都有人勝出後，就會整合整個

---

* 3 月時，全美 64 強大學籃球隊出爐，賽事進入高潮，故有「3 月瘋」
之說。

計畫交給客戶，這是很出色的群眾外包模式。

而且，影響極大。一開始，「頂尖程式設計師網」約有 2 萬 5 千人，替蓋可保險公司（GEICO）或百思買（Best Buy）等企業解決重大難題。沒多久，會員人數就開始成長，社群也涉入更廣泛的領域。比方說，當波士頓貝斯以色列女執事醫療中心（Beth Israel Deaconess Medical Center）裡的拉米・阿瑙特（Ramy Arnaout）醫師，想要篩選大量的免疫系統相關基因資訊，他決定不要徵詢同為科學家的同仁們，反而請「頂尖程式設計師網」試試看。

《波士頓全球報》（The Boston Globe）的卡洛琳・強森（Carolyn Johnson）寫道：「最後的結果是，超過 40 萬名電腦程式設計師組成的社群，可快速、有效地解決艱深的生物學問題，例如分析能製造可辨識入侵微生物的蛋白質的基因。」[20]

更令人訝異的是，該社群解決這個問題，實際上只花了少數的時間和金錢。在為期兩週的比賽裡，來自近七十國的設計師們，提交了超過一百個解決方案，其中十六個效能高於當時美國國立衛生研究院（National Institutes of Health）使用的演算法。而整場比賽的成本只花了 6 千美元，這點提供有意把程式設計任務外包給「頂尖程式設計師網」，而不是自行打造 DIY 社群的人參考。

但如果你檢視「頂尖程式設計師網」的目的，是想要打造一個指數型社群，請務必記得一件事：比賽並非唯一帶動這個

社群成長的因素。休斯說：「比賽只是最初讓社群互動的媒介，『頂尖程式設計師網』還有很多其他和協作有關的面向。大家會參與，並非是為了錢、委託對象或可因此找到工作。他們願意參與，是因為這是一種社群活動。我們讓社群有個地方共聚一堂，因為他們想要聚在一起，這才是我們順利運作的真正原因。」

2013 年年底，雲端服務諮詢業者阿皮瑞歐（Appirio）買下「頂尖程式設計師網」，整個社群由公司共同創辦人奈林德‧辛（Narinder Singh）領導。辛說：「我們看到透過『頂尖程式設計師網』可能創造出來的驚人成就，但我們也注意到，只有相對少數的顧客在有限的條件下善加利用。一家企業愈想創新，就愈需要能夠取得更多強大的科技。我們收購『頂尖程式設計師網』的目的，是要讓它成為大、中、小企業的主流科技，讓企業體驗他們一定會要求的『露兩手給我看看』時刻，好讓『頂尖程式設計師網』這類指數型能力成為企業科技庫的核心。」[21]

誰應該建立 DIY 社群？

請回想一下「利基法則」，網際網路凸顯了一個讓人難以自我膨脹的事實，那就是每個人都不像自己相信的那麼獨特。但這是好事，這表示，如果你對什麼有興趣，很可能也有別人跟你一樣。因此，建立一個 DIY 社群的最好理由，是一股不

求回報的喜愛。

聽好了，假如你可以善用現有社群實現你的夢想，就走這條路。但倘若你對某項事物懷有熱情，但還沒有別人跟你分享過同樣的渴望，那你就擁有先發優勢。千萬別低估這股力量，在「星系動物園」成立之初，他們很確定只會有一小群人幫忙分類，但是在非常短的時間內，就有成千上萬的人響應。為什麼？因為群眾渴望參與天文學的深沉渴望尚未獲得滿足，而「星系動物園」計畫是絕無僅有的唯一。

「小行星動物園」（Asteroid Zoo）也有異曲同工之妙。這項計畫由「宇宙動物園」主辦，並和我的行星資源公司及美國航太總署合作，借重人力辨識過去從未被偵測到的新小行星。這項計畫將建置出一個嚴謹的資料集，我們可藉此訓練人工智慧大規模從事類似工作。這是一股很特別的渴望，我們不確定有多少人會回應，但就像「星系動物園」的範例一樣，參與的群眾大大地超乎了我們的預期。在專案的前六天，我們看到大家幫忙檢視超過 100 萬張照片，幫忙分類了 40 萬顆小行星。

這裡會出現一個必然的結論：如果你沒有先發優勢，那麼請自問：你可以提供哪些令人興奮的新元素？想想全方位健身公司（CrossFit），當健身熱潮颳起時，主打健康與健身的產業，競爭已經十分激烈。但這家公司善用了兩件事：當人們隸屬於一個同儕團體時，他們會更認真健身；還有，除了瑜珈之外，似乎沒有其他團體健身課專門以男性為對象。因此，雖然

全方位健身公司沒有先發優勢，但他們有新奇（獨一無二）與令人興奮（你會更認真健身）這兩項區隔市場的要素，而這足以成為繼續壯大的基礎。

同樣重要的是，要記住：人們會加入是因為社群能夠強化認同感（請見下列說明），但他們會留下來則是因為對話能夠持續。因此，最棒的社群實際上會強迫成員彼此互動，社群領導人則要主動開啟對話。如果你是籌組新社群的人，[22] 最主要的責任就是創造熱烈的互動。安德森最初創辦「DIY 無人機」社群時，他一天大約花三、四個小時引導社群。簡單來說，如果你不是特別善於社交的人，或是本身太過忙碌抽不出這些時間，可能不適合打造社群。

為什麼不要建立 DIY 社群？

很多人基於錯誤的理由試著建立社群，這和在脆弱的地基上蓋房子沒什麼兩樣。以後者而言，不管你的門環裝飾有多美，建築結構終將倒塌；社群也是一樣。因此，在我們進一步討論你為何應該花時間建立線上社群之前，先來談談你不應該這麼做的三大理由。

1. **為了錢**。線上社群的重點是為了實現「扭轉乾坤的使命」，不是為了賺錢。這不是說你不能透過社群賺錢，但不會一開始就獲利。社群講究的是真實和透明，你必須證明你是真正在做什麼事，才能開始想賺錢這件事。

2. **爲了名**。聲譽經濟學告訴我們，人們加入線上社群的主要理由之一，是希望獲得認同。你建立社群的目標，是把榮耀歸於成員，而不是你自己。

3. **爲了滿足短期欲望**。首先，你無法在一夜之間創立一個充滿活力的社群，就這樣開始運作。此外，格局夠大才能吸引人。行星資源公司能夠順利吸引到一群優秀的「行星先鋒」（基本上就是我們的社群根基），並不是因為他們熱衷於幫我們打造太空望遠鏡；刺激他們的是，能夠開拓太空這件事。

建立社群的 8 個階段工作

如果你決定要建立社群，這一路上，你必須經歷下列這 8 個主要階段。

1. 認同：你們「扭轉乾坤的使命」是什麼？
2. 設計社群入口網站
3. 建立社群的初期階段
4. 創作社群內容
5. 持續參與策略
6. 管理社群
7. 帶動成長
8. 創造營收

1. 認同：你們「扭轉乾坤的使命」是什麼？

人們加入 DIY 社群，是因為社群強化了認同感。所以，請先從找到成員開始。哪些人是你的部落成員？你們「扭轉乾坤的使命」是什麼？在地汽車公司的羅傑斯說：「熱情是造成重要差異的因素，請舉起你的大旗，明確宣示你的立場。」盡量具體寫出使命宣言，貼在網站上的明顯之處，然後謹守你的宣言。唯有清楚找出你的利基、真正給予支持，「利基法則」才能在你身上生效。

也因此，說出一個屬於你自己的故事也很重要。使命宣言很棒，但除非你已經是公眾人物，不然的話，大家仍需要知道你是誰、為什麼要做現在正在做的事。這些介紹可以是書面的，但更棒的是，你可以用你的手機相機拍攝照片和影片，別忘了展現你的熱情。

2. 設計社群入口網站

關於設計社群入口網站的外觀、感覺與互動性，總共有六大基本要點。

(1) 動手做，設計真實、原創的內容。 領英的共同創辦人瑞德・霍夫曼說過一句名言：「如果第一個版本的產品沒讓你覺得難堪，那代表你推出的時機太晚了。」同樣的道理也適用於建立社群，從開始而開始，別耗費經年累月設計適當的入口網站，也別讓自己破產。真實、原創最重要，有個代言人是關

鍵，這樣大家很快就知道自己是否屬於你的部落，但讓大家有地方進行對話更為重要。你永遠都能在之後增加更優質的裝飾和版面布置。

(2) 導覽清楚。大家需要知道如何使用網站、點哪裡會看到什麼，如果你無法快速、明確地告訴他們這些資訊，反正網路上也還有很多其他地方值得一探。所以，網站的導覽列並不是展現創意的地方，以「DIY 無人機」這個網路社群為例，當你進入該網站（diydrones.com）時，會先看到一個很大的文字方塊，寫著「歡迎來到 DIY 無人機」（Welcome to DIY Drones），告訴你如何使用這個網站，明顯展示了幾個功能鍵，其中包括很重要的「我是新手，應該從哪裡開始？」（I'm new to this—where do I start?）

(3) 註冊流程簡單。如果要成為社群成員必須耗費 30 秒以上，你就無法得到許多同好。同樣地，如果除了我的電子郵件地址之外，你還想要知道我其他多項資料，我會懷疑你是不是密謀從銷售我的個資中牟利，而我對此毫無興趣。你可以要求我留下電子郵件地址，讓我知道在填寫後可以得到什麼。請向我保證，你不會出賣我的資料，還要讓我輕鬆就能邀請朋友加入。

(4) 提供的資訊要「正確」。你想在平台上張貼哪些訊息，和個人偏好很有關係，但若能記得人們加入網路社群是基於下列四個理由，將會很有幫助：想要尋找歸屬感、接觸能夠提供

支持的網絡、發揮更大的影響力，以及設法滿足好奇心、探索新觀念。你選擇放在網站上的多數內容，都必須盡量滿足這些需求。

(5) 對成員的貢獻給予認同。無論是設計出領先排行榜／評等系統，還是開放部落格讓每個人貼文，一定要強調當前熱門的內容；比方說，「DIY 無人機」網站的右邊欄位，就是專門置放熱門主題。具體來說，要有一小段部落格貼文描述；更重要的是，要露出文章發表者的頭像。記得「聲譽經濟學」，人們希望因為自己的貢獻而受到讚賞。

(6) 規模具有彈性。當然，你可能以為重點是要招募大量的成員，但你要了解，好的社群都帶點混亂，這才是關鍵。你會想要一點混亂，因為這能引發更多新的構想、有助於加速創新，並讓痛恨由上而下權威式做法的人感覺更自在一點。但你也必須要有能力引導（不是控制）混亂，這是指你必須要讓成員可以再畫分成更小型的群體，臉書等網站並不見得最適合DIY 社群或指數型社群，原因也就在此。

3. 建立社群的初期階段

萬事起頭難，但你無須擁有很多會員，也可以發揮影響力。事實上，就像社群顧問業者「狂熱蜜蜂」（FeverBee）創辦人李察・米林頓（Richard Millington）在部落格上所寫的：「社群愈大，真正參與的人就愈少，這導致了浪費，還使得社

群管理員無法辨識最活躍的成員，與他們積極合作。擁有 100 個每天撥出 1 小時的高投入會員，比擁有 5 萬個多半在潛水的會員更好。請維持小規模，並從少數人身上獲致最大價值，不要從很多人身上分別擠出一點點。」[23]

　　那麼，你真正需要多少會員？可能比你想像的少一點。多數專家建議你特別挑選出前十到十五名會員，這樣一來，當訪客過來看看時，就能看到一些有趣的發展。網路社群平台 Mightybell 的執行長畢安琪妮發現，150 人通常是社群可以自行展開對話的規模，下列便是如何開始建立社群的教戰守則。

- **成為先發者**。很明顯的是，不管在任何領域，成為第一個進入的人都會替你帶來可觀效益。如果人們想要對話，而你的社群是唯一可提供此類對話的地方，那你就贏了。但如果你不是第一人，那麼你要因應的問題（亦即你們「扭轉乾坤的使命」），就要和競爭對手大不相同，而且要更有遠見。

- **精心挑選早期成員**。研究人員證實，早期採用者經常成為最熱情的支持者。請親自挑選前十到十五名成員，營造出滾雪球效應。務必讓這些人參與建立社群的過程，請他們提供建議，整合他們的意見。別浪費時間去追逐名人，因為一般來說，他們都忙著經營自己的社群。

- **設定迎新儀式**。你會希望讓成員覺得自己屬於這裡，但他們必須靠自己贏得歸屬感。創造儀式，讓不同的儀式和特定的會員身分里程碑綁在一起。當新會員貼出第五篇文章，或是

其中一則意見在臉書上獲得十個以上的讚數時，就用象徵性的方式獎勵對方的參與。

• **傾聽**。不論你的核心願景是什麼，少了成員什麼都做不到。因此，請仔細傾聽他們說了什麼，並且準備好必要時改變方針。

4. 創作社群內容

經營線上社群一定得投入創作內容，這件事無可避免。雖然有很多專家認為，社群經理參與太多不是好事，但投入得太少卻很容易流失成員。我們訪談的多數創辦人宣稱，他們總是掛在網站上，隨時照應社群，在推出後的前六個月尤其如此。換句話說，他們變成內容產生器，這點在所難免。下面列出五種可供善用的基本內容類別，並且說明一般社群如何傳播該類內容。

(1) 未來事件。這類資訊有多種形式，你可以預覽即將舉辦的活動、即將舉辦的產品發表、下週的行事曆（未來七天本網站將會有哪些事），或是預測來年的狀況。預覽是告知社群相關資訊的好辦法，預測則是啟動論辯的好辦法，這兩種都很好用。

(2) 各種消息。可以是綜合消息、最新消息，或是說明剛剛推出的產品（產品檢視）。這些類別都很常用，也都很有用。但由於很多網站都這麼做，請務必找到好方法隨時更新你

的訊息，要有特出之處、要有趣；更重要的是，一定要有成員專屬的訊息特區。社群目前在做什麼？有沒有誰做了什麼了不起的大事、換了工作，或是變成 VIP 會員？把你的網站當成慶賀會員成就的管道，是培養忠誠度和熱情的好方法。

(3) 安排訪談。 訪談是促進互動最強而有力的工具之一，每個月選定當月風雲會員專訪，選擇年資最長的會員專訪，同樣重要的是，要專訪貴賓。我針對專訪貴賓快速提供一項建議：除非你們已經和高階人士關係很好，不然的話，請努力往上經營。先從位階稍低於最高層的貴賓找起，這些人接受訪問的頻率遠低於執行長們，通常比較樂於和媒體談談。

(4) 建議反饋。 通常包括創辦人的建議，因為人們很愛聽聽無懼的領導者怎麼說，但你也可以請會員提供建議，並彙整來自社群或相關產業人士（這項資源少人利用、但非常好用）提供的一般性建議。

(5) 客座文章。 無論是專欄作者或專家人士，創造一個讓外部人士和社群溝通的論壇，有助於鞏固核心與擴大成員基礎。同樣值得一提的是，大家都很忙，很多人會覺得要從無到有生出一篇文章來，是一件很可怕的事。所以，請提供撰文的相關資訊，也要做好心理準備，你可能會負責大部分的工作。

5. 持續參與策略

最重要的參與有兩類，第一類是「低摩擦參與」（low

friction engagement），像臉書的按讚或是推特的再推。這類參與之所以重要，是因為要用來裝飾門面。很多新來的人真心希望與社群的邂逅帶來一些社交認同，在臉書上有個 1 萬個讚數可能很管用，但按「讚」並非深度參與。「深度參與」（deep engagement）和低摩擦參與相反，需要在成員與社群之間搭起往來暢通的橋梁才能促成。往來暢通的橋梁，指的是能讓人們與你聯繫，也能幫助彼此互動，而且能夠激發出真正的情感。這點很重要，因為人們為了構想而加入社群，會留下來則是因為感情。

現在顯然有很多方法，都能在社群內激發出情感。下面將檢視一些威力強大的方法，但最重要的是要了解，透過快速做實驗，才能找出更好的方法激發深度參與。請記得，這些實驗的重點是要讓大家保持對話，並且促成合作。嘗試用各種不同的方法，把溝通變得更輕鬆，提高協作的機會。以下是五種最好用的促成互動策略。

(1) 名聲。 從「頂尖程式設計師網」的案例中，我們看到評等系統與領先排行榜如何有效帶動互動參與。請想想一件事：現在有愈來愈多軟體公司，不會聘用沒有「頂尖程式設計師網」評分的工程師。當互動策略變成產業的基本評分項目時，那是很強大的槓桿效應。在此同時，領先排行榜也讓你能在社群中加入競賽的成分。公開能讓人們為了自己的表現負起責任，可以營造出有趣的社群動態。對於好勝的成員來說，這

樣的動態激勵他們更努力提升自己在排行榜上的位置。對於不
那麼好鬥的人來說，排行榜可看出社群成員的專業領域分布。
請記住，策略不一定要很複雜，單單凸顯成員的貢獻或成就，
就足以強化他們的名聲。

(2) 相聚。若目標是要引發真正的情感，最好用的方法就
是讓大家齊聚一堂。更好的方法是，如果你能設法讓這些聚會
變成自發性的，例如桑德伯格的「挺身而進圈圈」，那你就能
用更少的心力享受深度參與的所有好處。當然，如果無法讓每
個人在現實環境中相聚在一起，你也可以舉辦虛擬大會，別害
怕主持結構嚴謹的討論。大家都很忙，先設定範圍、讓對話聚
焦是很好的方法，讓大家知道你很尊重他們的時間。

(3) 挑戰。不管是利用誘因導向的比賽（請見下一章）、團
體專案，還是設計得宜的辯論，挑戰社群都是凝聚向心力的好
方法。還要在挑戰中加上挑戰，設定時間會讓事情更有趣。此
外，也要設定成員必須協作的規定，例如專案必須經過一定人
數的社群成員看過，才能投稿成為參賽作品。

同樣重要的是，挑戰之所以必要，是因為這能幫你把「優
越感」降到最低。X 大獎的資深社群總監喬諾・巴肯（Jono
Bacon）表示：「每個社群的目標都是要營造歸屬感，但這有一
個相對面向：歸屬的另一面就是『優越』。很多社群都因為『優
越感』而傷腦筋，當自覺優越的成員拖慢了創新的速度時，社
群可能會陷入泥淖。如果不挑戰自我，所有社群都會面臨停滯

不前的風險。」[24]

(4) 視覺。 無論是社群創辦人製作的說明影片、使用者上傳的照片，還是簡單的投影片分享，若忽略網路是視覺性的媒體，有害無益。現在，人們預期在網路上看到一些吸睛的內容，而透過群眾外包能夠輕鬆創作出賞心悅目的內容，也很容易分享。

(5) 成為連結者。 身為社群的主導人，你很可能取得和成員的興趣、活動與背景有關的資訊。想要和他們互動，並在群體中創造出巨大價值，最好的方法之一就是介紹志同道合的人認識，在社群的初期階段尤其要這麼做。主動推薦，建議他們碰頭，丟出主題或議程促進他們之間的對話，之後你會看到漣漪效應擴散。

6. 管理社群

社群是很混亂的地方，但不管風暴多強烈，你都需要穩穩掌好舵。有很多人討論過掌舵的智慧，但下列五點在管理社群時最為重要。

(1) 成為良善的獨裁者。 接受我們訪談的每個人都講到同一件事：仁慈的獨裁者經營出最出色的社群。在地汽車公司的創辦人羅傑斯表示：「有些時候，你必須成為良善的獨裁者。以我們來說，我們知道要做汽車，但必須決定要做哪一種汽車。我們本來可以放任社群決定，但那樣不明確。我們擔心人

們基於挑戰智慧或學術的理由選擇設計，但是雀屏中選的項目並不符合我們的商業模式。我們也需要做一些能夠銷售的車款，所以我們決定設定參數，讓社群提供建議，我們保留拍板定案的權利。我們在這方面公開、透明。我們是良善的獨裁者，但還是需要成為獨裁者。」

(2) **保持冷靜**。如果讓小孩自己去玩，會不會有時候吵了起來？一定吧！稍微吵吵架是好事，鬥鬥嘴也是。為科技部落格網站「馬沙布爾網」（Mashable.com）撰稿的科技名嘴茱莉‧歐德兒（Jolie O'Dell）是這麼說的：「已經啟動的對話，實際上可能還需要在不受干擾的情況下，再發酵幾個小時，但我們卻經常太快就跳進去。人們需要離題，需要有強大的使用者出面教訓搗蛋者，也需要有場外花絮冒出頭，這些通常都無法來自組織架構的直接指示。沒有人喜歡一直被監督。」[25]

(3) **不要乞討**。別嘗試對社群銷售東西，你的存在是為了支持他們，不是賣東西給他們。市場會在對話當中自動出現，除此之外別無他法。

(4) **留住舊會員很重要**。太多社群領導者把所有時間花在吸引新會員，別這麼做。以 DIY 社群來說，更大不見得更好。如果你一直想要增加會員人數，就可能會忽略現有的夥伴，這樣很容易流失群眾。留住你現有的會員，確定他們樂於互動，這件事更重要。

(5) **懂得授權**。分散式的領導是重點，讓社群的意見領袖

自動出現，要確定適當授權。找到最出色的貼文者，讓對方負責評論的部分。找到友善、深具影響力的用戶，讓對方負責迎接新成員。把比賽、研究計畫等主導權下放，也把權威下放出去。你是友善的獨裁者，請制定行事方針、把責任劃分清楚，必要時也提供訓練，並且制訂福利獎勵這些人的參與。

7. 帶動成長

請記住，要有效，不一定要大。但如果你想要壯大，最好的起點是基本要項。本身擁有一個龐大社群的暢銷作家賽斯・高汀（Seth Godin）曾說：「人們喜歡交談，人類演化成想要和別人交談，因此要壯大部落，槓桿作用最大、最強力的方法之一，就是要讓大家彼此連結。但是，如果只能做到這一點，也不過就是一家咖啡廳。身為領導者的你，必須發出訊息，說明你要帶大家往哪裡去，以及你希望在這個世界裡迎接哪些挑戰。你需要一項使命、一場運動，以及一個讓大家都想要去的地方。」[26] 換言之，少了定義明確的「扭轉乾坤的使命」，以及一個讓大家能聚在一起、嘗試完成這項使命的地方，你們將無法壯大。擁有這些基本要素之後，就可以善用下列七項高效擴張策略。

(1) 傳播理念。口碑是壯大社群最有效的方法，設法讓成員討論你做了什麼。在地汽車公司早期為了激發出大家的興趣，公司員工會上汽車設計師常去的網站。羅傑斯說：「我們

只是留言：『我們想要打造各位設計出來的汽車，不知大家覺得如何？』重點是要高舉大旗，告訴大家你要做什麼。」

(2) 善用結盟策略。和相關組織結盟，在現實世界這麼做，在網路世界也要這麼做。「頂尖程式設計師網」的成員之所以能夠大量成長，理由之一是因為他們和昇陽電腦（Sun Microsystems）結盟；有了昇陽的加持，既能夠帶來更多成員，又能證明這個社群做了一些很特別的事。

(3) 競爭。人類喜好競爭，無論是積分排行榜、評等系統、誘因導向的比賽，什麼都好，重點是提供管道讓大家公平競爭，他們就會來了。

(4) 挑起戰爭。想要強化社群，最好的方法就是讓大家對抗共同的對手。找個敵人，選邊站。

(5) 口碑行銷。犀利展現新科技／產品／構想，將會引發口碑、吸引追隨者。比方說，「更美好的街區」（Better Block）活動經營的就是美化社區的快閃行動。他們把大家聚在一起，替街道上的自行車專用道油漆、在公共區域種植行道樹，並且打造戶外咖啡座與快閃商店，而且全部都未經政府許可。這麼做不僅有助於他們打造自己的社群，重點是，他們之所以動用群眾外包做這些事，意在透過暫時改善城市面貌，引發立法的變革及長期的都市更新。[27]

(6) 主辦活動。這點之前討論過，但值得複述一次。沒有什麼能比，嗯……真正讓大家聚在一起，更能讓大家維持向心

力。

　　(7) 技術最優化。如果你希望在網路上做更大規模的布局，別忽略這些經過驗證的好工具：搜尋引擎最佳化策略、廣告關鍵字、臉書廣告等。

8. 創造營收

　　說到底，你畢竟是個企業家，因此到了一個時間點之後，賺錢對你來說很重要。靠社群賺取營收比較像是藝術、而非技術，下列四個規則值得你牢記。

　　(1) 透明、值得信賴。DIY 社群的基礎是開放，如果你要利用社群賺錢，請不要隱藏事實。把這點寫進你的使命宣言，張貼在網路上。接受我們訪談的每個人都同意，在金錢方面打開天窗說亮話，往後的麻煩會少一點。此外，你的社群成員很可能也在設法利用自己的熱情賺錢，所以把創造營收變成一個討論主題，將能帶動參與。

　　(2) 銷售社群打造的作品。要賺錢、又不想讓成員遠離，最好的方法就是幫助他們賺錢。這項策略對在地汽車公司、「頂尖程式設計師網」及很多其他社群都很有效。就算你的社群打造的不是產品，也是在累積某種專業，你可以透過指引、摘要、電子書、演講、播客等管道銷售專業。

　　(3) 針對核心需求量身訂製。給大家他們想要的，銷售具有真實性的可靠產品，而且在你累積出名聲之後才能開賣。克

里斯·安德森等了好幾年，才試著利用「DIY 無人機」社群創造營收。而且，當他開始從事銷售時，提供的是由社群設計，但沒有時間或資源打造出來的完全組裝好四軸飛行器。

(4) 參考一些常見做法。當然，你可以賣廣告給外人、賣會員資格給自己人，這些都是常見做法。請記得，要針對核心需求量身訂製，務必確認廣告商銷售的東西，是社群真正想要的。銷售加值的會員資格也可以，但一定要確定這樣的身分資格確實擁有專屬權利，而且這些權利不會損害到你現有的社群。讓付費訂戶看得到求職版，是一個很有效的方法。讓付費會員知道活動訊息也很管用，但你要知道，如果討論版最後充滿了內線資訊，必須身為其中一員才能知道真正含意，那麼無法參加活動的人就不會久留。

結語

最後，我想要提及第三部討論過的兩種指數型群眾工具，這兩者本身就可以把群眾變成社群。首先是群眾募資，若能順利完成群眾募資活動，贊助者自然會成為社群的一分子。在阿基德太空望遠鏡專案結束時，我們多了 1 萬 7 千位新成員加入我們「扭轉乾坤的使命」。

至於第二項機制，我們在下一章就要討論。這是最後一章的主題，是令人驚豔的創新加速器，也是一項建立社群的策略，幫助我成功開創事業：誘因導向的競爭。

第 10 章
誘因導向的競爭：讓最出色、最聰明的人才幫你解決挑戰

　　最後一章的焦點是一套威力無窮的方法，指數型企業家可用它解決大規模又大膽的全球性挑戰，強大的企業與成功的企業家都會使用這種工具。這種指數型的群眾工具是誘因導向的競爭，這個概念總結了本書討論的所有概念，並善用人類心理最強大的一股力量：我們想要尋找意義。

　　誘因導向的競爭很簡單：訂下明確、可衡量且客觀的目標，提供高額的獎酬給第一個完成的人。我們會看到，這項機制彙整了前面九章大部分的知識：如何善用指數型科技、從規模思考、群眾外包的創造力、提供群眾募資的機會，並且刺激建立 DIY 社群。誘因導向的競爭非常客觀，不在乎你念哪所學校、現在幾歲、之前做過什麼。不管是價值上看數十億美元的企業，還是只有兩人的新創公司，大家都在公平的基礎上競爭。比賽只衡量一件事：你有沒有達成比賽設定的目標？

對指數型企業家來說，誘因導向的獎項制度，可用來解決個人層面的挑戰、全球性的不公義，或是催生出新科技。就像我之前提過的，我一開始之所以利用誘因導向的競爭，是因為我渴望找出方法讓自己登上太空。我已經放棄美國航太總署這條路，轉向商用太空船的途徑，藉此開發太空科技，並累積讓我登上太空所需的財富。然而，除了這些之外，還有一項刺激因素。

1993 年，我收到一本由查爾斯・林白（Charles Lindbergh）所著、贏得 1954 年普立茲獎的《壯志凌雲》（*The Spirit of St. Louis*）。這是我的好友葛瑞格・馬林納克（Gregg Maryniak）送給我的禮物，當時他希望鼓勵我完成取得飛行員執照的夢想，我曾經因為沒錢或沒有時間，三度開始又中止這件事。這招奏效了！我拿到了執照，但他帶給我的激勵，並未就此打住。

在讀完《壯志凌雲》之前，我一直相信林白是在某天早上醒來後決定要往東走，一時興起要橫跨大西洋。我不知道他用這趟著名的航程贏得奧特格獎（Orteig Prize），該獎項的獎金有 2 萬 5 千美元，提供給第一位單獨從巴黎飛到紐約的人，或者反向亦可。我也不明白這些競賽，帶來了多大的槓桿作用力。以這個案例來說，為了贏得雷蒙・奧特格（Raymond Orteig）的大獎，總共有九支團隊參賽，總花費為了 40 萬美元。換算下來，槓桿倍數達到 16 倍。而且，奧特格完全不管

輸家，誘因導向式的比賽完全支持林白，但以多數面向來看，林白都是當時最弱的參賽者。更棒的是，隨之而來的媒體熱潮，大量帶動公眾的情緒，而一個新的產業也因此誕生。這項誘因導向獎項，創造出現今全球 3 千億的航空市場。[1]

還沒讀完《壯志凌雲》，利用誘因導向的獎項來「打造可在軌道下運行，而且可完全重複使用的民間太空船」這個概念，已經在我腦海中成形。當時，我還不知道我的「奧特格」是誰，因此我在書頁邊緣寫上的「『X』大獎」。這個「X」是一個變數、一個暫時性的符號，以後會冠上捐贈千萬美元獎金的個人或企業名稱。至於我如何決定獎金金額是 1 千萬美元，以及我如何募資和訂定規則，接下來很快就會談到了。在明白誘因導向的獎項或許可以幫助我實現射月的個人目標之後，我的第一步就是竭盡所能去了解一切，研究獎勵及其歷史，以及獎勵如何、為何能夠產生效果。

誘因導向競賽的力量

發明誘因導向比賽的並非奧特格，在林白駕駛飛機橫越大西洋之前的三百年，英國國會希望有人能設法開船橫越大西洋。1714 年設置的經度獎（Longitude Prize），將把 2 萬英鎊的獎金，頒給第一個準確測量出海洋經緯度的人。重賞之下果然有勇夫，1765 年，鐘錶專家約翰・哈里森（John Harrison）辦到了。這場比賽除了開啟海洋、供人航行之外，也把誘因導向

的比賽介紹給世人，這是一種加速創新的方法。

　　這個概念快速傳播出去，例如 1795 年，拿破崙一世（Napoleon I）就提出 1 萬 2 千法朗的獎金尋找保存食物的方法，以利長征俄羅斯時餵飽軍隊。此次的優勝者是尼古拉・阿佩爾（Nicolas Appert），他是一名法國的糖果製造商，他提出的罐裝方法至今仍在使用。[2] 1823 年，法國政府提供了另一個大獎，這次是要將 6 千法郎的獎金，頒給開發出大型商用水渦輪機的人；勝出的設計為新興的紡織業提供了動力。其他各種獎項比賽，也帶動了運輸、化學及醫療保險產業的突破。[3] 德勤管理顧問公司的主管馬可斯・辛格斯說：「從歷史上來看，不論是皇室或工業家，都用誘因導向競賽當作催生創新的工具。但一直到現在，這類競賽才開始步入全盛時期。在這個高度連結的世界裡，隨著社群媒體的成熟與群眾外包能力的大爆發，我們設計與善用這類比賽以創造突破的能力，比以前更加強大。」[4]

　　這類競賽能夠成功，是基於下列幾項基本原則。首先，也是最重要的是，大規模的誘因導向競賽，能夠提高特定挑戰的能見度，吸引來自全球的創新者與非傳統的思想家。這類競賽也有助於一個信念：被挑中的挑戰實際上有解。想一想，我們對於認知偏差的了解，這可不是小事。在安薩利 X 大獎之前，少有投資者認真想過商業性的載人太空之旅；一般公認，這是政府主管的領域。之後，有六家相關企業成立，投資金額遠遠

企業贊助體育活動的金額（按類別）

NFL	95 億美元（美式足球）
MAJOR LEAGUE BASEBALL	75 億美元（棒球）
NCAA	53 億美元*（大學體育）
NASCAR	41 億美元（賽車）
NBA	40 億美元（籃球）
PREMIER LEAGUE	33 億美元（足球）

* 第一級學校體育活動營收，資料來源：Sportsbusinessjournal; Bizofbaseball.com; NCAA Data; Deloitte Research

大規模業務：企業贊助體育活動

資料來源：http://www.sportsbusinessdaily.com, http://www.bizofbaseball.com,
www.deloitte.com

超過 10 億美金，而且已經賣掉了好幾億的太空之旅門票。[5]

第二，在市場失靈的領域中，投資會遭受阻礙，早已站穩腳步的早期進入者也會妨礙進步，而這類獎項可以打破瓶頸。藉由舉辦高額獎金的比賽，這些競賽引來新的資金投入有問題的領域。企業贊助商和捐助人，不再把支持有潛力的團隊當成投資，現在的贊助是為了曝光率。可以再想一想，每年企業贊助球賽的費用高達 450 億美元，受贊助隊伍唯一的目標，就是在球場裡把不同尺寸、形狀的球移來移去；[6] 現在，企業也可以支持嘗試解決重大挑戰的團隊。

誘因導向的競爭之所以能夠這麼成功，另一個理由是因為

這類比賽能夠廣招有志之士。從新手到專家，從一人執業者到大型企業，通通可以參與。某個領域的專家可以跳入另一個，注入非傳統的構想。外部人士是很重要的參與者，英國舉辦經度獎比賽時，很多人確信這筆獎金會落入天文學家之手，但贏家哈里森是一位自學有成的鐘錶專家。[7] 同樣的道理，在「溫蒂・施密特溢油清理 X 挑戰」（Wendy Schmidt Oil Cleanup XCHALLENGE）的頭兩個月，約有來自超過 20 國的 350 個可能參賽團體預先註冊，打算參加比賽，其中包括一支來自賭城刺青店的團隊，他們從未參與過溢油清理的業務，稍後會詳加說明。

益處不光是這些，在競爭性的架構下，每個人的風險容納度都提高了，因此能帶動進一步的創新。此外，要參加這類比賽，多半需要有大量的資金才能組成團隊，但現在可以利用群眾募資獲得必要的財務支援；這樣一來，可能召喚遍布全球的支持者。最後，這種比賽會激發出千百種不同的技術方法，不僅能催生出單一解方，更可能創造出一整個新的產業。

為何獎勵能發揮效果？

美國人類學家瑪格麗特・米德（Margaret Mead）曾說：「不要懷疑一小群有想法的人能做什麼，願意奉獻的公民可以改變世界。的確，世界向來就靠這一點改變。」[8] 我們之前也看過，凱利・強森訂下的第三條臭鼬規則也呼應了這個概念：「專案

相關人數應嚴格限制，甚至到達嚴厲的程度。」這些看法背後自有其理由。中、大型團體，不管是企業還是運動組織，成立的目的都不是為了保持機動性，也不願意承擔大型風險。這類機構在設計上就是要在穩定中求進步，但是要有重大突破，就必須承擔大冒險。對他們來說，代價過於龐大，完全輸不起。

　　還好，小團體就不同了。沒有科層組織，沒什麼可以失去的，再加上一股想要證明自我的熱情；因此，說到創新，小團隊的表現一向優於大組織。誘因導向的獎項，正是為了善用這股能量而設計的。

　　另一個強大的心理學原理，在此處也發揮了作用：限制的力量。常有人說，創意是一種自由流動、範疇廣大，而且「凡事皆可」的思維。有一類專門以「跳出框架」企業策略為題的書籍，就是呼應這些概念。但就像暢銷書《創意黏力學》（*Made to Stick*）作者丹・希思與奇普・希思（Dan and Chip Heath）在《快速企業》雜誌報導中點出的：「不要跳出框架思考，要看看各種不同的框架，試過一個又一個，直到找到能夠觸發思維的那一個。好的框架就像高速公路上的分道線，是一種讓人自由的限制。」[9]

　　在一個沒有限制的世界裡，多數人做專案時慢慢來，願意承擔的風險也低，有多少錢就花掉多少錢。他們試著用舒服、保守的方式來完成目標，當然這麼做不大會出現新意，但這也是另一個誘因導向的獎項可以有效創造改變的理由。當你說預

算只有十分之一、資源也只有十分之一時；或是換句話說，必須用同樣的資源達成十倍的成果，也就是射月思維，大多數的人都會放棄，說這件事辦不到。勇於冒險的企業家或許決定姑且一試，但如果他們更認真一點，就會打從一開始就明白解決問題的老方法不再適用，唯一的選擇就是拋棄過去的經驗和前提，從一張白紙開始，而這也正是重大創新的起點。

且讓我們看看 X 大獎如何善用限制的力量。首先，先了解獎金定義費用參數。安薩利 X 大獎的獎金是 1 千萬美元，多數團隊或許很樂觀（哪個想贏得太空競賽獎金的人不是樂觀主義者？），會對支持者說他們可以用低於獎金的成本取勝。實際上，大多數的團隊最後都超支，花掉的錢大幅超越解決問題可以拿到的獎金——因為從設計上來說，他們的背後有另一個商業模型撐腰，可以幫助他們取回投資。獎金金額成為認知中的費用上限，會讓傳統趨避風險的參與者，避之唯恐不及。以 X 大獎為例，我的目標是阻止波音、洛克希德馬丁和空中巴士（Airbus）等能夠撒大錢的大型機構參賽，我希望看到新生代的企業家為大眾重新設計太空船，而結果也正合我意。

競賽的時限，是另一個帶來自由的限制。在比賽的巨大壓力之下，由於時限不斷地逼近，團隊必須快速達成協議。認知到老方法已不可用，他們被迫嘗試新方法，不管是對是錯都要挑一條路走，再看成果如何。大多數的團隊都失敗了，但參賽隊伍有幾十支、甚至幾百支，有些人失敗又有什麼要緊？只要

有一個隊伍在限制之下成功了，就能創造出真正的突破。

明確、大膽的競賽目標，是最後一項重要限制。「扭轉乾坤的使命」激發出熱情，吸引最出色的人才，激勵他們全心付出。以獎金為 3 千萬美元的谷歌月球 X 大獎為例，2007 年宣布此一比賽時，全球只有兩個國家曾經登月過，而且都是三十多年前的事。谷歌月球 X 大獎的「扭轉乾坤的使命」，是要讓新一代的指數型企業家，能以 1% 的成本打造出太空船，以開拓太空領域。在超過二十五個參賽團隊中，集結了全世界最出色、最聰明的人才。[10]

整體來看，累積了三百年的價值證明，由於誘因導向的競爭善用了熱情、避開科層體制，再加上具備了限制的力量，足以成為最犀利的強大創新加速器。

案例研究 1　溫蒂·施密特溢油清理 X 挑戰

2010 年 4 月，英國石油公司（British Petroleum）的「深水地平線」（Deepwater Horizon）鑽油台爆炸、沉入美國的墨西哥灣，造成石油產業史上最嚴重的海洋石油外洩事件。在堵住裂口之前，漏油的馬康多探勘區（Macondo Prospect）有超過 2 億加侖的原油流進海中，比惡名昭彰的「埃克森瓦迪茲號」（*Exxon Valdez*）油輪漏油事件的量還多了 18 倍有餘。這次事件導致墨西哥灣有 2,500 平方英里到 4,000 平方英里被石油覆蓋，面積相當於夏威夷的大島（Big Island）。[11]

　　清理油污的團隊使用多種傳統方法組合設法消除油污，但清掉的不到一半，大約是 6,900 萬加侖。天然的處理與蒸發又消除了 8,400 萬加侖，但剩下的油污量仍然十分龐大，高達 5,300 萬加侖，約占漏油量的 26%，污染了海洋和鄰近的海岸線。

　　一個月後，也就是 2010 年 5 月，石油仍然不斷地流入墨西哥灣。新聞日復一日報導漏油，完全看不到這起事件的盡頭。就在這時，新上任的 X 大獎受託人、海洋探勘學家、奧斯卡獎得主製片家兼導演詹姆士・卡麥隆（James Cameron）寄電子郵件給我，建議用「閃電獎項」快速回應，處理這場災難。當時，擔任獎項發展副總裁的法蘭西斯・貝蘭德（Francis Beland）也是一位海洋探險家，他著手研究這個問題。以獎勵大家堵住漏油為目標來設立獎項不切實際，英國石油公司不會讓我們（或任何人）取得他們的數據。於是，我們把腦筋動到設法影響清理工作上。我們很快就明白，自「埃克森瓦迪茲號」漏油事件以來，這二十一年來清理溢油的技術並無顯著進步。事實上，墨西哥灣使用的諸多設備，就是幾十年前阿拉斯加海域使用的同一套設備。為何如此？最後發現，這是一個錯綜複雜的問題，當中有很多反向的誘因。清理團隊（通常是沒有發言權的漁民）多半拿的是時薪，在財務上並無理由要做得更快或更有效率。在此同時，石油公司也不想花更多錢開發更好的技術，因為現有的方法已經可以滿足保險公司和監理單位的最

低要求。最後，政府部門以及監理機構也未施壓要求他們改進清理油污的技術。換言之，整個企業長期累積下來的普遍無感，是透過競爭進行創新的完美條件：正是時機另設一個獎項，鼓勵加快清理海洋表面溢油污染的速度，妥善處理英國石油的溢油，以免毀掉海岸線。

我發電子郵件給整個受託人委員會與幾位最大的贊助者，內容如下：「我們正在設法重新改造清理漏油污染的技術，以免再度發生墨西哥灣的悲劇。我在尋找捐贈人出資，以支應本項重要且即時獎項的獎金及運作。」在幾分鐘之後，我就接到施密特家族基金會（Schmidt Family Foundation）總裁溫蒂・施密特（Wendy Schmidt）的回音，她也是谷歌董事長（當時也是執行長）艾瑞克・施密特的妻子，她答應提供獎金。不到一天之後，我們就簽訂了一份兩頁的協議，準備宣布舉辦獎金達 140 萬美元的「溫蒂・施密特溢油清理 X 挑戰」。[12]

至於判定成功的標準，我們決定使用兩項業界現有指標：石油回收速率（oil recovery rate, ORR），即每分鐘可以回收的石油量；以及石油回收效率（oil recovery efficiency, ORE），即從定量的海水中可回收的石油量。幾十年來，最快的石油回收速率為約每分鐘 1,100 加侖。為了讓這場比賽變成真正有吸引力的挑戰，我們希望團隊的成績（至少）加倍。我們設定的最低石油回收速率為每分鐘 2,500 加侖，石油回收效率至少要達到 70%。

我和溫蒂於 2010 年 7 月 26 日在全美記者俱樂部（National Press Club）台上宣布這項溢油清理 X 挑戰，吸引全球 350 支團隊預先登記加入比賽。其中，有 27 支團隊在 2011 年 4 月的期限前提出設計，我們的評審團選出十支隊伍入圍決賽，評判標準為下列五點：

1. 技術性的做法及商業化的規劃
2. 對環境無負面衝擊
3. 技術具備規模彈性且容易採用
4. 落實技術需用的成本與人力
5. 對於現有蒐集與移除污油技術的改善程度

　　進入決賽的團隊形形色色。其中六支隊伍由業界老將組成，使用的是現有的或是正在開發中的清理技術；另外四個團隊為新創團隊，少有、甚至沒有石油相關背景。實地測試的地點，在美國國家溢油反應與再生能源測試機構（National Oil Spill Response & Renewable Energy Test Facility）的石油與危險材質專用模擬環境測試平台（Oil and Hazardous Materials Simulated Environmental Test Tank, OHMSETT）上進行。[13] 這是這類平台中規模最大者之一，長 667 英尺（約 203 公尺）、寬 65 英尺（約 20 公尺）、深 11 英尺（約 3.35 公尺），可裝 260 萬加侖的海水。這個大型平台在安全、受控的環境下，模擬真實海洋的條件與溢油，可記錄下最棒的資料和影片並測試結果。利用石油與危險材質專用模擬環境測試平台，每個團隊

可以做六回合的合格測試，三次在平靜無波的水中，另外三次
則加上波浪條件。測試範圍是一大片的污油，長 400 英尺（約
122 公尺）、寬 60 英尺（約 18.2 公尺）、深 1 英吋（約 2.54 公
分），容量為 2 萬 7 千加侖。

　　結果令人目眩神迷，七支隊伍的成績，比業界過去最出色
的石油回收效率還高了兩倍。其中，贏得冠軍的伊蘭斯特／美
國海環公司（Elastec/American Marine）石油回收效率達
89.5%、石油回收速率為每分鐘 4,670 加侖，比業界有史以來
的最佳成績好了 400%。（自比賽結束後，伊蘭斯特／美國海
環公司團隊，還提高了他們的石油回收速率，後來的成績超過
每分鐘 6 千加侖。）

　　最讓人念念不忘的成績，來自其中一支未能勝出的決賽團
隊。佛迪克（Vor-Tek）是其中一支能讓溢油清除速率加倍的團
隊，但並未進入前三名，這支團隊的成員全是溢油清理業的新
手。他們是在賭城一家刺青店遇見彼此，技術設計師是一名刺
青師，他的顧客出資讓他組成團隊；為了測試構想，他們用按
摩浴缸打造了一個等比例的模型。他們第一次把技術用在大規
模的漏油與水中，就是在石油與危險材質專用模擬環境測試平
台；即便如此，他們的成績仍比過去的清理速率高了兩倍。被
問到過去的經歷時，佛迪克團隊成員兼刺青師佛瑞德．吉歐瓦
尼特（Fred Giovannitti）：「一直都有人問我們：『你們在石油
產業任職多久了？』我都反問：『今天算不算？』」

這裡的心得是，在誘因導向的競爭中，成果可能來自最不尋常之處，從那些在你預料之外的參與者手中獲得你想都沒想過的技術。X 大獎的贊助者李伊・史泰因（Lee Stein）就說了：「當你在海底撈針時，誘因導向的競爭有助於讓這根針來找你。」

案例研究 2　網飛獎

最棒的誘因導向的獎項，是能夠解決人們希望趕快搞定的問題，以及滿足人們對解決問題的渴望。這兩種並不相同，溫蒂・施密特溢油清理 X 挑戰正是前一類。我為了籌設安薩利 X 大獎花了十年時間募資，溫蒂・施密特不到四十八小時就站出來金援溢油清理挑戰。我之所以能夠這麼快就替溢油清理挑戰募得資金，理由之一是因為我累積了很多成功實績，也累積了大量的人脈，但更重要的因素是：每天有 80 萬加侖的原油流進墨西哥灣。災難是一大動機，因為同理心是一大動機，而當電視上長達一個多月以來，都連續撥放同一齣災難，那是把同理心推到最高點。但我的重點不是鼓勵大家善用不幸，而是要掌握動能。

好的比賽都需要這股動能。「高通三錄儀 X 大獎」（Qualcomm Tricorder XPRIZE）提供 1 千萬美元的獎金，頒給第一個打造出精準度勝過一群合格醫師的手持診斷儀器團隊，這個獎在前十二個月就有來自 33 國的 330 個團隊預先註冊參

賽。[14] 為何這麼踴躍？因為更快速且更精準的診斷，是一項共好的大膽志業。在生死交關、但醫師人數卻不夠多的地方，這可在醫療保健領域省下數十億美元。這意味著你無須利用不幸獲得動能，善用膽大無畏的願景，也有異曲同工之妙。

在設計比賽時，還有第二種動能可供你利用——人類天生想要競爭的渴望。以程式設計師為例，想想我們從和傑克・休斯訪談及研究「頂尖程式設計師網」當中得到了哪些心得。首先，程式設計師是一群好勝的動物。他們喜歡彼此纏鬥，也喜歡利用領先排行榜來自誇。但程式設計師還喜歡什麼？他們喜歡看電影，而且是大量看。這群人會三天前就排隊去看最新的《星際大戰》（*Star Wars*），並且連熬三晚討論《佛萊迪大戰傑森之開膛破肚》（*Freddy versus Jason*）。因此，如果你舉辦一場比賽，善用寫程式時的好勝，以及愛討論電影的心情，把兩種綁在一起（根據程式設計師核心文化的內在動機舉辦比賽），會擦出什麼火花？

嗯，以「網飛網」（Netflix）來說，得到的成果是更棒的電影推薦引擎。電影推薦引擎是一套軟體，根據你看過的以及評論過的（評分量尺為五顆星）電影，讓你知道你接下來可能會想看哪一部電影。「網飛網」原本的推薦引擎「電影紅娘」（Cinematch）是 2000 年的產品，很快大獲好評。短短幾年內，推薦引擎帶動了「網飛網」三分之二的租片業務。這裡得出很明顯的推論：推薦引擎愈好，他們的業務也就愈好，但這裡也

有個問題。

　　到了 2000 年代中期，「網飛網」的工程師專挑簡單的路走，電影紅娘得出最佳配對的比率也低到不行。他們的推薦每出一次大錯，都會讓顧客氣憤不已；比方說，就因為你愛看《第凡內早餐》（*Breakfast at Tiffany's*），就以為你也會喜歡《裸體午餐》（*Naked Lunch*）。隨著葫蘆網（Hulu.com）、亞馬遜與 YouTube 如雨後春筍般冒出頭，讓顧客發火的代價很高。因此，「網飛網」決定正面迎擊這個問題，在 2006 年 10 月時宣布舉辦網飛獎（Netflix Prize），獎金為 100 萬美元，頒給能寫出好的演算法、讓現有系統精準度提高 10% 的工程師。[15]

　　這項比賽是最佳範例，說明當你根據內在動機設計獎項時，會得到什麼結果。競爭、寫程式與電影，還有什麼比這些更讓工程師覺得有趣？兩週內，「網飛網」收到將近 170 件作品參賽，其中三件優於「電影紅娘」。十個月內，則有來自 150 國的 2 萬支隊伍共同競技。等到 2009 年宣布優勝者時，比賽隊伍已經倍增到 4 萬隊。

　　參賽人數超踴躍，並非網飛網得到的唯一成果。美國的數學家兼作家喬登・艾倫伯格（Jordan Ellenberg）在《連線》雜誌上就說了：「網飛獎大賽不重視保密。賞金獵人、甚至領導者都非常大方公開他們使用的方法，比較像是學術界聚在一起解決一個糾結的難題，而不是企業家為了競奪 100 萬美元的大獎。2006 年 10 月時，一位名為『賽門放克』（simonfunk）的

參賽者貼出完整的演算法說明（這套方法在當時名列第三），讓別人都有機會踩在他的肩膀上網上爬。『我們之前並不知道人們可以合作到什麼程度。』該公司負責推薦系統的副總裁吉姆・班奈特（Jim Bennett）如是說。」[16]

而這並不是一次意外的脫序，以截至目前舉辦過的八項 X 大獎來看，參賽者之間的合作程度相當高。我們看到有團隊提供不請自來的建議，不同的團隊合併，團隊共同取得與分享技術和專家。當帶動比賽的是「扭轉乾坤的使命」時，雖然求勝仍是主要目標，但緊追在後的渴望是他們期盼看到達成設定的目標，因此各個團隊均展現出極高的分享意願。

設計得宜的誘因導向競賽，讓團隊激發出一種「一加一大於二」的心態。會有這種情形，是因為正確的動機能提高合作程度，而這又帶來難以預測的網絡效應。比方說，2006 年 11 月時，「網飛網」想要的改善 10％進度明顯慢了下來。當英國心理學家賈文・波特（Gavin Potter）加入戰局之後，這群怪才又把進展拉到最高點。波特不用多數團隊採行的純數學方法，而是透過考慮人性因素，取得可觀的進展（實際上他把困難的數學問題外包給他女兒，她當時還在念高中。）波特最後並未勝出，但冠軍隊伍確實開始納入人性因素，而這點幫助他們制勝。[17]

未來幾年，像網飛獎這類比賽會愈來愈重要，現今這個世界有大量的數據，開採這座寶礦用於有用之處，其價值將以數

十億美元計。明日世界的資料量將更龐大,隨著人類進入由一兆個感應器與無所不在網絡組成的時代,我們將能夠隨時隨地蒐集到任何資訊。誘因導向比賽為指數型企業家提供極高效的方法,從大量的數據庫去蕪存菁得出大量的情報,創造出史無前例的的創新加速引擎。

案例研究 3　X英雄

我花了很多時間向企業做簡報,對高階主管講話時,我會強調六大要點。

1. 唯一的常數就是改變。

2. 改變的速度正在加快。

3. 如果你不自我破壞,別人就會來破壞你。

4. 競爭和破壞不再來自海外的跨國企業,現在來自善用指數型科技的新創企業、在車庫裡埋頭苦幹的那個人。

5. 有鑑於軟體天才比爾‧喬伊的名言:「不論你是誰,世界上最聰明的人,通常都是為了別人工作」,你要如何善用這些人?

6. 如果你僅仰賴公司內部的創新,那就完蛋了。你必須善用群眾,才能保有競爭力。

雖然 X 大獎基金會非常成功,但幾年前我也聽從自己的建議,自問該如何破壞自家公司?或者,具體來說,一個人如何破壞 X 大獎?答案是(現在來看應該很明顯),創造一個網路

平台，讓每個人都能針對自己在乎的領域提出挑戰，並讓群眾幫忙設計比賽、資助比賽，最終為了贏得比賽一同競技。平台可以破壞老舊的封閉創新系統；在這個平台上，一年可以推出千百個小挑戰，因此每年加起來的規模超過三個百萬美元的 X 大獎，這可以說是當「克雷格清單遇上 Indiegogo」。

這個平台現在叫做「X 英雄」（HeroX），[18] 在 X 大獎的總部之下發展，但就像任何臭鼬工廠一樣，脫離母體很重要。因此，「X 英雄」聘用一支充滿熱情的小型虛擬團隊，成員散布各地，從加拿大到烏克蘭都有。[19] 執行長是克里斯均·康特切尼（Christian Cotichini），他後來變成這份事業第一位主要外部股權投資人。

就像所有新創事業一樣，推出的早期很重要，因此我們轉向現有的支持者求援。瑞克空間公司的共同創辦人葛拉罕·威斯頓，自告奮勇成為第一位顧客。威斯頓想要幫助墨西哥的企業家在美墨邊境創業，具體來說，是他的家鄉聖安東尼奧（San Antonio）。為了這項任務，他在「X 英雄」平台上推出一項為期 24 個月、獎金為 50 萬美元的比賽，名為「聖安東尼奧墨西哥 X 挑戰」（San Antonio Mx Challenge）。

威斯頓說：「墨西哥創業者面對的前兩大障礙，是取得簽證和取得資訊。取得簽證在美國工作是很困難的事，法律不是專為科技創業家而訂的。其次，許多墨西哥企業家對於在美國創業的戰術性要求很頭大，比方說融資、招募、房地產與勞動

法等,他們不知道去哪裡找資訊與尋求協助。」[20]

為了突破這兩道障礙,聖安東尼奧墨西哥 X 挑戰將會頒發 50 萬美元的獎金,給創造與落實可重複模式、協助墨西哥科技公司在聖安東尼奧設立有效辦公室的個人、團隊或組織。分數最高者即為優勝,評分機制衡量下列三點:兩年內吸引到的墨西哥企業數、這些企業兩年內的總計營收,以及這些企業及其商業模式的永續性。[21]

這項挑戰成功推出之後,「X 英雄」目前在幾十個城市裡醞釀幾十種挑戰。有一項挑戰是和洛杉磯市合作,目標是減少 405 洲際道路(Interstate 405)的交通流量。只愛聽音樂教育機構(Simply Music)則利用「X 英雄」平台打造虛擬鋼琴,使得表現音樂的方式不再侷限於實體樂器。教育軟體巨擘艾露西恩公司(Ellucian)使用「X 英雄」平台留住更多學生並提升畢業率,15 歲的中學生埃里‧瓦區斯(Eli Wachs)則利用「X 英雄」讓全世界看到年輕人是發動改變的推手。

這裡的重點在於可親近、可取得。「X 英雄」正在協助打造一個充滿熱情、知識淵博的社群,組成分子就是這些發展獎項的人,他們可以幫助任何企業家設計獎項、推出獎項、利用群眾募資補足獎金、操作獎項運作,以及最後的評審與頒發獎項。重要目標是要改變人們的心態:幫助他們了解,現在已經不需要抱怨問題了,你可以推出誘因導向的比賽來解決問題。

誘因導向競賽可帶來的益處

我寫這一節有兩個目的：第一，幫助你找到對你和你的企業而言實用的獎項主題；第二，幫助你利用「X 英雄」設計你自己的誘因導向挑戰。然而，我們一開始要先想一想，最初你為何要使用誘因導向的獎項，這對你、你們公司及整個社會來說，有那些益處？[22]

1. **為解決問題的創新者引來新資本**。我們經常認為，政府機構或大企業是主要的創新資金來源，但誘因導向獎項替創新賽局引來大不相同的非傳統資源庫，尤其是通常會分配給慈善與贊助的資金，這些錢上看數十億美元。

2. **獎金只頒給優勝者**。這類比賽很有效率，競賽創造出大量創新（通常足以創造出一個新產業），但只需要頒獎給優勝者，嘗試過但失敗的團隊什麼也得不到。以奧特格獎為例，當時多數知名的熱氣球駕駛員都大敗，但林白，這位相對默默無名、被媒體稱為「飛行傻子」（Flying Fool）的飛行員，卻贏得比賽。如果要奧特格選擇團隊投資，林白是最不可能中選的那個人。

3. **外包的創造力**。獎項引來新的參與者：業外人士、特立獨行者，以及其他不大可能在傳統研發環境中工作的創新者。結構完善的誘因獎項比傳統研發更能善用廣泛的全球人才庫，把全世界最好、最聰明的腦袋聚在一起（無關乎

年齡、種族與性別），工作起來更努力、更快速，有時候還同心協力（加入同一支團隊）。

4. **提高公眾識別度與拉高問題的能見度。** 誘因導向的獎項創造出的曝光率有教育功能，讓社會把焦點放在問題的嚴重性上。回過頭來，全球媒體的關注會刺激參賽團隊更努力，很多時候也會承擔更高的風險。

5. **克服現有限制。** 誘因導向的比賽超越社會限制、法規障礙與政策制度，重新定義可能性。這類獎項不在乎你的年紀或你的工作地點，只衡量你的想法與執行品質。因此，被顧頇的執行長或自我膨脹的工會壓制的解決方案，得以加速付諸實行。

6. **改變典範。** 誘因導向的比賽有助於推動變革，改變人們相信可行的典範（paradigm）。在林白那一趟飛行之前，飛行器是熱氣球駕駛員或膽大包天之人的專利，但之後則可供乘客與飛行員乘坐。大眾對於跨海飛行的印象改觀了，順勢替航空產業的興起鋪出一條路。在成立安薩利 X 大獎之前，太空旅行是政府的專利，但在這之後則開放給每一個人。

7. **催生出一個產業，帶來持續性的益處與影響。** 誘因導向競賽頒發獎金的時點，不一定要在比賽結束之時，也可以設計成新產業興起之時。要能贏得獎項，光是創新還不夠；要能帶動嘉惠人類的突破，創新必須上市。最終，目標是

解決問題與激發創業，帶出一整套成為新產業骨幹的產品
與服務。

8. **提供財務上的槓桿作用力。**設計得當的比賽輕而易舉就能
帶進高額投資，金額遠超過獎金。創新者和投資人通常樂
於投入高於獎金的資金，理由有二。第一，多數參賽團隊
都是樂觀主義者，他們一開始都相信自己能夠在花費低於
獎金的前提下獲勝，之後才慢慢合理地提高金額。第二，
設計得宜的獎項都有後端商業模式，讓團隊的投資能獲得
報酬。

9. **創造市場需求。**在奧特格獎之前，由於少有人相信以飛行
的方式跨越大西洋可行，因此公眾對於往來大西洋兩岸的
航線根本沒有需求。太空旅行與安薩利 X 大獎的情況亦
同。設計與執行妥當的誘因導向挑戰，會引發可觀的市場
需求，這常會建立新市場並引來投資資本。

10. **吸引新專業與跨學科解決方案。**真正的突破通常來自平常
的專家領域之外。設計很扎實的挑戰會拉抬問題的能見
度，吸引非傳統創新者並帶動不大可能合作的人從事跨學
科協作。

11. **帶動法規革新。**在某些情況下，強而有力的誘因導向獎項
也可以帶動政府改革，有助於釐清和比賽相關的法規問
題。獎項曝光之後，會吸引很多參與者施加必要的政治壓
力促成改革。以安薩利 X 大獎為例，這項比賽使得美國聯

邦航空總署改變法規，准許可重複使用的商用太空船載客
從事太空旅行。

12.鼓舞、希望與明智地承擔風險。說到底，競賽的重點在於
促成創新，為陷入遲滯的領域創造希望。在某些被規避風
險的先入者把持的領域裡，若無非傳統團隊明智地承擔風
險，不大可能帶來真正的突破。請記住。當一件事還未有
真正的突破之前，都被當成瘋狂的概念。

設立獎項在哪些情況下才有意義？

　　獎項不是萬靈丹。很多挑戰太過複雜，難以設立獎項，有
些則必須籌得大筆資金才能拿到參與的門票。以我的經驗來
說，設立獎項在下列情況下最有意義：

1. 你很清楚目標是什麼，但沒有方法達成。以安薩利 X 大獎
為例，我知道我希望太空船可以重複載客並在太空行駛一
百公里。我不知道（或不在乎）推進系統、著陸系統是什
麼類型，或者太空船要用什麼材質。

2. 你有大量的創新者群眾可以善用。你會希望創新者來自四
面八方，限制參賽者只能出自於小型的人才庫，成果就差
多了。溫蒂‧施密特溢油清理 X 挑戰吸引來自全球 350 支
隊伍，倘若我們限制僅有某個大學的學生才能參賽，絕對
無法達成預設目標。

3. 小型隊伍就有能力解決挑戰。理想的比賽，必須是相當小

型團隊就能解決問題。以「美國國防高等研究計畫署大挑戰」（DARPA Grand Challenge）為例（比賽標的是無人駕駛汽車），就有一群史丹佛大學研究生組成的隊伍；以安薩利 X 大獎為例，則有縮尺複合體公司（Scaled Composites）的三十位工程師團隊。需要更大規模團隊才能參與的專案，很可能面對募資與管理方面的挑戰。

4. **時程、解決方案類別與可能的優勝者都有彈性。** 運用誘因獎項做為解決方案時，你必須放棄一部分的控制權，以換取非傳統參賽者可能帶來的意外突破。如果你過份狹隘地限制挑戰參數，例如必須運用哪些科技或創新者的背景條件等，獲得預定成果的機率就會大減。

5. **最終智慧財產的擁有權要有彈性。** 我們在後續段落會再詳談智慧財產權的問題，但以多數 X 大獎來說，智慧財產權都由優勝團隊保留，贊助商資助比賽只是為了曝光率，或是為世界帶來真正的改變。「X 英雄」系列的挑戰則不一定如此，這些比賽中的智慧財產權到最後歸贊助商所有。

三大動機

我在研究獎項時，找出了吸引團隊參賽的三大動機。了解這些動機，可以幫助你調整比賽，以吸引到最多人參與。

1. **意義／認同。** 很多有潛力的人才，希望有機會向全世界證明自己。獎項，尤其是蘊含「扭轉乾坤的使命」與具備能

見度的獎項，能讓優勝團隊有機會一夕成名。

2. **金錢**。許多團隊都不只是為了錢而參賽，但有時候金錢也是很實際的動機。就以保羅・麥克迪（Paul MacCready）博士為例；他設計並打造出「遊絲神鷹號」（Gossamer Condor），這是以人力為動力的飛機，在兩個相距半英里的標誌之間以八字形飛行。麥克迪參賽並贏得 5 萬英鎊的克洛莫獎（Kremer prize），還清了個人債務。[23]

3. **挫折感**。很多時候（例如溫蒂・施密特溢油清理挑戰賽），參賽團隊是因為對現況感到挫折，希望解決問題。因此，比賽讓他們有目標可以目標，也讓他們能聚焦在自己的挫折感上。

設計誘因導向挑戰的關鍵參數

在設計誘因導向比賽或「X 英雄」挑戰時，必須考慮到 15 個重要參數。

1. **簡單、可衡量且客觀的規則**。設計挑戰賽時，要盡力把規矩訂成直接、可衡量且客觀，時限則要訂成讓人一眼就可看出確實有人會勝出。以奧特格獎為例，規則是「不間斷飛行於紐約與巴黎之間。」以安薩利 X 大獎為例，規則可簡化為「承載三人的同一艘太空船可飛到一百公里高處，兩週飛兩趟。」詳細的規則當然更複雜，但好的獎項必須做到容易解釋、容易了解。

2. **定義問題，而非解決方案**。比賽規則應定義要解決的問題，而非要執行的解決方案。比方說，安薩利 X 大獎不在乎太空船的細節（推進、降落機制等），唯一的目標是要載三個人到一百公里高處，兩週兩次。因此，比賽中看到十二種截然不同的方法。

3. **挑選適當的架構**。誘因導向的競賽有各種不同架構，下面列出幾種值得考慮的版本，請挑選一個最適合的：

   • **搶第一**。這類比賽把獎金頒給第一個達成預設目標的隊伍。

   • **在時限之前搶第一**。這正是安薩利 X 大獎的架構。我們提供 1 千萬美元給第一個能飛到一百公里高處兩次的人，但期限是 2004 年 12 月 31 日以前。

   • **集合大賽**。這一種和奧運最相似，集合大賽在某個特定日期舉行，由各團隊直接面對面競技，表現最好的贏得獎金。

   • **設定最低門檻的集合大賽**。這是溫蒂・施密特溢油清理 X 挑戰的架構，團隊把他們的硬體帶到同一個地點，直接比賽。成績最好、高於最低門檻（每分鐘清理 2,500 加侖溢油）的團隊，贏得比賽。

4. **因應市場失靈**。要重新活絡已經卡住的產業、開拓新的市場，誘因導向的競賽常是必要的刺激因素。獎項應著眼的問題是市場失靈而有礙解決方案之處，下列是一些常見的

市場失靈範例：

- 人們相信某個問題無法解決，而這是制度上與公眾的誤解。
- 問題有污名，使得人們甚至不試著去解決。
- 頑固的參與者或工會阻礙公平競爭或產業與技術的轉型。
- 資本並未流入重要問題的領域。
- 法規架構阻礙創新落實。

5. **在大膽與達成目標之間，取得適當平衡。** 獎項必須大膽（例如有「扭轉乾坤的使命」）才能鼓舞人心，但又不能困難到根本辦不到。我一開始就宣布，安薩利 X 大獎的目標是要在天體軌道下方飛行到一百公里高處，很多人都批評這項比賽，說民間飛行應以進入地球軌道為目標。倘若以後者為目標，就不大可能有人贏得比賽（從能源面來說，飛到軌道上比在軌道方飛到一百公里高處困難五十倍。）換言之，飛行到天體軌道下方已經夠大膽，而且是能夠完成的目標，我們無須進一步改變典範。

6. **獎金規模。** 獎金金額高低不同，一般的 X 大獎獎金從 200 萬到 3,000 萬美元，「X 英雄」系列挑戰則從 1 萬美元到 100 萬美元。獎金金額由幾個要素決定：認為多高的誘因才能激發行動、後端市場的價值、參加比賽必要的最低成本（例如，獎金金額可能會根據團隊的預期花費而定）、問題

嚴重性的認知度，以及贊助商想要打品牌的企圖心（號稱「有史以來最大的……。」）如果後端商業模式能讓他們的創造出投資報酬，參賽團隊通常樂於投入高於獎金的成本。以高端的獎項來說，會訂出高額的獎金（例如 1,000 萬美元）以在喧囂的媒體當中突圍、提高問題的能見度及吸引非傳統參賽者。

7. **比賽期間的持續媒體曝光。**設計得最好的挑戰，其架構可持續吸引媒體注意。不間斷的關注會引來金主，有助於建立社群，並能帶動樂見的心態改變。以安薩利 X 大獎為例，這項比賽需要在兩週內飛兩趟。與比賽要求在一天內飛一趟即可的情況相比，我們訂的規則可提高團隊的曝光度，最好的獎項設計可保證自始至終都有話題。

8. **要設計要適合放送且迷人的結局。**結局適合大肆放送的比賽（也就是說，結局極具視覺吸引力），有助於帶動媒體的注意力。這會讓團隊花費更多時間金錢努力去贏，因為每一個人都想出名。這類結局也有助於加深媒體的印象，可教育大眾這場比賽促成了哪些改變。

9. **設置多種獎金與特別獎。**設置多種獎金，例如第二名、第三名及「特別獎」，可以增加參賽隊伍的數量，以及使用的方法數目。設置次一等的獎金，能使得各團隊在第一名很強的情況下也兢兢業業，讓團隊競逐冠軍之後的名次。這也可以拉長比賽的時間，從而提高獎項改變典範的能力。

10. **以超越「非常可信」的標準推出比賽**。一開始宣告舉辦挑戰時，就必須讓很多人看見，而且要非常可信。推出獎項之時，要引起最大的媒體曝光率，要同時讓獎項本身及贊助者皆能贏得鎂光燈，請務必確認比賽從一開始就被當成一回事。若做得好，「非常可信」的發表會就能改變公眾對這項比賽的認知，從「做得到嗎？」到「什麼時候會有結果，誰會贏？」在發表會上，重點是要讓亮眼的背書者（他們可以分得屬於他們的聲譽權益）以及一些已經準備參賽的團隊也都參與。

11. **全球參與／完全開放**。最好的誘因導向比賽要具備全球性，要廣召天下英雄，無視其年齡、學歷與經歷，才能把獲得突破性成果的機率拉到最高。換言之，不要預設解決方案會從哪個特定的地方冒出來。以經度獎為例，英國海軍很確定訂出經緯度的人會是觀星的人，他們也選拔偏愛天文學家勝出的人擔任委員，結果使得身為鐘錶匠的哈里森將近十年都無法領到獎金。

12. **獎項的時程與時限**。獎項的時程由比賽的難易度決定，比較小型的「X 英雄」系列挑戰可能會在半年到一年間頒出獎金，金額高達 1 千萬美元的大型 X 大獎，則設計成比賽三到八年。以適當的時程搭配實現，將可帶動更多行動。1996 年 5 月推出的安薩利 X 大獎比了八年，在時限（2004 年 12 月 31 日）前不到三個月才有人抱走大獎。

13.**智慧財產權與媒體權的所有權**。以一般的 X 大獎而言，團隊可保有智慧財產權，X 大獎基金會則保有媒體權。其他的獎項可能會設計成讓大眾可以取得智慧財產，或者部分智慧財產權由獎項主辦單位擁有或能取得授權。如果主辦單位以取得智慧財產權來換取提供獎金，那這就是一項商業性的獎項。如果智慧財產權由團隊保留或開放給公眾，那這就是為慈善性的比賽，獎金通常可抵稅。一般來說，可以考慮下列四種版本。

- 慈善性：由優勝者保有智慧財產權。
- 慈善性：智慧財產權開放給一般大眾。
- 商業性：由獎項主辦單位擁有智慧財產權。
- 商業性：智慧財產權授權給（或分享給）獎項主辦單位。

14.**在設計獎項時納入後端商業模式**。最理想的獎項設計得宜，會有後端的商業機會供團隊在贏得比賽後善用。比方說，安薩利 X 大獎要求的是能承載三人的太空船，而非單人機。這打開了太空旅遊的商機，容得下一套商業性的業務模式，讓團隊更能輕鬆就能募得資金，而且是他們願意花費超越獎金的成本以求獲勝的主要原因之一。當有團隊勝出時，緊接而來的曝光率帶來了資本投資，這套科技也因此被採用，市場的接受度也高了，還催生出一整個全新的產業，針對比賽一開始瞄準的市場失靈提出長期的解決方案。

15.白紙黑字寫下最終規則。規則是誘因導向比賽的 DNA，會
決定比賽的成敗並驗證長期的有效性。因為技術或政治／
社會變化而無效的規則，很有問題。太過天真或容易被打
破的規則，會導致負面的結果或根本烏有。請來看看諾貝
爾獎得主理查·費曼（Richard Feynman）在 1959 年的演說
「下面的空間還很大」（There's Plenty of Room at the
Bottom）中宣布的兩個著名獎項。費曼設立了兩個獎金為
1,000 美元的獎項，其中一項頒給第一個打造出 1 立方公釐
大小工作馬達的人，第二個獎頒給第一個可以把書頁的資
訊，寫進長、寬都縮小為兩萬五千分之一頁面的人。[24] 第一
個獎項的規則遭到嚴重誤解。費曼的用意是要推動奈米技
術，但他收到的作品卻是由一名想創業的研究生打造出來
的工作馬達，優勝者使用的是巧妙嚴謹的工匠技術與傳統
工具（珠寶匠的鑷子和顯微鏡）。費曼付出了獎金，但沒達
成目的。雖然第一個獎未達目的，但在 1985 年，史丹佛的
研究生湯姆·紐曼（Tom Newman）贏走了費曼的第二個
獎，他把《雙城記》（*A Tale of Two Cities*）的第一頁縮小了
兩萬五千分之一。[25]

　　如今，X 大獎花了很多時間去思考基本目的：如何在不限
制過程的條件下達成目標，以及如何避免假性的優勝，例如前
述以傳統工具打造出的微型馬達。在比賽一開始時，我們會提
出一套方針，可公開流傳，並且開放各界批評指教。我們會和

團隊大量討論，幾個月後，方針會變化成規則。在太空船一號的揭幕式上，伯特・魯坦提到：「很神奇的是，X 大獎的規則到今天仍然有效，這個獎項在 1996 年公布，距今已經將近八年了。」這是非常重要的一刻。

推動誘因導向競賽的按部就班實務指引

考慮過前述所有參數之後，就開設計、成立並推出你自己的競賽了。「X 英雄」平台可助你一臂之力，或者你也可以全部自己來。下列就是其中的步驟。

1. 概念發想。你要解決的問題是什麼？

找到關鍵議題。讓你夜不成眠的問題是什麼？可能是技術性的、社會性的或市場性的。你想透過比賽改變哪種典範？這個世界在有人贏得獎項後會有哪些改變？努力找出導致停滯不前的市場失靈面。一層層抽絲剝繭，判斷核心是什麼。概念發想階段助你找出問題核心。

2. 指引與指標。你要衡量哪些參數？

下一步是要決定跟成功有關的重要特性。你希望團隊在競賽期間達成哪些目標？最後的終點線是什麼？你要衡量什麼？如何衡量？比賽的評判工作不費吹灰之力，還是需要耗費大量心力？目標是否過於大膽？公眾（或你的社群）對於你設定的

目標有何想法？

3. 其他細節：名稱、金額、期間與智慧財產

- **名稱**。你的挑戰賽要取什麼名字？你要找的是容易識別、很好記、很酷又很時髦的名稱——可以傳遞競賽的本質，而且能夠快速、熱烈傳播開來。

- **獎金金額**。你提供的獎金多高？解方相對問題價值有多高？目標是要提供可以引來創新者的高額獎金，但又不至於高到鼓勵極端保守派也跳下來。適當的獎金通常足以支付創新團隊可能花費的基準成本。如果你沒有現金，群眾募資也是一條路，但務必確定選對了足以激勵社群出資的獎項名稱、目標和「扭轉乾坤的使命」。

- **期間和形式**。多數獎項都應有時限，但你永遠都可以延長時限。你認為解決問題需要花多久時間？請記住，短時限會刺激團隊承擔更高的風險，但時限過短則會使得團隊不願參賽。你的挑戰最適用的結構是什麼？你要把獎金頒給第一個超越最低門檻的團隊嗎？你要把它變成年度競賽，每一年都在特定期間獎勵表現最好的人（就像奧運）嗎？每一種方法都可以帶來極大的益處，而每一種挑戰運作方法都暗藏著不同的成本意義。

- **智慧財產權**。比賽最後由誰擁有智慧財產權？如果你意不在此、讓團隊保有創新，可能會引來更多隊伍參賽。你也可以

選擇請他們授權給你，或是開放給公眾。

4. 琢磨你的獎項設計

推出獎項之前，花時間多做幾次規則審查。若你想讓競賽達到最佳狀況，下列這幾項是核心參數。

- 設計得很難作弊。請記住費曼的範例：抱走大獎的研究生是用鑷子打造出微型馬達。你能否強化規則，以防範作弊或假性優勝？

- 檢視規則，確認所有重要指標都很客觀且可衡量。換句話說，要確認你知道如何選出冠軍，你的評審團輕鬆就能判別勝負，還是需要昂貴、特殊的設備？事先回答這些問題，能讓你在事後大大省心。

- 你是否評估過舉辦一場比賽的費用要多少？你在主辦、評審與推廣方面，能否找出更便宜的方法？

- 在對朋友說明比賽時，他們是否清楚團隊必須做什麼才能獲勝？小孩能否在晚餐桌上和爸媽說得清楚？你有沒有很容易就能傳達的一句宣傳台詞？

- 比賽的勝出時刻能否大力放送，讓大型媒體也感興趣？還是，你設計的是一場無聊的比賽，最後由電腦列印出的0101 組合變化決定勝負？

- 如果真的有人贏了，勝出的科技真的能引發你樂見的影響嗎？能解決之前存在的市場失靈嗎？能催生出新產業嗎？

5. 推出競賽、登記參賽隊伍

　　下一步是要以高於「非常可信」的標準推出比賽。你需要媒體與社交網路吹捧這項挑戰，你也需要設計簡單的機制，讓因此備感興奮的團隊登記參賽。你也要考慮團隊來自何方（大學、小企業、你自家員工、你的在地社群），確定你在宣布時有瞄準正確的社群。請記住，團隊是誘因導向競爭的核心；把他們找來並滿足他們的需求，對於成敗而言至關重要。

6. 經營你的比賽

　　多數人不明白經營誘因導向的競賽並不是免費的；事實上，X 大獎的運作成本通常等於獎金。要維持獎項的運作、與團隊互動、應付法律相關作業、確保比賽的公平、處理公關議題等，都需要動用人員和時間。整套過程可能長達幾個月到幾年，務必確認你設置適當資源經營比賽。

　　就連提供平台、讓這些要求更容易滿足同時大幅拉低營運成本的「X 英雄」，還是需要下列元素才能成功：

- **法務**。要登記參賽，隊伍必須簽署一份穩健合理的協議，詳述競賽規則與在不同情況下的各種條件規則。以我個人經驗來說，最好的做法是創造一套簡單便利的機制，供備感興奮的團隊在比賽中表達他們的意向興趣。蒐集聯絡資訊的簡單表格很好用。之後參賽者需要簽署由你的法務顧問編制的團隊主契約，以效力來說這就是契約，規定團隊要做哪些事才

算是贏、你保有哪些權利、團隊又保有哪些權利。

- **比賽導引人。** 競賽必須要有代言人，這個人要能談談願景和使命，並巧妙回答一定會出現的棘手問題。
- **社群暨團隊經理。** 此人要和各參賽隊伍與整個社群互動，負責回答所有問題，確保比賽能夠產生最大的影響力。
- **評審。** 這一群人完全獨立，幫助你決定誰是優勝者。

7. 評審、頒獎與公開曝光

比賽的最後階段涉及判定優勝者。在評審階段，要確保你、所有團隊、媒體及公眾（而且是以不引起爭議的方式），知道由誰贏得比賽、理由為何。

接下來是頒發獎金與獎盃等，目標是要盡量行銷勝利時刻，讓眾人廣知。祝賀勝利者、贊助商及評審；事實上，要恭喜每一位參與者。目標是要創造深刻的變化，這件事唯有透過曝光才能達到。很多人需要知道，本來看似不可能的挑戰，現在可以化解了。正因為如此，可大肆放送的結局才這麼重要。

結語：膽大無畏，開創未來

最後這幾年，我定義出了自己的「扭轉乾坤的使命」。在幾次來來回回與錯誤的開始之後，我發現下列這件事讓我最快樂：「協助企業家創造大量的財富，同時創造出一個富足的世界。」我的「扭轉乾坤的使命」來自於明白：世界上最嚴重的

問題，同時也是最大的商機。這些問題是現代的金礦；問題愈
嚴重，解決方案就愈寶貴、愈重要。

而世界上有能力開採這座金礦、迎接這類挑戰的人大為增
加。幾百年前，這些活動都是皇家專屬的領域；幾十年前，則
是國家領導者與跨國企業領導者的特權；如今，幾乎每一個擁
有熱情的人，都有力量為世界帶來實質的改變。

這就是本書的重點。第一步討論的指數型科技，賦予我們
創造巨變的實質工具。第二部說明的心理策略，是連續成功的
心理架構。第三部的指數型群眾工具，則提供所有必要的其他
資源，包括人才和資金等，讓我們可以衝破終點線。

最重要的一點是：富足並非科技烏托邦式的願景。光是科
技並不足以給我們更好的世界，重要的是你我。要創造這個更
美好的世界，需要大家共同的合作，而這很有可能是人類史上
規模最大的協作。換言之，未來是大膽、美好的，但就像其他
事物一樣，最後會怎麼樣，全看你我。

這又導出我的結語，在《富足》一書中，我和科特勒以指
數型科技帶來的危機作結。這一次，我們關心的面向變成領
導，而大張旗鼓倡導領導重要性的人，是本書稍早提過的德勤
管理顧問公司主管馬可斯・辛格斯。辛格斯說：「指數型時代
的來臨，將把改變遊戲規則的科技，交到每一個人的手上。雖
然這無疑將引領我們通往富足之路，但也可能把財富與權力集
中在少數人的手上。要能順利度過未來的波濤洶湧，我們需要

一群不會因為絕對權力而腐化的新式道德型領導者。」[26]

辛格斯呼籲要培養出新式的道德型領導，這無可爭論，而且時機點也正好。雖然本書談的一直是膽大無畏的創業與影響力，我們希望在大聲疾呼膽大無畏的領導聲中，為本書畫下句點。

多數的邪惡都躲在黑暗中，獨裁者和暴君在少有人看到時，私下壓迫女性、兒童和弱勢者。但在未來的指數型時代，在一個感應器、無人機、衛星和智慧型眼鏡數以兆計的世界裡，總是有人在看。這會引發世人嚴重關切隱私，但也讓我們得以寄望終結壓迫，以及可能開啟另一種全新的道德型全球領導。

誰會成為指數時代裡的馬丁・路德・金恩博士（Martin Luther King, Jr.）或甘地？歷史告訴我們，這類領導人極為罕見，而且一開始出現時通常少有人珍惜。這種領導可能會在虛擬世界裡的實驗當中實現，或者出自於群眾外包競賽，或者屈服在良善的人工智慧之下。不管是哪一種，都是人類有史以來第一次有可能真的出現道德型的全球領導。這樣的領導或許會帶動老派的行事作風，少數深思熟慮的公民為了看到變革，願意忍受長期寂寞、懷抱著更多的希望，並搭起橋梁連結常常造成分化的巨大鴻溝。

有一件事是確定的，就是伏爾泰（Voltaire）說過的不朽名言〔後來被漫畫家史丹・李（Stan Lee）光明正大偷用，出現在《蜘蛛人》（*Spider-Man*）裡）〕：「能力愈強，責任愈重。」

（"With great power comes great responsibility."）這表示，現在我們有能力解決世界級的大挑戰，創造一個富足的世界；這也表示，要打敗過時的陋習：貪婪、恐懼、殘酷、專制──這些不都是存在太久、早已無用的禍害嗎？

想一想，我們走了多遠的路。住所是人類最古老的需求之一，但現在利用 3D 列印，一天就可以蓋十棟供單親家庭居住的房舍。以重要性來說，居住之後緊接著就是醫療保健。在未來五年內，我們將能透過人工智慧診斷疾病，從而把醫療保健變成人人可為之事。只要我們能夠把頭探出去、看著奇蹟發生，就能伸手摘星。在未來十年內，我們將能推出第一趟的行星採礦任務。我們對此毫無疑問，因為我們膽大無畏。但若沒有膽大無畏的領導，幫助我們設定路線，歷史也指向我們很可能在錯誤決定的荒漠之中，浪費掉大把的時間。

「鄰域可達性」（adjacent possible）是理論生物學家史都華・考夫曼（Stuart Kauffman）所提的美妙說法，用來指稱每個新興發現可以開啟的無數途徑，宇宙的萬事萬物就藏在單純的事物中，例如單一想法。[27] 富足就是其中一個簡單想法，它的時代來了！一切都仰賴於我們開啟「鄰域可達性」，協助人類完全發揮指數型的潛能。

後記
如何採取行動

　　這是令人興奮的時代，每週都會有新科技從實驗室流出來、流進市場裡，帶領我們邁向富足之路。我們認為，非常重要的是，你要能夠取用這個愈來愈大的知識庫。所以，下列要呈現五個不同的方法，讓你能夠隨時掌握新知，和本書的兩位作者互動，加入持續性的對話，了解科技大幅進步如何為我們創造富足的世界。

「富足中心網」：免費的最新內容

　　請上我們的「富足中心網」（www.AbundanceHub.com），你可以從這裡獲得與富足、指數型科技相關的最新數據、文章、部落格和影片。本網站免費，而且有各種媒體。你也可以訂閱免費的電子報，參與未來的行動，還可以看到「富足的新證據」（"New Evidence of Abundance"）部落格每週更新的文章與其他內容。

迪亞曼迪斯的個別指導：「富足 360 高峰會」

請加入迪亞曼迪斯的「富足 360 高峰會」（Abundance 360Summit, www.A360.com），這是一群對於創造大量財富同時創造富足社會懷抱熱情的企業家。

「富足 360 高峰會」社群的會員活動經過精心策劃，聚焦在承諾把 10x 企業擴大成 100x 企業、以全球為舞台的頂尖企業家。高峰會與每月的網路研討會，都由迪亞曼迪斯親自教授和策劃，並且和奇點大學與策略性教練機構（Strategic Coach）合作。內容著重於把指數型的工具和科技變成可傳授的材料，能夠立即用於你的事業和生活中。迪亞曼迪斯承諾未來二十五年都要經營「富足 360 高峰會」，在成長快速、難以預測的世界裡，這是一套可信的方案，每年 1 月都會為你提供當年的發展指引。想要加入這個社群、獲得迪亞曼迪斯的個人指導，請上 www.A360.com 啟動申請流程。

心流基因體計畫：訓練與方案

在心流基因體計畫中，當人們了解心流對於頂尖表現，竟然有這麼大的影響之後，我們最常被問到的問題是：個人或組織要如何才能多觸發心流？如果你想深入了解心流如何助你一臂之力、大幅提升你的表現，該計畫提供各種不同的課程與訓練方案，從個人性質的線上訓練到持續多日、甚至多月的企業培訓方案都有，細節請見 www.FlowGenomeProject.com。

奇點大學的課程與學程方案

　　如果你很樂於了解奇點大學，想要參加我們的學程，竭誠歡迎各位。研究所與大學部的學生可以申請為期十週的「研究所學程」（Graduate Studies Program, GSP）。至於其他人，包括企業高階主管、投資人與企業家，可以申請加州山景城（Mountain View）奇點大學定期開設的六天制高階主管學程。關於這兩類學程的詳細內容，請上奇點大學的網站：www. SingularityU.org。

X 大獎基金會與會員資格

　　有意設計或贊助 X 大獎的慈善家與企業，請上 www. xprize.org 了解詳細內容。或者，透過電子郵件聯繫我們，亦可獲得更多資訊，電子郵件地址為：alliances@xprize.org。

專題演講：邀請迪亞曼迪斯或科特勒發表演說

　　想邀請迪亞曼迪斯到貴公司或特定組織發表專題演說，請上 www.Diamandis.com 了解詳情。想邀請科特勒到貴公司或特定組織發表專題演說，請上 www.StevenKotler.com 了解詳情。

　　非常感謝你撥冗閱讀《膽大無畏》，期盼我們不落俗流的未來觀點，能夠沖淡目前的一些悲觀主義成分。創造富足是人類最大的挑戰，但只要我們同心協力，有信念、採取行動，在我們有生之年便可實現這個美夢。

謝辭

這本書因為許多傑出人士慷慨獻智而獲益良多。首先，我們兩位要對家人表達深切的感謝：迪亞曼迪斯家的捷特（Jet）、達克斯（Dax）和克里斯坦（Kristen），與科特勒家的喬伊·尼克森（Joy Nicholson），感謝他們無上的耐心與支持。我們也要感謝經紀人約翰·布洛克曼（John Brockman）、編輯湯瑪斯·勒班因（Thomas LeBein）、布萊特·海伍德（Brit Hvide），以及為本書付出心力的每一個人。

我們感謝一群專家與朋友提供的洞見與反饋，包括薩利姆·伊斯梅爾（Salim Ismail）、馬可斯·辛格斯（Marcus Shingles）、安德魯·赫賽爾（Andrew Hessel）、麥可·華頓（Michael Wharton）、傑米·韋藍德（Jamie Whealand）與佛瑞德·麥當勞（Fred MacDonald）。

特別感謝迪亞曼迪斯的 PHD 事業（PHD Ventures）團隊，包括瑪莉莎·布拉斯菲德（Marissa Brassfield）、寇帝·拉普（Cody Rapp）、馬克思·布瑞克林（Maxx Bricklin）與凱莉·

路甄（Kelley Lujan）等人，感謝他們在研究與群眾外包上給予寶貴的支持，在為我們提供資料時也從不打烊。在此也要感謝蔻妮·佛克斯（Connie Fox）擔下重任，負責協調迪亞曼迪斯的日程與人生。

至於研究與靈感發想的部分，我們也要感謝在共同創辦人兼校長雷·庫茲威爾（Ray Kurzweil）、執行長羅伯·奈爾（Rob Nail）領導下的奇點大學大家庭，包括各位校友、教職員與工作人員。非常感謝 X 大獎大家庭對於我們撰寫本書的支持與鼓勵，更感佩他們獻身解決人類的重大挑戰。在此，特別感謝鮑勃·衛斯（Bob Weiss）、艾琳·芭索洛（Eileen Bartholomew）、特瑞莎·哈拉曼德瑞斯（Trish Halamandaris）、保羅·拉波特（Paul Rappoport）、克里斯·法蘭吉歐納（Chris Frangione），以及 X 大獎的全體同仁。

在教練指導與超級明星行銷顧問方面，我們有幸能獲得下列各位的指導：丹·蘇利文（Dan Sullivan）與策略性教練（Strateigic Coach）機構團隊，以及喬·波利胥（Joe Polish）、布蘭登·伯查德（Brendon Burchard）與麥克·克來納（Mike Cline）。

迪亞曼迪斯特別要感謝莎拉·布萊曼（Sarah Brightman）令人振奮的音樂，在飛機上與旅館房間裡振筆疾書時聽了不下千百次。

萬分感謝作家鮑勃·休斯（Bob Hughes）的支持，他很早

就創辦幾個部落格，研究本書的內容；另外，要感謝麥可‧德魯（Michael Drew）大力推廣這本書。

最後，我們也要感謝成千上萬的同好與讀者，謝謝大家在我們策劃內容時，透過 Google+、臉書和電子郵件提供意見。這些朋友的芳名錄列於此處：www.BoldtheBook.com/supporters。

注釋

前言　指數型企業家的誕生

1. Mary Bagley, "Cretaceous Period: Facts About Animals, Plants & Climate," *LiveScience*, May 1, 2013.

2. Paul R. Renne et al., "Time Scales of Critical Events Around the Cretaceous-Paleogene Boundary," *Science* 339, no. 6120 (February 8, 2013): 684–687.

3. 可在很多地方找到相關資料，此連結有精采的資訊圖表，比較一般智慧型手機和1985年的超級電腦：http://www.charliewhite.net/2013/09/smartphones-vs-supercomputers。

4. Ray Kurzweil, "The Law of Accelerating Returns," *Kurzweil Accelerating Intelligence*, March 7, 2001, http://www.kurzweilai.net/the-law-of-accelerating-returns.

5. 《富足》2012年榮獲《財星》和《理財》（*Money*）雜誌選為年度最佳5本書之一。

第1章　再會，線性思維……指數型巨獸現身

1. Elizabeth Brayer, *George Eastman: A Biography* (Baltimore, MD: The Johns Hopkins University Press, 1996), 24–72. Or see http://www.kodak.com/ek/US/en/Our_Company/History_of_Kodak/George_Eastman.htm.

2. See http://www.kodak.com/ek/US/en/Our_Company/History_of_Kodak/

George_Eastman.htm.

3. 出處同上。

4. See "Kodak Moments: Steve Sasson, Digital Camera Inventor," https://www.youtube.com/watch?v=wfnpVRiiwnM.

5. John Pavlus, "How Steve Sasson Invented e Digital Camera," *Fast Company*, April 12, 2011, http://www.fastcodesign.com/1663611/how-steve-sasson-invented-the-digital-camera-video.

6. Steve Sasson, "Disruptive Innovation: The Story of the First Digital Camera," Linda Hall Library Lectures, October 26, 2011.

7. Andrew Martin, "Negative Exposure for Kodak," *New York Times*, October 20, 2011, http://www.nytimes.com/2011/10/21/business/kodaks-bet-on-its-printers-fails-to-quell-the-doubters.html?pagewanted=all.

8. Pavlus, "How Steve Sasson Invented The Digital Camera."

9. Gordon E. Moore, "Cramming more components onto integrated circuits," *Electronics*, April 19, 1965, 4.

10. Ray Kurzweil, " The Law of Accelerating Returns."

11. Michael J. de la Merced, "Eastman Kodak Files for Bankruptcy," *New York Times*, January 19, 2012, http://dealbook.nytimes.com/2012/01/19/eastman-kodak- files-for-bankruptcy/.

12. Chris Anderson, *Free: How Today's Smartest Businesses Profit by Giving Something for Nothing* (New York: Hyperion, 2010), 2–3.

13. Elizabeth Palmero, "Google Invests Billions on Satellites to Expand Internet Access," *Scientific American*, June 5, 2014.

14. Richard Foster and Sarah Kaplan, *Creative Destruction: Why Companies That Are Built to Last Underperform the Market—And How to Successfully Transform Them* (New York: Crown Business, 2001), 8.

15. Babson Olin School of Business Advertisement, *Fast Company*, April 2011, 121.

16. Foster and Kaplan, *Creative Destruction*.

17. Salim Ismail, AI, 2012.

18. Virginia Heffernan, "How We All Learned to Speak Instagram," *Wired*, April 2013, http://www.wired.com/2013/04/instagram-2/.

19. Chenda Ngak, "Instagram for Android gets 1 million downloads in first day," CBS News, April 4, 2012, http://www.cbsnews.com/news/instagram-for-android-gets-1-million-downloads-in-first-day/.

20. Joanna Stern, "Facebook Buys Instagram for $1 Billion," ABC News, April 27, 2012, http://abcnews.go.com/blogs/technology/2012/04/facebook-buys-instagram-for-1-billion/.

21. Unless otherwise noted, all Ben Kauffman information comes from a series of AIs conducted in 2013.

22. Issie Lapowsky, "Quirky Lands $79 Million in Funding," *Inc.*, November 13, 2013, http://www.inc.com/issie-lapowsky/quirky-79-million-funding-connected-home.html.

23. AI conducted 2013.

24. Austin Carr, "Inside Airbnb's Grand Hotel Plans," *Fast Company*, April 2014.

25. Serena Saitto and Brad Stone, "Uber Sets Valuation Record of $17 Billion in New Funding," Bloomberg.com, January 7, 2014. See http://www.bloomberg.com/news/2014-06-06/uber-sets-valuation-record-of-17-billion-in-new-funding.html.

第2章　指數型科技：改變世界的力量，人人得而有之

1. Edwin A. Locke, *The Prime Movers* (New York: AMACOM, 2000).

2. AI conducted 2013.

3. Steven Kotler, "The Whole Earth Effect," *Plenty*, no. 24 (October/November 2008): 84–91.

4. J. C. R Licklider, "Memorandum For Members and Affiliates of the Intergalactic Computer Network," Advanced Research Projects Agency,

April 23, 1963. See http://www.kurzweilai.net/memorandum-for-members-and-affiliates-of -the-intergalactic-computer-network.

5. Chris Anderson, "The Man Who Makes the Future: *Wired* Icon Marc Andrees- sen," *Wired*, April 24, 2012, http://www.wired.com/2012/04/ff_ andreessen/all/.

6. Ian Peter, "History of the World Wide Web," Net History, http://www. nethistory.info/History%20of%20the%20Internet/web.html.

7. McKinsey Global Institute, "Manufacturing the future: The next era of global growth and innovation," McKinsey & Company, November 2012, http:// www.mckinsey.com/insights/manufacturing/the_future_of_manufacturing.

8. Institute of Human Origins, "Earliest Stone Tool Evidence Revealed," *Becoming Human*, August 11, 2010, http://www.becominghuman.org/node/ news/earliest-stone-tool-evidence-revealed.

9. Pagan Kennedy, "Who Made That 3-D Printer," *New York Times Magazine*, November 22, 2013, http://www.nytimes.com/2013/11/24/magazine/who-made-that-3-d-printer.html.

10. 本書作者迪亞曼迪斯為3D系統的董事會成員之一。

11. All Avi Reichenthal quotes come from a series of AIs conducted between 2012 and 2014.

12. 根據2014年的大略平均股價計算而得。

13. AI, June 2014.

14. AI with Jay Rogers, 2014.

15. David Szondy, "SpaceX completes qualification test of 3D-printed Super-Draco thruster," *Gizmag*, May 28, 2014, http://www.gizmag.com/superdraco-test/32292/.

16. James Hagerty and Kate Linebaugh, "Next 3-D Frontier: Printed Plane Parts," *Wall Street Journal*, July 14, 2012, http://online.wsj.com/news/ articles/SB10001424052702303933404577505080296858896.

17. Tim Catts, "GE Turns to 3D Printers for Plane Parts," *Bloomberg*

Businessweek, November 27, 2013, http://www.businessweek.com/articles/2013-11-27/general-electric-turns-to-3d-printers-for-plane-parts.

18. All quotes about Made In Space come from an AI with Michael Chen conducted 2013.

19. Brian Dodson, "Launch your own satellite for US $8000," *Gizmag*, April 22, 2012, http://www.gizmag.com/tubesat-personal-satellite/22211/.

20. Statista, "Statistics and facts on the Toy Industry," Statista.com, 2012, http://www.statista.com/topics/1108/toy-industry/.

21. Unless otherwise noted, all Alice Taylor quotes and facts come from an AI conducted in 2013.

22. Cory Doctorow, *Makers* (New York: Tor Books, 2009).

第3章 數到五改變世界

1. Adrian Kingsley-Hughes, "Mobile gadgets driving massive growth in touch sensors," *ZDNet*, June 18, 2013, http://www.zdnet.com/mobile-gadgets-driving-massive-growth-in-touch-sensors-7000016954/.

2. Peter Kelly-Detwiler, "Machine to Machine Connections—The Internet of Things—And Energy," *Forbes*, August 6, 2013, http://www.forbes.com/sites/peterdetwiler/2013/08/06/machine-to-machine-connections-the-internet-of-things-and-energy/.

3. See http://www.shotspotter.com.

4. Clive Thompson, "No Longer Vaporware: The Internet of Things Is Finally Talking," *Wired*, December 6, 2012, http://www.wired.com/2012/12/20-12-st_thompson/.

5. Brad Templeton, "Cameras or Lasers?," *Templetons,* http://www.templetons.com/brad/robocars/cameras-lasers.html.

6. See http://en.wikipedia.org/wiki/Passenger_vehicles_in_the_United_States.

7. Commercial satellite players include: PlanetLabs (already launched), Skybox (launched and acquired by Google), Urthecast (launched), and two still-

confidential companies still under development (about which Peter Diamandis has firsthand knowledge).

8. Stanford University, "Need for a Trillion Sensors Roadmap," Tsensorsummit. org, 2013, http://www.tsensorssummit.org/Resources/Why%20TSensors%20 Roadmap.pdf.

9. Rickie Fleming, "The battle of the G networks," NCDS.com blog, June 28, 2014, http://www.ncds.com/ncds-business-technology-blog/the-battle-of-the-g-networks.

10. AI with Dan Hesse, 2013–14.

11. Unless otherwise noted, all IoT information and Padma Warrior quotes come from an AI with Padma, 2013.

12. Cisco, "2013 IoE Value Index," Cisco.com, 2013, http://internetofeverything. cisco.com/learn/2013-ioe-value-index-whitepaper.

13. NAVTEQ, "NAVTEQ Traffic Patterns," Navmart.com, 2008, http://www. navmart.com/pdf/NAVmart_TrafficPatterns.pdf.

14. Juho Erkheikki, "Nokia to Buy Navteq for $8.1 Billion, Take on TomTom (Update 7)," *Bloomberg*, October 1, 2007, http://www.bloomberg. com/apps/news?pid=newsarchive&sid=ayyeY1gIHSSg.

15. John Swartz, "Show me the Waze: Google maps a $1 billion deal," *USA Today*, June 12, 2013, http://www.usatoday.com/story/tech/2013/06/11/ google-waze/2411871/.

16. Cisco, "2013 IoE Value Index."

17. See http://www.getturnstyle.com.

18. See http://www.adheretech.com.

19. See http://www.coherohealth.com/#home.

20. AI with Briggs conducted 2014.

21. J. P. Mangalindan, "A digital maestro for every object in the home," *Fortune*, June 7, 2013, http://fortune.com/2013/06/07/a-digital-maestro-for-every-object-in-the-home/.

22. Unless otherwise noted, all Bass quotes and Autodesk information comes from a series of AIs with Carl Bass conducted 2012–2014.

23. Michio Kaku, "The Future of Computing Power [Fast, Cheap, and Invisible]," *Big Think*, April 24, 2010, http://bigthink.com/dr-kakus-universe/the-future-of-computing-power-fast-cheap-and-invisible.

24. AI with Graham Weston, 2013.

25. *2001: A Space Odyssey*, directed by Stanley Kubrick (1968; Beverly Hills, CA: Metro-Goldwyn-Mayer), DVD release, 2011.

26. *Iron Man*, directed by Jon Favreau (2008; Burbank, CA: Walt Disney Studios), DVD.

27. AI with Ray Kurzweil, 2013.

28. 參見：http://www.xprize.org/ted。截至2014年年底，這項X大獎還在概念階段，我們還需要深入細節、設計獎項機制，也需要設計贊助人。

29. "Ray Kurzweil: The Coming Singularity, Your Brain Year 2029," *Big Think*, June 22, 2013, https://www.youtube.com/watch?v=6adugDEmqBk.

30. John Ward, " The Services Sector: How Best To Measure It?," *International Trade Administration*, October 2010, http://trade.gov/publications/ita-newsletter/1010/services-sector-how-best-to-measure-it.asp.

31. AI with Jeremy Howard, 2013.

32. For information on the German Traffic Sign Recognition Benchmark, see http://benchmark.ini.rub.de.

33. Geoffrey Hinton et al., "ImageNet Classification with Deep Convolutional Neural Networks," http://www.cs.toronto.edu/~fritz/absps/imagenet.pdf.

34. John Markoff, "Armies of Expensive Lawyers, Replaced By Cheaper Software," *New York Times*, March 4, 2011, http://www.nytimes.com/2011/03/05/science/05legal.html?pagewanted=all.

35. David Schatsky and Vikram Mahidhar, "Intelligent automation: A new era of innovation," Deloitte University Press, January 22, 2014, http://dupress.com/

articles/intelligent-automation-a-new-era-of-innovation/.

36. John Markoff,"Computer Wins on 'Jeopardy!': Trivial, It's Not," *New York Times*, February 16, 2011, http://www.nytimes.com/2011/02/17/science/17jeopardy-watson.html?pagewanted=all.

37. "IBM Watson's Next Venture: Fueling New Era of Cognitive Apps Built in the Cloud by Developers," IBM Press Release, November 14, 2013, http://www-03.ibm.com/press/us/en/pressrelease/42451.wss.

38. Nancy Dahlberg, "Modernizing Medicine, supercomputer Watson partner up," *Miami Herald*, May 16, 2014.

39. AI with Daniel Cane, 2014.

40. Ray Kurzweil, "The Law of Accelerating Returns."

41. Daniela Hernandez, "Meet the Man Google Hired to Make AI a Reality," *Wired*, January 2014, http://www.wired.com/2014/01/geoffrey-hinton-deep-learning/.

42. AI with Geordie Rose, 2014.

43. See http://1qbit.com.

44. John McCarthy, Marvin Minsky, Nathaniel Rochester, and Claude E. Shannon, "A Proposal for the Dartmouth Summer Research Project on Artificial Intelligence," *AI Magazine*, August 31, 1955, 12–14.

45. Jim Lewis, "Robots of Arabia," *Wired*, Issue 13.11 (November 2005).

46. Garry Mathiason et al.,"The Transformation of the Workplace Through Robotics, Artificial Intelligence, and Automation," *The Littler Report*, February 2014, http://documents.jdsupra.com/d4936b1e-ca6c-4ce9-9e83-07906bfca22c.pdf.

47. See http://www.rethinkrobotics.com.

48. All Dan Barry quotes in this section come from an AI conducted 2013.

49. 寒武紀大爆發開始於距今5.42億年前，絕大多數的動物門都在此一時期出現。

50. See "Amazon Prime Air," Amazon.com, http://www.amazon.com/b?node=

8037720011.

51. Jonathan Berr, "Google Buys 8 Robotics Companies in 6 Months: Why?" CBSnews.com, *CBS Money Watch*, December 16, 2013, http://www.cbsnews.com/news/google-buys-8-robotics-companies-in-6-months-why/.

52. Brad Stone, "Smarter Robots, With No Wage Demands," *Bloomberg Businessweek,* September 18, 2012, http://www.businessweek.com/articles/2012-09-18/smarter-robots-with-no-pesky-uprisings.

53. Aviva Hope Rutkin, "Report Suggests Nearly Half of U.S. Jobs Are Vulnerable to Computerization," *MIT Technology Review*, September 12, 2013, http://www.technologyreview.com/view/519241/report-suggests-nearly-half-of-us-jobs-are-vulnerable-to-computerization/.

54. Lee Chyen Yee and Jim Clare, "Foxconn to rely more on robots; could use 1 million in 3 years," *Reuters*, August 1, 2011, http://www.reuters.com/article/2011/08/01/us-foxconn-robots-idUSTRE77016B20110801.

55. Jennifer Wang, "Cutting-Edge Startups Leading the Robotic Revolution," *Entrepreneur*, June 3, 2013, http://www.entrepreneur.com/article/226397.

56. 想對合成生物學有初步認識與概括性的了解,可瀏覽此網站:www.andrewhessel.com。

57. Elsa Wenzel, "Scientists create glow-in-the-dark cats," CNET, December 12, 2007, http://www.cnet.com/news/scientists-create-glow-in-the-dark-cats/.

58. All Andrew Hessel quotes come from a series of AIs conducted in 2013.

59. For a full recounting of Venter's discoveries, see Steven Kotler, Marc Goodman, and Andrew Hessel, "Hacking the President's DNA," *The Atlantic*, October 24, 2012, http://www.theatlantic.com/magazine/archive/2012/11/hacking-the-presidents-dna/309147/.

60. AI with Carlos Olguin conducted in 2013. Also see http://www.autodeskresearch.com/projects/cyborg.

61. See http://www.humanlongevity.com.

62. Walter Isaacson, *Steve Jobs* (New York: Simon & Schuster, 2011), 92.

第4章　大膽登峰：臭鼬工廠的祕密與心流

1.　"Skunk works," Worldwidewords.com, http://www.worldwidewords.org/qa/qa-sku1.htm.

2.　Lockheed Martin, "Skunk Works Origin Story," Lockheedmartin.com, http://www.lockheedmartin.com/us/aeronautics/skunkworks/origin.html.

3.　Matthew E May, "The Rules of Successful Skunk Works Projects," *Fast Company*, October 9, 2012, http://www.fastcompany.com/3001702/rules-successful-skunk-works-projects.

4.　Unless otherwise noted, all Gary Latham and Edwin Locke quotes are taken from a series of AIs conducted in 2013.

5.　Edwin Locke and Gary Latham, "New Directions in Goal-Setting Theory," *Current Directions in Psychological Science* 15, no. 5 (2006): 265–68.

6.　Lockheed Martin, "Kelly's 14 Rules & Practices," Lockheedmartin.com, http://www.lockheedmartin.com/us/aeronautics/skunkworks/14rules.html.

7.　Jeff Bezos, "2012 re:Invent Day 2: Fireside Chat with Jeff Bezos & Werner Vogels," November 29, 2012. See https://www.youtube.com/watch?v=O4MtQGRIIuA.

8.　Dominic Basulto, "The new #Fail: Fail fast, fail early and fail often," *Washington Post*, May 30, 2012, http://www.washingtonpost.com/blogs/innovations/post/the-new-fail-fail-fast-fail-early-and-fail-often/2012/05/30/gJQAKA891U_blog.html.

9.　John Anderson, "Change on a Dime: Agile Design," *UX Magazine*, July 19, 2011, http://uxmag.com/articles/change-on-a-dime-agile-design.

10　AI with Ismail, 2013.

11.　See Dan Pink, "RSA Animate—Drive: The surprising truth about what motivates us," RSA, April 1, 2010, https://www.youtube.com/watch?v=u6XAPnuFjJc.

12.　Daniel Kahneman, "The riddle of experience vs. memory," TED, March

1, 2010, http://www.ted.com/talks/daniel_kahneman_the_riddle_of_experience_vs_memory.

13. Daniel H. Pink, *Drive: The Surprising Truth About What Motivates Us* (New York: Riverhead Books, 2010).

14. Christopher Mims, "When 110% won't do: Google engineers insist 20% time is not dead—it's just turned into 120% time" qz.com, August 16, 2013.

15. James Marshall Reilly, "The Zappos Story: How Failure can Fuel Business Success," Monster.com, http://hiring.monster.com/hr/hr-best-practices/workforce-management/hr-management-skills/business-success.aspx.

16. All Astro Teller quotes come from a series of AIs conducted between 2013 and 2014.

17. Susan Wojcicki, "The Eight Pillars of Innovation," thinkwithgoogle.com, July 2011, http://www.thinkwithgoogle.com/articles/8-pillars-of-innovation.html.

18. 想深入了解心流，知道它對人類績效表現的影響，可閱讀科特勒的此一著作：*The Rise of Superman: Decoding the Science of Ultimate Human Performance* (New York: New Harvest, 2014)。

19. AI with John Hagel conducted 2014.

20. Steven Kotler and Jamie Wheal, "Five Surprising Ways Richard Branson Harnessed Flow to Build A Multi-Billion Dollar Empire," *Forbes*, March 25, 2014, http://www.forbes.com/sites/stevenkotler/2014/03/25/five-surprising-ways-richard-branson-harnessed-flow-to-build-a-multi-billion-dollar-empire/.

21. Steven Kotler, "The Rise of Superman: 17 Flow Triggers," Slideshare.net, March 2014, http://www.slideshare.net/StevenKotler/17-flow-triggers.

22. AI with Ned Hallowell conducted 2013.

23. Kevin Rathunde, "Montessori Education and Optimal Experience: A Framework for New Research," *The NAMTA Journal* (Winter 2001): 11–43.

24. Mihaly Csikszentmihalyi, *Flow: The Psychology of Optimal Experience* (New

York: Harper & Row, 1990), 48–70.

25. 想進一步了解團體心流與觸發心流的社會因素，可參考下列著作：
Keith Sawyer, *Group Genius: The Creative Power of Collaboration* (New York: Basic Books), 2008。

26. AI with Ismail, 2013.

第5章　成大事的祕訣：一開始就要超越「非常可信」的門檻

1. Jon Stewart, *The Daily Show*, April 24, 2012.

2. See http://www.planetaryresources.com.

3. Space Adventures was cofounded in partnership with Mike McDowell, who served as the company's first CEO and chairman.

4. 想了解布蘭森的太空計畫，參見：Elizabeth Howell, "Virgin Galactic: Richard Branson's Space Tourism Company," Space.com, December 20, 2012, http://www.space.com/18993-virgin-galactic.html.

5. See http://www.blueorigin.com.

6. Justine Bachman, "Elon Musk Wants SpaceX to Replace Russia as NASA's Space Station Transport," *Bloomberg Businessweek,* April 30, 2014, http://www.businessweek.com/articles/2014-04-30/elon-musk-wants-spacex-to-replace-russia-as-nasas-space-station-transport.

7. AI with Chris Anderson conducted 2013.

8. Mikhail S. Arlazorov, "Konstantin Eduardovich Tsiolkovsky," *Britannica.com,* May 30, 2013, http://www.britannica.com/EBchecked/topic/607781/Konstantin-Eduardovich-Tsiolkovsky.

9. 想進一步了解這些任務，可參閱柯特勒撰寫的這篇文章："The Great Galactic Gold Rush," *Playboy*, March, 2011，可在他的網站上找到：www.stevenkotler.com。

10. See http://seds.org.

11. 太空探索與開發學生社團的創辦初期，由於下列這些人士的支持得以繼續，在此感謝他們：James Muncy, Morris Hornik, Maryann Grams,

Frank Taylor, Brian Ceccarelli, Eric Dahlstrom, David C. Webb, Gregg Maryniak, Scott Scharfman, and Eric Drexler。

12. See http://www.isunet.edu.

13. 這場活動稱為「太空展覽」（Space Fair），在1983年、1985年和1987年都曾舉辦過，在此特別表彰副會長肯・桑夏恩（Ken Sunshine）。我要特別感謝已逝的麻省理工學院前校長保羅・格雷（Paul Gray），他以超越我值得的方式大力支持我，教我麻省理工學院也有黏著度，但只要一直奮力推進的話，就可以把事情做好。

14. Locke and Latham, "New Directions in Goal-Setting Theory."

15. 這個故事是我的好友葛瑞格・馬林納克（Gregg Maryniak）告訴我的，它是我的成功基礎，我非常感謝馬林納克。

16. 維基百科也有這個故事的說明，參見：http://en.wikipedia.org/wiki/Stone_Soup，也可參見下列著作：Marcia Brown, *Stone Soup* (New York: Aladdin Picture Books),1997。

17. AI with Hagel.

18. John Hagel, "Pursuing Passion," *Edge Perspectives with John Hagel*, November 14, 2009, http://edgeperspectives.typepad.com/edge_perspectives/2009/11/pursuing-passion.html.

19. Gregory Berns, "In Hard Times, Fear Can Impair Decision Making," *New York Times*, December 6, 2008.

第6章　億萬富翁的智慧：從規模思考

1. Elon Musk, "The Rocket Scientist Model for *Iron Man*," *Time*, http://content.time.com/time/video/player/0,32068,81836143001_1987904,00.html.

2. Unless otherwise noted, historical details and Musk quotes come from a series of AIs between 2012 and 2014.

3. AI, XPRIZE Adventure Trip, February 2013.

4. Thomas Owen, "Tesla's Elon Musk: 'I Ran Out of Cash,'" *VentureBeat*, May 2010, http://venturebeat.com/2010/05/27/elon-musk-personal-finances/.

5. Andrew Sorkin, Dealbook: "Elon Musk, of PayPal and Tesla Fame, Is Broke," *New York Times,* June 2010, http://dealbook.nytimes.com/2010/06/22/sorkin-elon-musk-of-paypal-and-tesla-fame-is-broke/?_php=true&_type=blogs&_r=0.

6. SpaceX, "About Page," http://www.spacex.com/about.

7. Kenneth Chang, "First Private Craft Docks With Space Station," *New York Times*, May 2012, http://www.nytimes.com/2012/05/26/science/space/space-x-capsule-docks-at-space-station.html.

8. Elon Musk interviewed by Kevin Fong, *Scott's Legacy*, a BBC Radio 4 program, cited in Jonathan Amos, "Mars for the 'average person,'" BBC News, March 20, 2012, http://www.bbc.com/news/health-17439490.

9. Diarmuid O'Connell, Statement from Tesla's vice president of corporate and business development, reported in Hunter Walker, "White House Won't Back Tesla in Direct Sales Fight" in *Business Insider*, July 14, 2014, http://www.businessinsider.com/white-house-wont-back-tesla-2014-7.

10. Daniel Gross, "Elon's Élan," *Slate,* April 30, 2014, http://www.slate.com/articles/business/moneybox/2014/04/tesla_and_spacex_founder_elon_musk_has_a_knack_for_getting_others_to_fund.html.

11. Kevin Rose, "Elon Musk," Video Interview, Episode 20, *Foundation*, September 2012, http://foundation.bz/20/.

12. Daniel Kahneman, "Why We Make Bad Decisions About Money (And What We Can Do About It)," *Big Think*, Interview, June 2013, http://bigthink.com/videos/why-we-make-bad-decisions-about-money-and-what-we-can-do-about-it-2.

13. Chris Anderson, "The Shared Genius of Elon Musk and Steve Jobs," *Fortune*, November 21, 2013, http://fortune.com/2013/11/21/the-shared-genius-of-elon-musk-and-steve-jobs/.

14. AI, September 2013.

15. Eric Kelsey, "Branson recalls tears, $1 billion check in Virgin Records

sale," *Reuters*, October 23, 2013, http://www.reuters.com/article/2013/10/24/us-richardbranson-virgin-idUSBRE99N01U20131024.

16. *Forbes*, The World's Billionaires: #303 Richard Branson, August 2014, http://www.forbes.com/profile/richard-branson/.

17. Richard Branson, "BA Can't Get It Up—best stunt ever?," Virgin, 2012, http://www.virgin.com/richard-branson/ba-cant-get-it-up-best-stunt-ever.

18. Richard Branson, *Screw It, Let's Do It: Lessons in Life* (Virgin Books, March 2006).

19. "Galactic Announces Partnership," Virgin Galactic, July 2009, http://www.virgingalactic.com/news/item/galactic-anounces-partnership/.

20. Nour Malas, "Abu Dhabi's Aabar boosts Virgin Galactic stake," Market Watch, October 19, 2011, http://www.marketwatch.com/story/abu-dhabis-aabar-boosts-virgin-galactic-stake-2011-10-19.

21. Loretta Hidalgo Whitesides, "Google and Virgin Team Up to Spell 'Virgle,'" *Wired*, April 1, 2008, http://www.wired.com/2008/04/google-and-virg/.

22. "Jeffrey Preston Bezos," *Bio*. A&E Television Networks, 2014, http://www.biography.com/people/jeff-bezos-9542209.

23. Brad Stone, *The Everything Store: Jeff Bezos and the Age of Amazon* (New York: Little, Brown, 2014).

24. "Jeffrey P. Bezos Biography," Academy of Achievement, November 2013, http://www.achievement.org/autodoc/page/bez0bio-1.

25. Suzanne Galante and Dawn Kawamoto, "Amazon IPO skyrockets," CNET, May 15, 1997, http://news.cnet.com/2100-1001-279781.html.

26. Jeffrey P. Bezos, "1997 Letter to Shareholders," Amazon.com, *Ben's Blog*, 1997, http://benhorowitz.files.wordpress.com/2010/05/amzn_shareholder-letter-20072.pdf

27. "2012 re:Invent Day 2: Fireside Chat with Jeff Bezos and Werner Vogels."

28. Julie Bort, "Amazon Is Crushing IBM, Microsoft, And Google in Cloud Computing, Says Report," *Business Insider,* November 26, 2013, http://www.

businessinsider.com/amazon-cloud-beats-ibm-microsoft-google-2013-11#ixzz37zMH8gUr.

29. James Stewart, "Amazon Says Long Term and Means It," *New York Times,* December 16, 2011, http://www.nytimes.com/2011/12/17/business/at-amazon-jeff-bezos-talks-long-term-and-means-it.html?pagewanted=all&_r=0.

30. "Utah Technology Council Hall of Fame—Jeff Bezos Keynote," Utah Technology Council, published online April 30, 2013, https://www.youtube.com /watch?v=G-0KJF3uLP8.

31. "About Blue Origin," Blue Origin, July 2014, http://www.blueorigin.com/about/.

32. Alistair Barr, "Amazon testing delivery by drone, CEO Bezos Says," *USA Today,* December 2, 2013, referencing a *60 Minutes* interview with Jeff Bezos, http://www.usatoday.com/story/tech/2013/12/01/amazon-bezos-drone-delivery/3799021/.

33. Jay Yarow, "Jeff Bezos' Shareholder Letter Is Out," *Business Insider,* April 10, 2014, http://www.businessinsider.com/jeff-bezos-shareholder-letter-2014-4.

34. "Larry Page Biography," Academy of Achievement, January 21, 2011, http://www.achievement.org/autodoc/page/pag0bio-1.

35. Marcus Wohlsen, "Google Without Larry Page Would Not Be Like Apple Without Steve Jobs," *Wired*, October 18, 2013, http://www.wired.com/2013/10/google-without-page/.

36. Google Inc., 2012, Form 10-K 2012, retrieved from SEC Edgar website: http://www.sec.gov/Archives/edgar/data/1288776/000119312513028362/d452134d10k.htm.

37. Larry Page, "Beyond Today—Larry Page—Zeitgeist 2012," Google Zeitgeist, Zeitgeist Minds, May 22, 2012, https://www.youtube.com/watch?v=Y0WH-CoFwn4.

38. Matt Ridley, *The Rational Optimist: How Prosperity Evolves* (New York: Harper-Collins, 2010).

39. Larry Page, "Google I/O 2013: Keynote," Google I/O 2013, Google Developers, May 15, 2013, https://www.youtube.com/watch?v=9pmPa_KxsAM.

40. Joann Muller, "No Hands, No Feet: My Unnerving Ride in Google's Driverless Car," *Forbes*, March 21, 2013, http://www.forbes.com/sites/joannmuller/2013/03/21/no-hands-no-feet-my-unnerving-ride-in-googles-driverless-car/.

41. Robert Hof, "10 Breakthrough Technologies 2013: Deep Learning," *MIT Technology Review*, April 23, 2013, http://www.technologyreview.com/featuredstory/513696/deep-learning/.

42. Steven Levy, "Google's Larry Page on Why Moon Shots Matter," *Wired*, January 17, 2013, http://www.wired.com/2013/01/ff-qa-larry-page/all/.

43. Larry Page, "Beyond Today—Larry Page—Zeitgeist 2012."

44. Larry Page, "Google+: Calico Announcement," Google+, September 2013, https://plus.google.com/+LarryPage/posts/Lh8SKC6sED1.

45. Harry McCracken and Lev Grossman, "Google vs. Death," *Time*, September 30, 2013, http://time.com/574/google-vs-death/.

46. Jason Calacanis, "#googlewinseverything (part 1)," *Launch*, October 30, 2013, http://blog.launch.co/blog/googlewinseverything-part-1.html.

第7章　群眾外包：竄起中的十億人所構築的市場

1. Netcraft Web Server Survey, Netcraft, Accessed June 2014, http://news.netcraft.com/archives/category/web-server-survey/.

2. AI with Jake Nickell and Jacob DeHart.

3. Jeff Howe, "The Rise of Crowdfunding," *Wired*, 2006, http://archive.wired.com/wired/archive/14.06/crowds_pr.html.

4. Rob Hof, "Second Life's First Millionaire," *Bloomberg Businessweek*,

November 26, 2006, http://www.businessweek.com/the_thread/techbeat/archives/2006/11/second_lifes_.html.

5. Jeff Howe, "Crowdsourcing: A Definition," *Crowdsourcing*, http://crowdsourcing.typepad.com/cs/2006/06/crowdsourcing_a.html.

6. "Statistics," Kiva, http://www.kiva.org/about/stats.

7. Rob Walker, "The Trivialities and Transcendence of Kickstarter," *New York Times*, August 5, 2011, http://www.nytimes.com/2011/08/07/magazine/the-trivialities-and-transcendence-of-kickstarter.html?pagewanted=all&_r=0.

8. "Stats," Kickstarter, https://www.kickstarter.com/help/stats.

9. Doug Gross, "Google boss: Entire world will be online by 2020," CNN, April 15, 2013, http://www.cnn.com/2013/04/15/tech/web/eric-schmidt-internet/.

10. "Global entertainment and media outlook 2013–2017," Pricewaterhouse Coopers, 2013, https://www.pwc.com/gx/en/global-entertainment-media-outlook/.

11. Freelancer Case Study based on a series of AIs.

12. Quoted from AI: Matt Barrie.

13. Tongal Case Study based on a series of AIs with James DeJulio.

14. reCAPTCHA and Duolingo Case Study based on a series of AIs with Luis von Ahn.

15. 在本書英文版寫作完成時，舊金山灣區有一家名為「代理人」（Vicarious）的新創公司，寫出一套可正確解讀驗證碼的人工智慧程式，準確率高達90%。前文提過，在這種人工智慧被開發出來完全上線之前，群眾外包是一種過渡性質的解方，這便是一個相關實例。

16. "FAQ—Overview," Amazon Mechanical Turk, Amazon.com, Inc., 2014, https://www.mturk.com/mturk/help?helpPage=overview.

17. "What is Fiverr?," Fiverr.com, 2014, http://support.fiverr.com/hc/en-us/articles/201500776-What-is-Fiverr-.

18. Unless otherwise noted, all Matt Barrie quotes come from a 2013 AI.

19. AIs with Marcus Shingles, 2013–2014.

20. AI with Andrew Vaz.

21. "About Us," Freelancer.com, 2014, https://www.freelancer.com/info/about. php.

22. AI with Barrie.

23. 出處同上。

24. AI with James DeJulio, 2013.

25. AI with Barrie.

26. 出處同上。

27. "Vicarious AI passes first Turing Test: CAPTCHA," Vicarious, October 27, 2013, http://news.vicarious.com/post/65316134613/vicarious-ai-passes-first-turing-test-captcha.

第8章　群眾募資：沒錢，就沒有太空人

1. "Statistics about Business Size (including Small Business) from the U.S. Census Bureau," Statistics of US Businesses, United States Census Bureau, 2007, https://www.census.gov/econ/smallbus.html.

2. "Statistics about Business Size (including Small Business) from the U.S. Census Bureau."

3. Devin Thorpe, "Why Crowdfunding Will Explode in 2013," *Forbes*, October 15, 2012, http://www.forbes.com/sites/devinthorpe/2012/10/15/get-ready-here-it-comes-crowdfunding-will-explode-in-2013/.

4. Victoria Silchenko, "Why Crowdfunding Is The Next Big Thing: Let's Talk Numbers," *Huffington Post*, October 22, 2012, http://www.huffingtonpost.com/victoria-silchenko/why-crowdfunding-is-the-n_b_1990230.html.

5. Laurie Kulikowski, "How Equity Crowdfunding Can Swell to a $300 Billion Industry," *The Street*, January 14, 2013, http://www.thestreet.com/story/11811196/1/how-equity-crowdfunding-can-swell-to-a-300-billion-industry.html.

6. "Floating Pool Project Is Fully Funded And New Yorkers Everywhere Should Celebrate," *Huffington Post,* July 12, 2013, http://www.huffingtonpost.com/2013/07/12/oating-pool-project-is-fully-funded_n_3587814.html.

7. AI with Joshua Klein, 2013.

8. Dan Leone, "Planetary Resources Raises $1.5M for Crowdfunded Space Telescope," Space.com, July 14, 2013, http://www.space.com/21953-planetary-resources-crowdfunded-space-telescope.html.

9. For a good breakdown of these rules, please see http://www.cfira.org.

10. AI with Chance Barnett, 2013.

11. This information sits on a banner across the top of their landing page: https://www.crowdfunder.com, our numbers were gathered in June 2014.

12. See http://blog.angel.co/post/59121578519/wow-uber.

13. Tomio Geron, "AngelList, With SecondMarket, Opens Deals to Small Investors for as Little as $1K," *Forbes*, December 19, 2012, http://www.forbes.com/sites/tomiogeron/2012/12/19/angellist-with-secondmarket-opens-deals-to-small-investors-for-as-little-as-1k/.

14. John McDermott, "Pebble 'Smartwatch' Funding Soars on Kickstarter," *Inc.*, April 20, 2012, http://www.inc.com/john-mcdermott/pebble-smartwatch-funding-sets-kickstarter-record.html.

15. Dara Kerr, "World's first public space telescope gets Kickstarter goal," CNET, July 1, 2013, http://www.cnet.com/news/worlds-first-public-space-telescope-gets-kickstarter-goal/.

16. McDermott, "Pebble 'Smartwatch' Funding Soars on Kickstarter."

17. See https://www.indiegogo.com/projects/let-s-build-a-goddamn-tesla-museum--5.

18. Kerr, "World's first public space telescope gets Kickstarter goal."

19. Cade Metz, "Facebook Buys VR Startup Oculus for $2 Billion," *Wired*, March 25, 2014, http://www.wired.com/2014/03/facebook-acquires-oculus/.

20. All Indiegogo stats come from AIs with founders Danae Ringelmann and

Slava Rubin, conducted in 2013.

21. 出處同上。

22. 出處同上。

23. AI with Eric Migicovsky, 2013.

24. See www.brainyquote.com/quotes/quotes/a/abrahamlin109275.html.

25. Eric Gilbert and Tanushree Mitra, "The Language that Gets People to Give: Phrases that Predict Success on Kickstarter," *CSCW'14*, February 15, 2014, http://comp.social.gatech.edu/papers/cscw14.crowdfunding.mitra.pdf.

26. AI with Ringelmann and Rubin, 2013.

27. AI with Migicovsky.

28. AI with Ringelmann and Rubin.

29. AI with Migicovsky.

第9章　打造社群：聲譽經濟學

1. Clay Shirky, "How cognitive surplus will change the world," TED, June 2010, https://www.ted.com/talks/clay_shirky_how_cognitive_surplus_will_change_the_world.

2. 「扭轉乾坤的使命」（massively transformative purpose, MTP）這個詞彙，首先由伊斯梅爾在他的著作《指數型組織》中提出，這是一種對你的任務既獨特、強大又簡單的描述。谷歌的使命是「組織全世界的資訊」，TED的使命是「散播值得分享的好點子」。

3. 這句話有時被稱為「喬伊法則」（Joy's Law），參見：http://en.wikipedia.org/wiki/Joy's_Law_(management)。

4. For DIY drones, see Chris Anderson, "How I Accidentally Kickstarted the Domestic Drone Boom," *Wired*, June 22, 2012, http://www.wired.com/2012/06/_drones. For Local Motors, localmotors.com.

5. AI with Gina Bianchini, 2014.

6. Joshua Klein, *Reputation Economics: Why Who You Know Is Worth More Than What You Have* (New York: Palgrave Macmillan Trade, 2013).

7. All Klein quotes come from an AI with Joshua Klein, 2014.

8. AI with Bianchini.

9. James Glanz, "What Else Lurks Out There? New Census of the Heavens Aims to Find Out," *New York Times*, March 17, 1998, http://www.nytimes.com/1998/03/17/science/what-else-lurks-out-there-new-census-of-the-heavens-aims-to-nd-out.html.

10. All Kevin Schawinski quotes come from an AI conducted in 2013.

11. For a breakdown of Galaxy Zoo's history, see http://www.galaxyzoo.org/#/story.

12. All Jay Rogers quotes come from a series of AIs conducted in 2013 and 2014.

13. Reena Jana, "Local Motors: A New Kind of Car Company," *Bloomberg Businessweek*, November 3, 2009, http://www.businessweek.com/innovate/content/oct2009/id20091028_848755.htm.

14. Bureau of Labor Statistics, "Unemployment Rate for the 50 Largest Cities," United States Department of Labor, April 18, 2014, http://www.bls.gov/lau/lacilg10.htm.

15. AI with Bianchini.

16. Chris Anderson, "In the Next Industrial Revolution, Atoms Are the New Bits," *Wired*, January 25, 2010, http://www.wired.com/2010/01/ff_newrevolution/all/.

17. Megan Wollerton, "GE and Local Motors team up to make small-batch appliances," CNET, March 21, 2014, http://www.cnet.com/news/ge-and-local-motors-team-up-to-make-small-batch-appliances/.

18. All Jack Hughes quotes come from an AI conducted in 2014.

19. For a breakdown of the TopCoder rating system, see http://community.topcoder.com/longcontest/?module=Static&d1=support&d2=ratings.

20. Carolyn Johnson, "Thorny research problems, solved by crowdsourcing," *Boston Globe*, February 11, 2013, http://www.bostonglobe.com/

business/2013/02/11crowdsourcing-innovation-harvard-study-suggests-prizes-can-spur-scientific-problem-solving/JxDkOkuIKboRjWAoJpM0OK/story.html.

21. AI with Narinder Singh, 2014.

22. AI with Chris Anderson, 2013.

23. Richard Millington, "7 Contrary Truths About Online Communities," Feverbee.com, September 22, 2010, http://www.feverbee.com/2010/09/7truths.html.

24. AI with Jono Bacon, 2014.

25. Jolie O'Dell, "10 Fresh Tips for Community Managers," *Mashable*, April 13, 2010, http://mashable.com/2010/04/13/community-manager-tips/.

26. Seth Godin, "Why You Need to Lead A Tribe," Mixergy.com, January 13, 2009, http://mixergy.com/interviews/tribes-seth/.

27. AI with Better Blocks founder Jason Roberts, 2014. Also see his pretty amazing TEDx Talk: TEDxOU—Jason Roberts—How to Build a Better Block, https://www.youtube.com/watch?v=ntwqVDzdqAU.

第10章　誘因導向的競爭：
讓最出色、最聰明的人才幫你解決挑戰

1. Charles Lindbergh, *The Spirit of St. Louis* (New York: Scribner, 1953).

2. Stephen Schaber, "Why Napoleon Offered a Prize for Inventing Canned Food," *NPR*, March 5, 2012, http://www.npr.org/blogs/money/2012/03/01/147751097/why-napoleon-oered-a-prize-for-inventing-canned-food.

3. Knowledge Ecology International, "Selected Innovation Prizes and Reward Programs," *KEI Research Note 2008:1*, http://keionline.org/misc-docs/research_notes/kei_rn_2008_1.pdf.

4. All Marcus Shingles quotes come from an AI conducted 2014.

5. Burt Rutan, "The real future of space exploration," TED, February 2006, https://www.ted.com/talks/burt_rutan_sees_the_future_of_space.

6. Statista, "Statistics and facts on Sports Sponsorship," *Sports sponsorship Statista Dossier 2013*, March 2013.

7. Alice Roberts, "A true sea shanty: the story behind the Longitude prize," *The Observer*, May 17, 2014, http://www.theguardian.com/science/2014/may/18/true-sea-shanty-story-behind-longitude-prize-john-harrison.

8. See http://www.interculturalstudies.org/faq.html#quote.

9. Dan Heath and Chip Heath, "Get Back in the Box: How Constraints Can Free Your Team's Thinking," *Fast Company*, December 1, 2007, http://www.fastcompany.com/61175/get-back-box.

10. For all things LunarX, see http://www.googlelunarxprize.org.

11. Campbell Robertson and Clifford Krauss, "Gulf Spill Is the Largest of Its Kind, Scientists Say," *New York Times*, August 2, 2010, http://www.nytimes.com/2010/08/03/us/03spill.html?_r=0.

12. See http://www.iprizecleanoceans.org.

13. Special thanks to Cristin Dorgelo, then head of this XPRIZE, who spent her summer on the hot and humid Jersey Shore overseeing the judging and operations.

14. See http://www.qualcommtricorderxprize.org.

15. Kate Greene, "The $1 Million Netflix Challenge," *MIT Technology Review*, October 6, 2006, http://www.technologyreview.com/news/406637/the-1-million-netflix-challenge/.

16. Jordan Ellenberg, "This Psychologist Might Outsmart the Math Brains Competing for the Netflix Prize," *Wired*, February 25, 2008, http://archive.wired.com/techbiz/media/magazine/16-03/mf_netflix?currentPage=all.

17. 出處同上。

18. See https://herox.com.

19. Special recognition to Emily Fowler, who helped to found HeroX and transitioned from XPRIZE employment to VP of Possibilities at HeroX.

20. AI with Graham Weston, 2014.

21. "Geekdom and HeroX Launch San Antonio Entrepreneurial Exchange Challenge with $500,000 Prize," *Reuters*, January 16, 2014, http://www.reuters.com/article/2014/01/16/idUSnMKWN1dCba+1e4+MKW20140116.

22. Vivek Wadhwa, "The powerful role of incentive competitions to spur innovation," *Washington Post*, May 21, 2014, http://www.washingtonpost.com/blogs/innovations/wp/2014/05/21/the-powerful-role-of-incentive-competitions-to-spur-innovation/.

23. Paul Wahl, "The Winner," *Popular Science*, January 1958.

24. Richard P. Feynman, "Plenty of Room at the Bottom," California Institute of Technology, December 1959. For full transcript of the lecture, see http://www.its.caltech.edu/~feynman/plenty.html.

25. Richard E. Smalley, "Dr. Feynman's Small Idea," *Innovation* 5, no. 5 (October/November 2007), http://www.innovation-america.org/dr-feynmans-small-idea.

26. AI with Shingles.

27. For arguably the best bit of writing on the adjacent possible, see Steven Johnson, "The Genius of the Tinkerer," *Wall Street Journal*, September 25, 2010, http://online.wsj.com/articles/SB10001424052748703989304575503730101860838. Also see "The Adjacent Possible: A Talk with Stuart A. Kauffman," Edge.org, November 9, 2003, http://edge.org/conversation/the-adjacent-possible.

財經企管 BCB584

膽大無畏　這10年你最不該錯過的商業科技新趨勢
　　　　　創業、工作、投資、人才育成的指數型藍圖
Bold:
How to Go Big, Create Wealth, and Impact the World

作者 —— 彼得‧迪亞曼迪斯　Peter H. Diamandis
　　　　史蒂芬‧科特勒　Steven Kotler
譯者 —— 吳書榆

事業群發行人／ CEO ／總編輯 —— 王力行
副總編輯 —— 吳佩穎
書系主編暨責任編輯 —— 邱慧菁
封面設計 — Hinterland
封面完稿 — 我我設計工作室

出版者 —— 遠見天下文化出版股份有限公司
創辦人 —— 高希均、王力行
遠見‧天下文化‧事業群　董事長 —— 高希均
事業群發行人／ CEO —— 王力行
出版事業部副社長／總經理 —— 林天來
版權部協理 —— 張紫蘭
法律顧問 —— 理律法律事務所陳長文律師
著作權顧問 —— 魏啟翔律師
社址 —— 臺北市 104 松江路 93 巷 1 號
讀者服務專線 —— 02-2662-0012 ｜傳真 —— 02-2662-0007；02-2662-0009
電子信箱 —— cwpc@cwgv.com.tw
直接郵撥帳號 —— 1326703-6 號　遠見天下出版股份有限公司

電腦排版 —— bear 工作室
製版廠 —— 東豪印刷事業有限公司
印刷廠 —— 祥峰印刷事業有限公司
裝訂廠 —— 政春裝訂實業有限公司
登記證 —— 局版台業字第 2517 號
總經銷 —— 大和書報圖書股份有限公司｜電話／ (02) 8990-2588
出版日期 —— 2016 年 07 月 29 日第一版第一次印行

定價 —— NT$400

國家圖書館出版品預行編目（CIP）資料

膽大無畏／彼得‧迪亞曼迪斯 (Peter H.
Diamandis), 史蒂芬‧科特勒 (Steven Kotler) 著；
吳書榆譯．
-- 第一版 . -- 臺北市 : 遠見天下文化 , 2016.07
400 面 ; 14.8×21 公分 . -- (財經企管 ; BCB584)
譯自 : Bold : how to go big, create wealth, and
impact the world
ISBN 978-986-479-044-9(平裝)

1. 企業管理 2. 創造性思考 3. 創業

494.1　　　　　　　　　　　　　105013363

ISBN: 978-986-479-044-9
書號 —— BCB584
天下文化書坊 —— bookzone.cwgv.com.tw
本書如有缺頁、破損、裝訂錯誤，請寄回本公司調換。
本書僅代表作者言論，不代表本社立場。

Believe in Reading

相信閱讀